中 国 环 境 统 计 年 鉴

CHINA STATISTICAL YEARBOOK ON ENVIRONMENT

2014

国家统计局
环境保护部 编

Compiled by

National Bureau of Statistics

Ministry of Environmental Protection

U0249595

中国统计出版社

China Statistics Press

中国环境统计年鉴 . 2014：汉英对照 / 国家统计局，环境保护部编 . -- 北京：中国统计出版社，2014.12
  ISBN 978-7-5037-7346-4

  Ⅰ . ①中… Ⅱ . ①国… ②环… Ⅲ . ①环境统计 - 统计资料 - 中国 - 2014 - 年鉴 - 汉、英 Ⅳ . ① X508.2-54

中国版本图书馆 CIP 数据核字 (2014) 第 255519 号

中国环境统计年鉴—2014

作　　者 / 国家统计局　环境保护部　编
责任编辑 / 胡文华　任宝莹
封面设计 / 张　冰
出版发行 / 中国统计出版社
通信地址 / 北京市丰台区西三环南路甲 6 号　邮政编码 /100073
电　　话 / 邮购（010）63376909 书店（010）68783171
网　　址 / http://csp.stats.gov.cn
印　　刷 / 河北天普润印刷厂
经　　销 / 新华书店
开　　本 / 880×1230 毫米　1/16
字　　数 / 530 千字
印　　张 / 17.5
版　　别 / 2014 年 12 月第 1 版
版　　次 / 2014 年 12 月第 1 次印刷
定　　价 / 260.00 元

如有印装差错，由本社发行部调换。

《中国环境统计年鉴—2014》

编委会和编辑工作人员

CHINA STATISTICAL YEARBOOK ON ENVIRONMENT -2014

EDITORIAL BOARD AND STAFF

编 者 说 明

一、《中国环境统计年鉴 –2014》是国家统计局和环境保护部及其他有关部委共同编辑完成的一本反映我国环境各领域基本情况的年度综合统计资料。本书收录了2013年全国各省、自治区、直辖市环境各领域的基本数据和主要年份的全国主要环境统计数据。

二、本书内容共分为十二个部分，即：1. 自然状况；2. 水环境；3. 海洋环境；4. 大气环境；5. 固体废物；6. 自然生态；7. 土地利用；8. 林业；9. 自然灾害及突发事件；10. 环境投资；11. 城市环境；12. 农村环境。同时附录六个部分：人口资源环境主要统计指标、"十二五"主要环境保护指标、东中西部地区主要环境指标、世界主要国家和地区环境统计指标、2014 年上半年各省、自治区、直辖市主要污染物排放量指标公报、主要统计指标解释。

三、本书中所涉及的全国性统计指标，除国土面积和森林资源数据外，均未包括香港特别行政区、澳门特别行政区和台湾省数据；取自国家林业局的数据中，大兴安岭由国家林业局直属管理，与各省、自治区、直辖市并列，数据与其他省没有重复。

四、有关符号说明：

"..." 表示数据不足本表最小单位数；

"空格"表示该项统计指标数据不详或无该项数据；

"#"表示是其中的主要项。

五、参与本书编辑的单位还有水利部、住房和城乡建设部、国土资源部、农业部、国家卫生和计划生育委员会、民政部、交通运输部、国家林业局、国家海洋局、中国气象局、中国地震局。对上述单位有关人员在本书编辑过程中给予的大力支持与合作，表示衷心的感谢。

EDITOR'S NOTES

I. *China Statistical Yearbook on Environment -2014* is prepared jointly by the National Bureau of Statistics, Ministry of Environmental Protection and other ministries. It is an annual statistics publication, with comprehensive data in 2013 and selected data series in major years at national level and at provincial level (province, autonomous region, and municipality directly under the central government) and therefore reflecting various aspects of China's environmental development.

II. *China Statistical Yearbook on Environment -2014* contains 12 chapters: 1. Natural Conditions; 2. Freshwater Environment; 3. Marine Environment; 4. Atmospheric Environment; 5. Solid Wastes; 6. Natural Ecology; 7. Land Use; 8. Forestry; 9. Natural Disasters & Environmental Accidents; 10. Environmental Investment; 11. Urban Environment; 12. Rural Environment. Six chapters listed as Main Indicators of Population, Resource and Environment Main Environmental Indicators in the 12th Five-year Plan Period; Main Environmental Indicators by Eastern, Central and Western; Main Environmental Indicators of the World's Major Countries and Regions; The Main Pollutants Emission Indicators Communique of the Provinces, Autonomous Regions, Municipality Directly under the Central Government in the First Half of 2014; Explanatory Notes on Main Statistical Indicators.

III. The national data in this book do not include that of Hong Kong Special Administrative Region, Macao Special Administrative Region and Taiwan Province except for territory and forest resources. The information gathered from the State Forestry Administration. Daxinganling is affiliated to the State Forestry Administration, tied with the provinces, autonomous regions, municipalities under the central government, without duplication of data.

IV. Notations used in this book:

" ..." indicates that the figure is not large enough to be measured with the smallest unit in the table;

"(blank) " indicates that the data are not available;

" # " indicates the major items of the total.

V. The institutions participating in the compilation of this publication include: Ministry of Water Resource, Ministry of Housing and Urban-Rural Development, Ministry of Land and Resource, Ministry of Agriculture, National Health and Family Planning Commission, Ministry of Civil Affairs, Ministry of Transport, State Forestry Administration, State Oceanic Administration, China Meteorological Administration, China Earthquake Administration. We would like to express our gratitude to these institutions for their cooperation and support in preparing this publication.

目　　录
CONTENTS

三、海洋环境
Marine Environment

四、大气环境
Atmospheric Environment

五、固体废物
Solid Wastes

六、自然生态
Natural Ecology

七、土地利用
Land Use

八、林业
Forestry

九、自然灾害及突发事件
Natural Disasters & Environmental Accidents

十、环境投资
Environmental Investment

十一、城市环境
Urban Environment

十二、农村环境
Rural Environment

附录一、人口资源环境主要统计指标
APPENDIX Ⅰ. Main Indicators of Population, Resources & Environment Statistics

附录二、"十二五"时期主要环境保护指标
APPENDIX Ⅱ.Main Environmental Indicators in the 12th Five-year Plan

附录三、东中西部地区主要环境指标
APPENDIX Ⅲ. Main Environmental Indicators by Eastern, Central & Western

一、自然状况

Natural Conditions

1-1 自然状况
Natural Conditions

项　　目		Item		2013
国土		**Territory**		
国土面积	（万平方公里）	Area of Territory	(10 000 sq.km)	960
海域面积	（万平方公里）	Area of Sea	(10 000 sq.km)	473
海洋平均深度	（米）	Average Depth of Sea	(m)	961
海洋最大深度	（米）	Maximum Depth of Sea	(m)	5377
岸线总长度	（公里）	Length of Coastline	(km)	32000
大陆岸线长度		Mainland Shore		18000
岛屿岸线长度		Island Shore		14000
岛屿个数	（个）	Number of Islands		5400
岛屿面积	（万平方公里）	Area of Islands	(10 000 sq.km)	3.87
气候		**Climate**		
热量分布	（积温≥0℃）	Distribution of Heat (Accumulated Temperature≥0℃)		
黑龙江北部及青藏高原		Northern Heilongjiang and Tibet Plateau		2000-2500
东北平原		Northeast Plain		3000-4000
华北平原		North China Plain		4000-5000
长江流域及以南地区		Changjiang (Yangtze) River Drainage Area and the Area to the south of it		5800-6000
南岭以南地区		Area to the South of Nanling Mountain		7000-8000
降水量	（毫米）	Precipitation	(mm)	
台湾中部山区		Mid-Taiwan Mountain Area		≥4000
华南沿海		Southern China Coastal Area		1600-2000
长江流域		Changjiang River Valley		1000-1500
华北、东北		Northern and Northeastern Area		400-800
西北内陆		Northwestern Inland		100-200
塔里木盆地、吐鲁番盆地和柴达木盆地		Tarim Basin, Turpan Basin and Qaidam Basin		≤25
气候带面积比例	（国土面积=100）	Percentage of Climatic Zones to Total Area of Territory		
湿润地区	（干燥度<1.0）	Humid Zone	(aridity<1.0)	32
半湿润地区	（干燥度=1.0-1.5）	Semi-Humid Zone	(aridity 1.0-1.5)	15
半干旱地区	（干燥度=1.5-2.0）	Semi-Arid Zone	(aridity 1.5-2.0)	22
干旱地区	（干燥度>2.0）	Arid Zone	(aridity>2.0)	31

注：1.气候资料为多年平均值。

　　2.岛屿面积未包括香港、澳门特别行政区和台湾省。

Notes: a) The climate data refer to the average figures in many years.

　　b) Island area does not include that of Hong Kong Special Administrative Region, Macao Special Administrative Region and Taiwan Province.

1-2 土地状况
Land Characteristics

项　目 Item		面　积 （万平方公里） Area (10 000 sq.km)	占总面积(%) Percentage to Total Area (%)
总面积	**Total Land Area**	**960.00**	**100.00**
＃耕地	Cultivated Land	121.72	12.80
园地	Garden Land	11.79	1.24
林地	Forests Land	236.09	24.83
牧草地	Area of Grassland	261.84	27.54
其他农用地	Other Land for Agriculture Use	25.44	2.68
居民点及独立工矿用地	Land for Inhabitation, Mining and Manufacturing	26.92	2.83
交通运输用地	Land for Transport Facilities	2.50	0.26
水利设施用地	Land for Water Conservancy Facilities	3.65	0.38

注：本表数据来源于国土资源部，为2008年底数据。

Note: Figures in this table were obtained from the Ministry of Land and Resources at the end of 2008.

1-3 主要山脉基本情况
Main Mountain Ranges

名　称 Mountain Range		山峰高程(米) Height of Mountain Peak (m)	雪线高程(米) Height of Snow Line (m)	冰川面积 （平方公里） Glacier Area (sq.km)
阿尔泰山	Altay Mountains	4374	3000--3200	287
天山	Tianshan Mountains	7435	3600--4400	9548
祁连山	Qilian Mountains	5826	4300--5240	2063
帕米尔	Pamirs	7579		2258
昆仑山	Kunlun Mountains			11639
喀喇昆仑山	Karakorum Mountain	8611	5100--5400	3265
唐古拉山	Tanggula Mountains	6137		2082
羌塘高原	Qiangtang Plateau	6596		3566
念青塘古拉山	Nyainqentanglha Mountains	7111	4500--5700	7536
横断山	Hengduan Mountains	7556	4600--5500	1456
喜玛拉雅山	The Himalayas	8844.43	4300--6200	11055
冈底斯山	Gangdisi Mountains	7095	5800--6000	2188

1-4 主要河流基本情况
Major Rivers

名　称	River	流域面积(平方公里) Drainage Area (sq.km)	河长(公里) Length (km)	年径流量(亿立方米) Annual Flow (100 million cu.m)
长　江	Changjiang River (Yangtze River)	1782715	6300	9857
黄　河	Huanghe River (Yellow River)	752773	5464	592
松花江	Songhuajiang River	561222	2308	818
辽　河	Liaohe River	221097	1390	137
珠　江	Zhujiang River (Pearl River)	442527	2214	3381
海　河	Haihe River	265511	1090	163
淮　河	Huaihe River	268957	1000	595

1-5 主要矿产基础储量(2013年)
Ensured Reserves of Major Mineral (2013)

项　目		Item		2013
石油	(万吨)	Petroleum	(10 000 tons)	336732.8
天然气	(亿立方米)	Natural Gas	(100 million cu.m)	46428.8
煤炭	(亿吨)	Coal	(100 million tons)	2362.9
铁矿	(矿石,亿吨)	Iron	(Ore, 100 million tons)	199.2
锰矿	(矿石,亿吨)	Manganese	(Ore, 10 000 tons)	21547.7
铬矿	(矿石,亿吨)	Chromium Ore	(Ore, 10 000 tons)	401.5
钒矿	(万吨)	Vanadium	(10 000 tons)	909.9
原生钛铁矿	(万吨)	Titanium Ore	(10 000 tons)	21957.0
铜矿	(铜,万吨)	Copper	(Metal, 10 000 tons)	2751.5
铅矿	(铅,万吨)	Lead	(Metal, 10 000 tons)	1577.9
锌矿	(锌,万吨)	Zinc	(Metal, 10 000 tons)	3766.2
铝土矿	(矿石,万吨)	Bauxite	(Ore, 10 000 tons)	98323.5
镍矿	(镍,万吨)	Nickel	(Metal, 10 000 tons)	253.5
钨矿	(WO₃,万吨)	Tungsten	(WO_3, 10 000 tons)	234.9
锡矿	(锡,万吨)	Tin	(Metal, 10 000 tons)	116.5
钼矿	(钼,万吨)	Molybdenum	(Metal, 10 000 tons)	806.7
锑矿	(锑,万吨)	Antimony	(Metal, 10 000 tons)	46.0
金矿	(金,吨)	Gold	(Metal, tons)	1865.5
银矿	(银,吨)	Silver	(Metal, tons)	37496.0
菱镁矿	(矿石,万吨)	Magnesite Ore	(Ore, 10 000 tons)	120747.5
普通萤石	(矿物,万吨)	Fluorspar Mineral	(Mineral, 10 000 tons)	3680.3
硫铁矿	(矿石,万吨)	Pyrite Ore	(Ore, 10 000 tons)	130194.1
磷矿	(矿石,万吨)	Phosphorus Ore	(Ore,100 million tons)	30.2
钾盐	(KCl,万吨)	Potassium KCl	(KCl, 10 000 tons)	53491.6
盐矿	(NaCl,亿吨)	Sodium Salt NaCl	(NaCl, 100 million tons)	830.2
芒硝	(Na₂SO₄,亿吨)	Mirabilite	(Na_2SO_4, 100 million tons)	52.1
重晶石	(矿石,万吨)	Barite Ore	(Ore, 10 000 tons)	3986.1
玻璃硅质原料	(矿石,万吨)	Silicon Materials For Glass Ore	(Ore, 10 000 tons)	191594.1
石墨	(矿石,万吨)	Graphite Mineral (Crystal)	(Mineral, 10 000 tons)	5347.7
滑石	(矿石,万吨)	Talc Ore	(Ore, 10 000 tons)	9273.9
高岭土	(矿石,万吨)	Kaolin Ore	(Ore, 10 000 tons)	49649.7

注：本表资料由国土资源部提供。其中，石油和天然气的数据为剩余技术可采储量(下表同)。

Note: The data in the table are provided by the Ministry of Land and Resources. The data for petroleum and natural gas are the remaining technical recoverable reserves. The same applies to the table following.

1-6　各地区主要能源、黑色金属矿产基础储量(2013年)

Ensured Reserves of Major Energy and Ferrous Metals by Region (2013)

地　区　Region	石油 (万吨) Petroleum (10 000 tons)	天然气 (亿立方米) Natural Gas (100 million cu.m)	煤炭 (亿吨) Coal (100 million tons)	铁矿 (矿石,亿吨) Iron (Ore, 100 million tons)	锰矿 (矿石,万吨) Manganese (Ore, 10 000 tons)	铬矿 (矿石,万吨) Chromite (Ore, 10 000 tons)	钒矿 (万吨) Vanadium (10 000 tons)	原生钛铁矿 (万吨) Titanium (10 000 tons)
全　国　**National Total**	**336732.81**	**46428.84**	**2362.90**	**199.17**	**21547.74**	**401.47**	**909.91**	**21957.03**
北　京　Beijing			3.83	1.34				
天　津　Tianjin	3115.22	279.79	2.97					
河　北　Hebei	26685.34	325.86	39.41	23.97	7.05	4.64	10.28	283.68
山　西　Shanxi			906.80	12.70	12.90			
内蒙古　Inner Mongolia	8339.35	8042.54	460.10	20.99	567.74	56.29	0.77	
辽　宁　Liaoning	16411.23	169.46	28.33	56.25	1402.94			
吉　林　Jilin	18326.64	756.35	10.03	4.52	0.40			
黑龙江　Heilongjiang	47311.25	1353.93	61.38	0.35				
上　海　Shanghai								
江　苏　Jiangsu	3023.37	24.30	10.93	1.76			4.68	
浙　江　Zhejiang			0.43	0.31			3.76	
安　徽　Anhui	254.20	0.24	85.19	7.90	7.37		5.98	
福　建　Fujian			4.33	3.24	135.13			
江　西　Jiangxi			3.97	1.37			6.52	
山　东　Shandong	33839.35	357.90	78.78	9.37				686.69
河　南　Henan	5037.37	72.09	89.55	1.41	0.82			0.51
湖　北　Hubei	1303.70	48.79	3.23	6.05	749.57		29.37	1053.23
湖　南　Hunan			6.61	1.79	1908.37		2.90	
广　东　Guangdong	13.85	0.50	0.23	1.06	75.23			
广　西　Guangxi	135.27	1.32	2.26	0.30	8441.54		171.49	
海　南　Hainan	274.39	-3.45	1.19	0.95				
重　庆　Chongqing	278.43	2472.83	19.86	0.22	1712.64			
四　川　Sichuan	666.66	11874.38	55.74	26.60	100.04		576.19	19887.19
贵　州　Guizhou		6.39	83.29	0.13	4247.77			
云　南　Yunnan	12.21	0.80	60.10	4.13	1074.79		0.07	
西　藏　Tibet			0.12	0.17		169.22		
陕　西　Shaanxi	33712.64	6231.14	104.38	3.99	277.27		7.87	
甘　肃　Gansu	21150.01	241.28	32.69	3.71	259.00	123.63	89.87	
青　海　Qinghai	6284.94	1511.79	12.17	0.03		3.68		
宁　夏　Ningxia	2313.96	294.40	38.47					
新　疆　Xinjiang	58393.63	9053.88	156.53	4.56	567.17	44.01	0.16	45.73
海　域　Ocean	49849.80	3312.33						

1-7 各地区主要有色金属、非金属矿产基础储量(2013年)

Ensured Reserves of Major Non-ferrous Metal and Non-metal Mineral by Region (2013)

地 区 Region	铜矿 (铜, 万吨) Copper (Metal, 10 000 tons)	铅矿 (铅, 万吨) Lead (Metal, 10 000 tons)	锌矿 (锌, 万吨) Zinc (Metal, 10 000 tons)	铝土矿 (矿石, 万吨) Bauxite (Ore, 10 000 tons)	菱镁矿 (矿石, 万吨) Magnesite Ore (Ore, 10 000 tons)	硫铁矿 (矿石, 万吨) Pyrite Ore (Ore, 10 000 tons)	磷矿 (矿石, 万吨) Phosphorus Ore (Ore, 100 million tons)	高岭土 (矿石, 万吨) Kaolin Ore (Ore, 10 000 tons)
全 国 **National Total**	**2751.52**	**1577.91**	**3766.18**	**98323.53**	**120747.48**	**130194.08**	**30.24**	**49649.70**
北 京 Beijing	0.02							
天 津 Tianjin								
河 北 Hebei	13.49	22.80	76.36	28.01	882.34	1142.84	1.94	58.30
山 西 Shanxi	158.23	0.46	0.17	15122.81		1058.11	0.81	160.20
内蒙古 Inner Mongolia	400.27	508.02	962.32			16039.32	0.02	4814.68
辽 宁 Liaoning	30.22	10.43	44.83		104834.16	1272.11	0.81	536.93
吉 林 Jilin	19.67	13.65	19.12		1.10	730.70		48.55
黑龙江 Heilongjiang	110.63	6.37	24.24			48.20		
上 海 Shanghai								
江 苏 Jiangsu	3.60	25.88	42.44			608.84	0.13	167.65
浙 江 Zhejiang	5.68	8.43	19.49			490.28		840.34
安 徽 Anhui	168.12	10.91	13.61			14381.25	0.20	166.03
福 建 Fujian	87.81	34.07	80.41			1106.97		5366.30
江 西 Jiangxi	597.10	52.64	76.35			14886.00	0.61	3176.96
山 东 Shandong	9.99	0.28	0.34	158.90	14793.49	3.18		335.98
河 南 Henan	11.14	57.80	47.52	14376.78		5991.87	0.02	4.70
湖 北 Hubei	96.58	5.18	20.39	502.87		4722.08	7.70	460.43
湖 南 Hunan	9.63	55.14	75.92	311.43		788.52	0.24	2015.42
广 东 Guangdong	30.62	128.55	228.58			16214.60		5408.55
广 西 Guangxi	3.33	25.98	106.13	46631.76		837.06		23605.60
海 南 Hainan	3.52	6.62	16.96					1917.60
重 庆 Chongqing		5.56	18.34	6448.27		1453.10		
四 川 Sichuan	54.40	90.67	231.83	51.60	186.49	37726.98	4.55	56.10
贵 州 Guizhou	0.28	5.73	71.21	13204.97		5594.47	6.05	16.05
云 南 Yunnan	296.90	210.66	905.28	1485.24		4878.86	6.49	402.30
西 藏 Tibet	274.36	46.91	13.99					
陕 西 Shaanxi	19.45	30.65	73.20	0.89		108.30	0.06	81.10
甘 肃 Gansu	152.65	77.55	313.66			1.00		
青 海 Qinghai	25.63	55.96	115.51		49.90	50.08	0.60	
宁 夏 Ningxia							0.01	
新 疆 Xinjiang	168.20	81.01	167.98			59.36		9.93
海 域 Ocean								

1-8 主要城市气候情况(2013年)
Climate of Major Cities (2013)

城 市　　City	年平均气温(摄氏度) Annual Average Temperature (℃)	年极端最高气温(摄氏度) Annual Maximum Temperature (℃)	年极端最低气温(摄氏度) Annual Minimum Temperature (℃)	年平均相对湿度(%) Annual Average Humidity (%)	全年日照时数(小时) Annual Average Sunshine Hours (hour)	全 年降水量(毫米) Annual Average Precipitation (millimeter)
北 京　Beijing	12.8	38.2	-14.1	55	2371.1	579.1
天 津　Tianjin	12.8	37.1	-15.2	59	2255.2	411.5
石家庄　Shijiazhuang	13.8	38.7	-12.3	60	1716.8	508.3
太 原　Taiyuan	11.2	35.5	-20.3	56	2627.1	487.3
呼和浩特　Hohhot	7.3	33.7	-27.2	50	2629.8	564.6
沈 阳　Shenyang	7.9	33.2	-29.1	68	2389.6	788.1
长 春　Changchun	5.6	32.4	-29.0	64	2396.4	736.5
哈尔滨　Harbin	4.3	34.9	-33.3	68	2023.5	633.5
上 海　Shanghai	17.6	39.9	-4.2	68	1864.7	1173.4
南 京　Nanjing	16.8	40.1	-6.8	68	2196.9	898.4
杭 州　Hangzhou	18.0	41.6	-4.4	68	1665.5	1520.9
合 肥　Hefei	17.0	39.7	-7.8	76	1971.4	893.2
福 州　Fuzhou	20.4	40.6	2.6	72	1578.4	1137.5
南 昌　Nanchang	19.0	39.4	-3.4	73	2034.1	1431.8
济 南　Jinan	14.7	38.2	-12.9	57	2408.0	736.0
郑 州　Zhengzhou	16.1	39.6	-9.3	53	1925.6	353.2
武 汉　Wuhan	17.1	39.5	-7.2	77	2092.5	1434.2
长 沙　Changsha	19.2	40.5	-2.7	67	2049.7	1254.9
广 州　Guangzhou	21.5	36.4	3.3	81	1582.9	2095.4
南 宁　Nanning	21.6	35.8	1.6	80	1619.8	1569.3
海 口　Haikou	24.3	37.3	8.9	82	1725.7	2067.0
重 庆　Chongqing	19.8	41.3	1.7	71	1213.7	1026.9
成 都　Chengdu	16.9	36.2	-4.5	77	1128.8	1343.3
贵 阳　Guiyang	15.1	33.2	-5.7	79	1230.7	888.3
昆 明　Kunming	16.0	31.0	-3.6	68	2512.5	804.7
拉 萨　Lhasa	8.9	28.1	-11.7	38	3046.8	565.2
西 安　Xi'an	15.8	39.3	-8.3	58	2190.5	423.9
兰 州　Lanzhou	8.3	34.4	-20.1	53	2600.9	255.5
西 宁　Xining	6.1	32.6	-20.6	55	2660.6	413.6
银 川　Yinchuan	11.2	36.8	-19.3	43	2693.5	148.8
乌鲁木齐　Urumqi	8.7	36.1	-23.1	58	3068.6	300.9

资料来源：中国气象局。
Source: China Meteorological Administration.

二、水环境

Freshwater Environment

2-1 全国水环境情况(2000-2013年)
Freshwater Environment(2000-2013)

年 份 Year	水资源总量 (亿立方米) Total Amount of Water Resources (100 million cu.m)	地表水 资源量 Surface Water Resources	地下水 资源量 Ground Water Resources	地表水与地下 水资源重复量 Duplicated Measurement of Surface Water and Groundwater	降水量 (亿立方米) Precipitation (100 million cu.m)	人均水 资源量 (立方米/人) Per Capita Water Resources (cu.m/person)
2000	27701	26562	8502	7363	60092	2193.9
2001	26868	25933	8390	7456	58122	2112.5
2002	28261	27243	8697	7679	62610	2207.2
2003	27460	26251	8299	7090	60416	2131.3
2004	24130	23126	7436	6433	56876	1856.3
2005	28053	26982	8091	7020	61010	2151.8
2006	25330	24358	7643	6671	57840	1932.1
2007	25255	24242	7617	6604	57763	1916.3
2008	27434	26377	8122	7065	62000	2071.1
2009	24180	23125	7267	6212	55959	1816.2
2010	30906	29798	8417	7308	65850	2310.4
2011	23257	22214	7214	6171	55133	1730.2
2012	29529	28373	8296	7141	65150	2186.2
2013	27958	26839	8081	6963	62674	2059.7

注: 1.2011年环境保护部对统计制度中的指标体系、调查方法及相关技术规定等进行了修订，统计范围扩展为工业源、
     农业源、城镇生活源、机动车、集中式污染治理设施5个部分。
   2.生态环境补水仅包括人为措施供给的城镇环境用水和部分河湖、湿地补水。

Note: a)In 2011, indicators of statistical system, method of survey, and related technologies were revised by Ministry of
      Environmental Protection, statistical scope expands to 5 parts: industry source, agricultural source, urban living source,
      automotive vehicle, centralized pollution abatement.
      b)Water use of Eco-environment only includes supply of water to some rivers, lakes, wetland and water used for urban
      environment.

2-1 续表 1 continued 1

年 份 Year	供水总量 (亿立方米) Total Amount of Water Supply (100 million cu.m)	地表水 Surface Water	地下水 Ground-water	其他 Other	用水总量 (亿立方米) Total Amount of Water Use (100 million cu.m)	农业用水 Agriculture	工业用水 Industry
2000	5530.7	4440.4	1069.2	21.1	5497.6	3783.5	1139.1
2001	5567.4	4450.7	1094.9	21.9	5567.4	3825.7	1141.8
2002	5497.3	4404.4	1072.4	20.5	5497.3	3736.2	1142.4
2003	5320.4	4286.0	1018.1	16.3	5320.4	3432.8	1177.2
2004	5547.8	4504.2	1026.4	17.2	5547.8	3585.7	1228.9
2005	5633.0	4572.2	1038.8	22.0	5633.0	3580.0	1285.2
2006	5795.0	4706.7	1065.5	22.7	5795.0	3664.4	1343.8
2007	5818.7	4723.9	1069.1	25.7	5818.7	3599.5	1403.0
2008	5910.0	4796.4	1084.8	28.7	5910.0	3663.5	1397.1
2009	5965.2	4839.5	1094.5	31.2	5965.2	3723.1	1390.9
2010	6022.0	4881.6	1107.3	33.1	6022.0	3689.1	1447.3
2011	6107.2	4953.3	1109.1	44.8	6107.2	3743.6	1461.8
2012	6131.2	4952.8	1133.8	44.6	6131.2	3902.5	1380.7
2013	6183.4	5007.3	1126.2	49.9	6183.4	3921.5	1406.4

2-1 续表 2 continued 2

年 份 Year	生活用水 Household and Service	生态环境 补水 Eco-environment	人均用水量 (立方米) Water Use per Capita (cu.m)	单位GDP 用水量 (立方米 /万元) Water Use/ GDP (cu.m/ 10 000 yuan)	单位工业增 加值用水量 (立方米/万元) Water Use/ Value Added of Industry (cu.m/ 10 000 yuan)	废水排 放总量 (亿吨) Waste Water Discharge (100 million tons)	#工业 Industrial Discharge	#生活 Household Discharge
2000	574.9		435.4	554	285	415.2	194.2	220.9
2001	599.9		437.7	518	262	432.9	202.6	230.2
2002	618.7		429.3	469	239	439.5	207.2	232.3
2003	630.9	79.5	412.9	413	218	459.3	212.3	247.0
2004	651.2	82.0	428.0	391	204	482.4	221.1	261.3
2005	675.1	92.7	432.1	305	166	524.5	243.1	281.4
2006	693.8	93.0	442.0	278	154	536.8	240.2	296.6
2007	710.4	105.7	441.5	245	140	556.8	246.6	310.2
2008	729.3	120.2	446.2	227	127	571.7	241.7	330.0
2009	748.2	103.0	448.0	210	116	589.1	234.4	354.7
2010	765.8	119.8	450.2	191	108	617.3	237.5	379.8
2011	789.9	111.9	454.4	139	82	659.2	230.9	427.9
2012	739.7	108.3	453.9	130	72	684.8	221.6	462.7
2013	750.1	105.4	455.5	122	68	695.4	209.8	485.1

2-1 续表 3 continued 3

年 份 Year	化学需氧量 排放总量 (万吨) COD Discharge (10 000 tons)	#工业 Industrial Discharge	#生活 Household Discharge	氨 氮 排放量 (万吨) Ammonia Nitrogen Discharge (10 000 tons)	#工业 Industrial Discharge	#生活 Household Discharge
2000	1445.0	704.5	740.5			
2001	1404.8	607.5	797.3	125.2	41.3	83.9
2002	1366.9	584.0	782.9	128.8	42.1	86.7
2003	1333.9	511.8	821.1	129.6	40.4	89.2
2004	1339.2	509.7	829.5	133.0	42.2	90.8
2005	1414.2	554.7	859.4	149.8	52.5	97.3
2006	1428.2	541.5	886.7	141.4	42.5	98.9
2007	1381.8	511.1	870.8	132.3	34.1	98.3
2008	1320.7	457.6	863.1	127.0	29.7	97.3
2009	1277.5	439.7	837.9	122.6	27.4	95.3
2010	1238.1	434.8	803.3	120.3	27.3	93.0
2011	2499.9	354.8	938.8	260.4	28.1	147.7
2012	2423.7	338.5	912.8	253.6	26.4	144.6
2013	2352.7	319.5	889.8	245.7	24.6	141.4

2-2 各流域水资源情况(2013年)
Water Resources by River Valley (2013)

单位: 亿立方米 (100 million cu.m)

流域片	River Valley	水资源总量 Total Amount of Water Resources	地表水资源量 Surface Water Resources	地下水资源量 Ground Water Resources	地表水与地下水资源重复量 Duplicated Measurement of Surface Water and Groundwater	降水量 Precipitation
全 国	National Total	27957.9	26839.5	8081.1	6962.7	62674.4
松花江区	Songhuajiang River	2725.2	2459.1	618.7	352.6	6300.4
#松花江	Songhuajiang River	1661.0	1462.5	419.5	220.9	3968.9
辽河区	Liaohe River	632.7	539.4	222.0	128.6	1807.6
#辽河	Liaohe River	290.5	202.5	148.7	60.7	1052.8
海河区	Haihe River	356.3	176.2	259.8	79.6	1750.9
#海河	Haihe River	308.9	142.1	229.8	62.9	1477.1
黄河区	Huanghe River	683.0	578.3	381.2	276.5	3828.6
淮河区	Huaihe River	671.2	451.6	345.6	125.9	2339.8
#淮河	Huaihe River	569.5	379.6	285.8	95.9	1926.3
长江区	Changjiang River	8797.1	8674.6	2336.2	2213.6	18354.0
#太湖	Taihu Lake	160.5	139.9	41.5	20.9	402.4
东南诸河区	Southeastern Rivers	1912.0	1902.1	498.8	488.8	3355.0
珠江区	Zhujiang River	5303.2	5287.0	1257.1	1241.0	10080.7
#珠江	Zhujiang River	3436.4	3432.2	836.2	832.1	6907.9
西南诸河区	Southwestern Rivers	5437.6	5437.6	1295.7	1295.7	8939.7
西北诸河区	Northwestern Rivers	1439.4	1333.7	866.1	760.4	5917.7

资料来源:水利部(以下各表同)。
Source:Ministry of Water Resource (the same as in the following tables).

2-3 各流域节水灌溉面积(2013年)
Water Conservation Irrigated Area by River Valley (2013)

单位: 千公顷 (1 000 hectares)

流域片	River Valley	节水灌溉面积合计 Water Conservation Irrigated Area	#喷滴灌 Jetting and Dropping Irrigation	#微灌 Tiny Irrigation	#低压管灌 Low Pressure Pipe Irrigation
全 国	National Total	27108.6	2990.6	3856.5	7424.2
松花江区	Songhuajiang River	2252.2	1584.4	268.1	171.7
辽河区	Liaohe River	1192.2	171.3	351.4	435.1
海河区	Haihe River	4522.5	277.3	120.5	3203.6
黄河区	Huanghe River	3382.7	218.3	169.6	1154.7
淮河区	huaihe River	4220.3	296.8	93.6	1494.5
长江区	Changjiang River	4829.0	186.1	76.3	424.7
东南诸河区	Southeastern Rivers	1301.3	115.7	53.8	151.1
珠江区	zhujiang River	1328.2	48.7	50.8	112.4
西南诸河区	Southwestern Rivers	333.7	9.9	2.6	65.3
西北诸河区	Northwestern Rivers	3746.5	82.1	2669.7	211.2

2-4 各流域供水和用水情况(2013年)

Water Supply and Use by River Valley (2013)

单位: 亿立方米   (100 million cu.m)

流域片	River Valley	供水总量 Total Amount of Water Supply	地表水 Surface Water	地下水 Groundwater	其 他 Other
全 国	National Total	6183.4	5007.3	1126.2	49.9
松花江区	Songhuajiang River	509.9	290.2	218.8	0.9
#松花江	Songhuajiang River	377.1	233.1	143.2	0.7
辽河区	Liaohe River	203.9	97.3	102.7	3.9
#辽河	Liaohe River	146.3	60.5	84.0	1.8
海河区	Haihe River	370.9	129.9	224.6	16.4
#海河	Haihe River	335.8	115.8	204.1	15.9
黄河区	Huanghe River	397.2	259.8	128.5	8.9
淮河区	Huaihe River	640.3	458.4	176.2	5.7
#淮河	Huaihe River	569.8	418.4	147.4	3.9
长江区	Changjiang River	2057.3	1970.4	78.6	8.3
#太湖	Taihu Lake	364.3	363.7	0.2	0.4
东南诸河区	Southeastern Rivers	339.1	329.1	8.6	1.4
珠江区	Zhujiang River	859.3	822.8	33.6	2.9
#珠江	Zhujiang River	612.4	593.9	15.7	2.8
西南诸河区	Southwestern Rivers	105.7	100.9	4.6	0.2
西北诸河区	Northwestern Rivers	699.9	548.4	150.0	1.5

2-4 续表 continued

单位: 亿立方米   (100 million cu.m)

流域片	River Valley	用水总量 Total Amount of Water Use	农业用水 Agriculture	工业用水 Industry	生活用水 Household	生态环境补水 Eco- environment
全 国	National Total	6183.4	3921.5	1406.4	750.1	105.4
松花江区	Songhuajiang River	509.9	407.1	60.4	28.6	13.8
#松花江	Songhuajiang River	377.1	292.0	53.4	24.2	7.5
辽河区	Liaohe River	203.9	134.9	33.6	29.3	6.0
#辽河	Liaohe River	146.3	104.6	19.6	18.0	4.1
海河区	Haihe River	370.9	242.3	55.5	58.1	15.0
#海河	Haihe River	335.8	220.3	48.1	53.0	14.4
黄河区	Huanghe River	397.2	282.2	62.4	42.1	10.5
淮河区	Huaihe River	640.3	445.2	104.2	80.6	10.2
#淮河	Huaihe River	569.8	406.3	91.0	65.2	7.2
长江区	Changjiang River	2057.3	1019.7	742.7	275.0	19.9
#太湖	Taihu Lake	364.3	90.8	217.3	53.1	3.0
东南诸河区	Southeastern Rivers	339.1	152.0	117.3	62.7	7.1
珠江区	Zhujiang River	859.3	502.6	198.9	149.1	8.8
#珠江	Zhujiang River	612.4	327.9	168.6	108.2	7.7
西南诸河区	Southwestern Rivers	105.7	86.0	9.8	9.4	0.4
西北诸河区	Northwestern Rivers	699.9	649.5	21.5	15.2	13.6

2-5 各地区水资源情况(2013年)

Water Resources by Region(2013)

单位：亿立方米，立方米／人   (100 million cu.m ,cu.m/person)

地 区	Region	水资源总量 Total Amount of Water Resources	地表水资源量 Surface Water Resources	地下水资源量 Ground Water Resources	地表水与地下水资源重复量 Duplicated Measurement of Surface Water and Groundwater	降水量 Precipi-tation	人均水资源量 per Capita local Water Resources
全 国	**National Total**	**27957.9**	**26839.5**	**8081.1**	**6962.7**	**62674.4**	**2059.7**
北 京	Beijing	24.8	9.4	18.7	3.4	82.2	118.6
天 津	Tianjin	14.6	10.8	5.0	1.2	55.1	101.5
河 北	Hebei	175.9	76.8	138.8	39.8	997.0	240.6
山 西	Shanxi	126.6	81.0	96.9	51.4	919.3	349.6
内蒙古	Inner Mongolia	959.8	813.5	249.3	103.0	3649.7	3848.6
辽 宁	Liaoning	463.2	420.3	139.4	96.5	1092.9	1055.2
吉 林	Jilin	607.4	535.2	160.2	88.0	1484.0	2208.2
黑龙江	Heilongjiang	1419.6	1253.3	381.5	215.2	3217.4	3702.1
上 海	Shanghai	28.0	22.8	8.2	3.0	64.7	116.9
江 苏	Jiangsu	283.5	202.3	97.2	16.0	849.6	357.6
浙 江	Zhejiang	931.3	917.3	207.3	193.3	1649.1	1697.2
安 徽	Anhui	585.6	525.4	144.5	84.3	1427.4	974.5
福 建	Fujian	1151.9	1150.7	337.6	336.3	2014.0	3062.7
江 西	Jiangxi	1424.0	1405.3	378.4	359.7	2444.5	3155.3
山 东	Shandong	291.7	191.1	172.3	71.7	1068.1	300.4
河 南	Henan	213.1	123.1	147.1	57.2	954.4	226.4
湖 北	Hubei	790.1	756.6	251.3	217.8	1927.0	1364.9
湖 南	Hunan	1582.0	1574.3	382.1	374.5	2868.4	2373.6
广 东	Guangdong	2263.2	2253.7	532.5	523.1	3869.9	2131.2
广 西	Guangxi	2057.3	2056.3	478.1	477.1	4014.3	4376.8
海 南	Hainan	502.1	496.5	119.5	113.9	817.5	5636.8
重 庆	Chongqing	474.3	474.3	96.4	96.4	876.4	1603.9
四 川	Sichuan	2470.3	2469.1	607.5	606.4	5044.1	3052.9
贵 州	Guizhou	759.4	759.4	235.6	235.6	1729.9	2174.2
云 南	Yunnan	1706.7	1706.7	573.3	573.3	4560.6	3652.2
西 藏	Tibet	4415.7	4415.7	991.7	991.7	6908.6	142530.6
陕 西	Shaanxi	353.8	331.5	118.5	96.2	1456.9	941.3
甘 肃	Gansu	268.9	262.2	138.9	132.2	1291.2	1042.3
青 海	Qinghai	645.6	629.5	290.8	274.7	2134.4	11216.6
宁 夏	Ningxia	11.4	9.5	22.1	20.2	165.1	175.3
新 疆	Xinjiang	956.0	905.6	560.2	509.8	3040.7	4251.9

2-6 各地区节水灌溉面积(2013年)

Water Conservation Irrigated Area by Region (2013)

单位: 千公顷 (1 000 hectares)

地 区	Region	合 计 Total	#喷滴灌 Jetting and Dropping Irrigation	#微 灌 Tiny Irrigation	#低压管灌 Low Pressure Pipe Irrigation
全 国	**National Total**	**27108.6**	**2990.6**	**3856.5**	**7424.2**
北 京	Beijing	203.6	38.2	11.7	129.8
天 津	Tianjin	177.3	3.6	2.5	119.2
河 北	Hebei	2901.9	136.3	65.1	2345.2
山 西	Shanxi	818.4	74.5	25.6	507.3
内蒙古	Inner Mongolia	2073.6	405.5	293.3	546.7
辽 宁	Liaoning	602.1	131.1	180.8	156.3
吉 林	Jilin	473.0	257.7	86.5	97.8
黑龙江	Heilongjiang	1472.9	1135.1	167.2	10.4
上 海	Shanghai	139.9	2.5	0.6	68.4
江 苏	Jiangsu	2005.4	46.3	34.2	204.7
浙 江	Zhejiang	1039.9	26.0	22.1	50.9
安 徽	Anhui	826.7	82.4	12.4	43.7
福 建	Fujian	621.6	95.0	36.1	137.7
江 西	Jiangxi	426.5	11.4	7.3	4.8
山 东	Shandong	2574.7	159.0	84.3	1466.6
河 南	Henan	1295.8	113.3	21.3	705.9
湖 北	Hubei	315.7	81.6	3.7	30.3
湖 南	Hunan	328.1	2.6	0.8	5.8
广 东	Guangdong	239.8	8.5	6.4	20.8
广 西	Guangxi	800.5	20.1	18.4	17.4
海 南	Hainan	75.4	4.6	9.8	21.5
重 庆	Chongqing	181.2	8.1	1.3	32.2
四 川	Sichuan	1461.5	6.3	8.5	48.8
贵 州	Guizhou	304.4	22.6	20.6	69.6
云 南	Yunnan	637.7	10.4	10.9	75.1
西 藏	Tibet	63.9	6.0		38.2
陕 西	Shaanxi	824.6	27.1	25.8	243.9
甘 肃	Gansu	786.6	16.0	81.7	98.4
青 海	Qinghai	106.4	2.2	3.1	8.1
宁 夏	Ningxia	185.3	19.2	57.3	23.0
新 疆	Xinjiang	3144.1	37.4	2557.4	95.7

2-7 各地区供水和用水情况(2013年)

Water Supply and Use by Region (2013)

单位: 亿立方米 (100 million cu.m)

地 区	Region	供水总量 Total Amount of Water Supply	地表水 Surface Water	地下水 Ground-water	其 他 Other	用水总量 Total Amount of Water Use	农业用水 Agriculture
全 国	**National Total**	**6183.4**	**5007.3**	**1126.2**	**49.9**	**6183.4**	**3921.5**
北 京	Beijing	36.4	8.3	20.0	8.0	36.4	9.1
天 津	Tianjin	23.8	16.2	5.7	1.8	23.8	12.4
河 北	Hebei	191.3	43.1	144.6	3.6	191.3	137.6
山 西	Shanxi	73.8	33.2	36.1	4.5	73.8	43.1
内蒙古	Inner Mongolia	183.2	91.4	88.9	2.9	183.2	132.5
辽 宁	Liaoning	142.1	78.4	60.0	3.7	142.1	90.8
吉 林	Jilin	131.5	86.9	44.0	0.6	131.5	88.8
黑龙江	Heilongjiang	362.3	194.9	167.4		362.3	308.3
上 海	Shanghai	123.2	123.1	0.1		123.2	16.3
江 苏	Jiangsu	576.7	567.4	9.3		576.7	301.9
浙 江	Zhejiang	198.3	194.6	2.5	1.2	198.3	91.9
安 徽	Anhui	296.0	260.9	33.4	1.8	296.0	162.1
福 建	Fujian	204.8	197.7	6.5	0.7	204.8	95.7
江 西	Jiangxi	264.8	255.3	9.5		264.8	175.7
山 东	Shandong	217.9	124.9	86.9	6.1	217.9	149.7
河 南	Henan	240.6	101.0	138.8	0.7	240.6	141.7
湖 北	Hubei	291.8	282.6	9.2		291.8	159.6
湖 南	Hunan	332.5	314.8	17.7	…	332.5	195.3
广 东	Guangdong	443.2	425.6	15.9	1.7	443.2	223.7
广 西	Guangxi	308.2	295.9	11.6	0.7	308.2	209.4
海 南	Hainan	43.2	40.0	3.1	0.1	43.2	32.3
重 庆	Chongqing	83.9	82.2	1.6	0.1	83.9	24.6
四 川	Sichuan	242.5	219.7	16.4	6.4	242.5	139.4
贵 州	Guizhou	92.0	90.0	1.9	0.1	92.0	48.2
云 南	Yunnan	149.7	143.7	4.8	1.2	149.7	102.7
西 藏	Tibet	30.3	26.8	3.5		30.3	27.6
陕 西	Shaanxi	89.2	54.6	33.5	1.1	89.2	58.1
甘 肃	Gansu	122.0	90.9	29.4	1.6	122.0	99.2
青 海	Qinghai	28.2	24.3	3.8	0.1	28.2	22.8
宁 夏	Ningxia	72.1	66.4	5.6	0.2	72.1	63.4
新 疆	Xinjiang	588.0	472.2	114.7	1.2	588.0	557.7

2-7 续表 continued

单位：亿立方米 (100 million cu.m)

地 区	Region	工业用水 Industry	生活用水 Household	生态环境补水 Eco- environment	人均用水量 （立方米） Water Use per Capita (cu.m)
全 国	National Total	1406.4	750.1	105.4	455.5
北 京	Beijing	5.1	16.3	5.9	173.9
天 津	Tianjin	5.4	5.1	0.9	164.7
河 北	Hebei	25.2	23.8	4.7	261.7
山 西	Shanxi	14.9	12.3	3.5	203.8
内蒙古	Inner Mongolia	23.6	10.7	16.4	734.7
辽 宁	Liaoning	22.8	23.4	5.1	323.8
吉 林	Jilin	26.5	12.3	3.9	478.0
黑龙江	Heilongjiang	34.0	17.1	3.0	944.8
上 海	Shanghai	80.4	25.7	0.8	513.9
江 苏	Jiangsu	220.1	51.4	3.2	727.3
浙 江	Zhejiang	58.8	42.5	5.2	361.4
安 徽	Anhui	98.4	31.5	4.1	492.6
福 建	Fujian	75.0	30.9	3.2	544.6
江 西	Jiangxi	60.1	26.9	2.1	586.8
山 东	Shandong	28.9	33.3	6.1	224.5
河 南	Henan	59.4	33.4	6.1	255.7
湖 北	Hubei	92.4	39.4	0.4	504.1
湖 南	Hunan	94.4	40.0	2.9	498.9
广 东	Guangdong	119.6	94.8	5.2	417.3
广 西	Guangxi	57.4	38.3	3.0	655.6
海 南	Hainan	3.8	6.9	0.2	484.5
重 庆	Chongqing	40.4	18.1	0.8	283.7
四 川	Sichuan	58.3	40.1	4.7	299.7
贵 州	Guizhou	27.0	16.0	0.7	263.4
云 南	Yunnan	25.3	20.5	1.3	320.4
西 藏	Tibet	1.7	1.0	…	978.2
陕 西	Shaanxi	13.8	15.1	2.3	237.3
甘 肃	Gansu	13.1	7.9	1.8	472.9
青 海	Qinghai	2.9	2.3	0.2	490.0
宁 夏	Ningxia	5.0	1.6	2.0	1108.6
新 疆	Xinjiang	12.8	11.7	5.8	2615.4

2-8　流域分区河流水质状况评价结果(按评价河长统计)(2013年)

Evaluation of River Water Quality by River Valley

(by River Length) (2013)

流域分区	River	评价河长 (千米) Evaluate Length (km)	I 类 Grade I	II 类 Grade II	III 类 Grade III	IV 类 Grade IV	V 类 Grade V	劣V类 Worse than Grade V
全　国	National Total	208473.6	4.8	42.5	21.3	10.8	5.7	14.9
松花江区	Songhuajiang River	12987.1		10.2	42.5	28.5	8.9	9.9
#松花江	Songhuajiang River	10116.0		11.8	48.9	26.9	4.5	7.9
辽河区	Liaohe River	5091.6	1.2	39.6	14.0	16.4	8.2	20.6
#辽河	Liaohe River	2097.0		26.0	12.9	33.2	13.0	14.9
海河区	Haihe River	15327.5	1.6	17.0	14.7	8.4	10.2	48.1
#海河	Haihe River	12795.8	1.8	13.2	10.5	9.3	10.8	54.4
黄河区	Huanghe River	21311.3	4.8	35.7	19.6	10.1	4.8	25.0
淮河区	Huaihe River	26694.1	0.5	9.5	28.6	27.1	10.8	23.5
#淮河	Huaihe River	23049.7	0.3	9.0	28.4	29.1	12.2	21.0
长江区	Changjiang River	59648.0	6.0	47.9	20.5	8.4	5.6	11.6
#太湖	Taihu Lake	5924.9		3.8	16.5	27.2	24.7	27.8
东南诸河区	Southeastern Rivers	6458.2	2.9	53.3	28.0	7.6	3.0	5.2
珠江区	Zhujiang River	22917.4	3.2	65.7	17.8	3.9	3.4	6.0
#珠江	Zhujiang River	16381.9	3.8	70.1	12.4	2.9	3.9	6.9
西南诸河区	Southwestern Rivers	17618.7	3.9	66.2	25.6	2.1	1.2	1.0
西北诸河区	Northwestern Rivers	20419.7	16.6	67.0	7.5	3.0	1.7	4.2

2-9　主要水系干流水质状况评价结果(按监测断面统计)(2013年)

Evaluation of River Water Quality by Water System

(by Monitoring Sections) (2013)

主要水系	Main Water System	监测断面 个数(个) Number of Monitoring Sections (unit)	I 类 Grade I	II 类 Grade II	III 类 Grade III	IV 类 Grade IV	V 类 Grade V	劣V类 Worse than Grade V
长　江	Changjiang River	160	1.9	50.6	36.9	6.3	1.2	3.1
黄　河	Huanghe River	61	1.6	25.8	30.7	17.7	8.1	16.1
珠　江	Zhujiang River	54		79.6	14.8			5.6
松花江	Songhuajiang River	88		5.7	50.0	30.7	7.9	5.7
淮　河	Huanhe River	95		6.4	53.2	18.1	10.6	11.7
海　河	Haihe River	64	1.6	18.8	18.7	9.3	12.5	39.1
辽　河	Liaohe River	55	1.8	36.4	7.3	45.5	3.6	5.4

资料来源：环境保护部。

Source: Ministry of Environmental Protection.

2-10 重点评价湖泊水质状况(2013年)

Water Quality Status of Lakes in Key Evaluation (2013)

主要水系	Main Water System	所 属 行政区 Region	总体水质状况 Categories of Overall Water Quality	营养状况 Nutritional Status
白洋淀	Baiyangdian	河北	Grade V	中度富营养/Medium Eutropher
查干湖	Chagan Lake	吉林	Grade V	轻度富营养/Light Eutropher
太湖	Taihu Lake	江苏、浙江、上海	Grade IV	轻度富营养/Light Eutropher
洪泽湖	Hongze Lake	江苏	Grade IV	轻度富营养/Light Eutropher
骆马湖	Luoma Lake	江苏	Grade III	轻度富营养/Light Eutropher
白马湖	Baima Lake	江苏	Grade IV	轻度富营养/Light Eutropher
高邮湖	Gaoyou Lake	江苏	Grade IV	轻度富营养/Light Eutropher
邵伯湖	Shaobo Lake	江苏	Grade IV	中度富营养/Medium Eutropher
宝应湖	Baoying Lake	江苏	Grade IV	轻度富营养/Light Eutropher
滆湖	Gehu Lake	江苏	Worse than Grade V	中度富营养/Medium Eutropher
石臼湖	Shijiu Lake	江苏、安徽	Grade IV	轻度富营养/Light Eutropher
大官湖黄湖	Daguan Lake & Huanghu Lake	安徽	Grade III	中营养/Mesotropher
升金湖	Shengjin Lake	安徽	Grade III	中营养/Mesotropher
菜子湖	Caizi Lake	安徽	Grade IV	中营养/Mesotropher
南漪湖	Nanyi Lake	安徽	Grade IV	轻度富营养/Light Eutropher
城西湖	Chengxi Lake	安徽	Grade V	轻度富营养/Light Eutropher
城东湖	Chengdong Lake	安徽	Grade IV	轻度富营养/Light Eutropher
女山湖	Nvshan Lake	安徽	Grade V	轻度富营养/Light Eutropher
瓦埠湖	Wabu Lake	安徽	Grade IV	轻度富营养/Light Eutropher
泊湖	Bohu Lake	安徽	Grade III	中营养/Mesotropher
龙感湖	Longgan Lake	安徽、湖北	Grade III	轻度富营养/Light Eutropher
巢湖	Chaohu Lake	安徽	Grade V	中度富营养/Medium Eutropher
鄱阳湖	Poyang Lake	江西	Grade V	中营养/Mesotropher
东平湖	Dongping Lake	山东	Grade III	轻度富营养/Light Eutropher
南四湖	Nansi Lake	山东、江苏	Grade III	中营养/Mesotropher
洪湖	Honghu Lake	湖北	Grade IV	中营养/Mesotropher
梁子湖	Liangzi Lake	湖北	Grade II	轻度富营养/Light Eutropher
斧头湖	Futou Lake	湖北	Grade IV	中营养/Mesotropher
长湖	Changhu Lake	湖北	Grade III	中营养/Mesotropher
洞庭湖	Dongting Lake	湖南	Grade IV	轻度富营养/Light Eutropher
滇池	Dianchi	云南	Worse than Grade V	中度富营养/Medium Eutropher
抚仙湖	Fuxian Lake	云南	Grade II	中营养/Mesotropher
洱海	Erhai	云南	Grade III	中营养/Mesotropher
班公错	Bangongcuo	西藏	Grade II	中营养/Mesotropher
纳木错	Namucuo	西藏	Worse than Grade V	中营养/Mesotropher
普莫雍错	Pumoyongcuo	西藏	Worse than Grade V	中营养/Mesotropher
羊卓雍错	Yangzhuoyongcuo	西藏	Worse than Grade V	中营养/Mesotropher
佩枯错	Peikucuo	西藏	Worse than Grade V	中营养/Mesotropher
青海湖	Qinghai Lake	青海	Grade II	中营养/Mesotropher
克鲁克湖	Keluke Lake	青海	Grade II	中营养/Mesotropher
乌伦古湖	Wulungu Lake	新疆	Worse than Grade V	中度富营养/Medium Eutropher
赛里木湖	Sailimu Lake	新疆	Grade I	中营养/Mesotropher
艾比湖	Aibi Lake	新疆	Worse than Grade V	轻度富营养/Light Eutropher
博斯腾湖	Bositeng Lake	新疆	Grade III	中营养/Mesotropher
金沙滩	Jinshatan	新疆	Grade III	中营养/Mesotropher

资料来源：水利部。
Source: Ministry of Water Resource.

2-11 各地区废水排放及处理情况(2013年)

Discharge and Treatment of Waste Water by Region (2013)

单位: 万吨　　　　　　　　　　　　　　　　　　　　　　　　　　　　　　　　(10 000 tons)

地　区	Region	废水排放总量 Total Volume of Waste Water Discharged	工业废水 Industrial Waste Water	城镇生活污水 Household Waste Water	集中式污染治理设施 Centralized Pollution Control Facilities
全　国	**National Total**	**6954433**	**2098398**	**4851058**	**4977**
北　京	Beijing	144580	9486	134991	103
天　津	Tianjin	84210	18692	65469	50
河　北	Hebei	310921	109876	200953	92
山　西	Shanxi	138030	47795	90203	33
内蒙古	Inner Mongolia	106920	36986	69900	34
辽　宁	Liaoning	234508	78286	156106	116
吉　林	Jilin	117703	42656	74980	66
黑龙江	Heilongjiang	153090	47796	105244	50
上　海	Shanghai	222963	45426	177210	327
江　苏	Jiangsu	594359	220559	373526	274
浙　江	Zhejiang	419120	163674	254972	474
安　徽	Anhui	266234	70972	195091	171
福　建	Fujian	259098	104658	154258	182
江　西	Jiangxi	207138	68230	138617	290
山　东	Shandong	494570	181179	313124	267
河　南	Henan	412582	130789	281650	143
湖　北	Hubei	294054	84993	208836	224
湖　南	Hunan	307227	92311	214510	407
广　东	Guangdong	862471	170463	691295	713
广　西	Guangxi	225303	89508	135641	153
海　南	Hainan	36156	6744	29374	38
重　庆	Chongqing	142535	33451	108937	148
四　川	Sichuan	307648	64864	242574	210
贵　州	Guizhou	93085	22898	70112	75
云　南	Yunnan	156583	41844	114635	104
西　藏	Tibet	5005	400	4604	1
陕　西	Shaanxi	132169	34871	97166	133
甘　肃	Gansu	64969	20171	44769	29
青　海	Qinghai	21953	8395	13550	8
宁　夏	Ningxia	38528	15708	22810	11
新　疆	Xinjiang	100720	34718	65949	53

资料来源: 环境保护部(以下各表同)。

Source:Ministry of Environmental Protection (the same as in the following tables).

2-11 续表 1 continued 1

单位: 吨   (ton)

地 区	Region	化学需氧量排放总量 COD Discharged	工业 Industry	农业 Agriculture	生活 Household	集中式污染治理设施 Centralized Pollution Control Facilities
全 国	**National Total**	23527201	3194670	11257575	8898128	176829
北 京	Beijing	178475	6055	74717	89868	7835
天 津	Tianjin	221515	26215	109934	84886	481
河 北	Hebei	1309947	174439	894825	233276	7407
山 西	Shanxi	461311	78807	174570	205357	2578
内蒙古	Inner Mongolia	863212	91977	608634	160290	2311
辽 宁	Liaoning	1252627	84692	849828	312225	5882
吉 林	Jilin	761206	65288	491501	192439	11978
黑龙江	Heilongjiang	1447318	96123	1039828	309467	1900
上 海	Shanghai	235624	25503	31112	173181	5828
江 苏	Jiangsu	1148888	209175	376111	558698	4904
浙 江	Zhejiang	755113	174083	197659	376253	7118
安 徽	Anhui	902684	87135	370704	436388	8457
福 建	Fujian	638996	81169	208054	345647	4125
江 西	Jiangxi	734470	93266	232479	399003	9721
山 东	Shandong	1845706	132727	1294985	413286	4708
河 南	Henan	1354232	170683	781510	394775	7264
湖 北	Hubei	1058215	128088	461417	455112	13599
湖 南	Hunan	1249012	140689	557025	538897	12401
广 东	Guangdong	1733870	234281	581323	903799	14467
广 西	Guangxi	759383	175417	210770	369299	3897
海 南	Hainan	194380	12526	101489	79316	1049
重 庆	Chongqing	391813	51534	121034	218601	645
四 川	Sichuan	1231965	106492	528814	591206	5453
贵 州	Guizhou	328155	63214	61542	198069	5330
云 南	Yunnan	547227	167522	72356	294369	12980
西 藏	Tibet	25773	620	4051	20948	154
陕 西	Shaanxi	519261	95400	192494	226166	5201
甘 肃	Gansu	379126	90481	141636	145378	1631
青 海	Qinghai	103390	42071	22066	37056	2197
宁 夏	Ningxia	221925	103083	101232	16783	827
新 疆	Xinjiang	672383	185915	363875	118091	4503

2-11 续表 2 continued 2

单位: 吨 (ton)

地 区	Region	氨氮 排放总量 Ammona Nitrogen Discharged	工业 Industry	农业 Agriculture	生活 Household	集中式污染 治理设施 Centralized Pollution Control Facilities
全 国	**National Total**	**2456553**	**245845**	**779199**	**1413567**	**17942**
北 京	Beijing	19704	330	4504	14189	681
天 津	Tianjin	24681	3339	5633	15671	39
河 北	Hebei	107067	14271	43060	49177	559
山 西	Shanxi	55331	7618	12145	35321	247
内蒙古	Inner Mongolia	51199	11383	12024	27601	190
辽 宁	Liaoning	103344	7133	33559	61720	932
吉 林	Jilin	54716	4223	16993	32214	1286
黑龙江	Heilongjiang	87746	5977	33320	48229	220
上 海	Shanghai	45755	1934	3204	40322	296
江 苏	Jiangsu	147429	14393	38204	94253	579
浙 江	Zhejiang	107489	11052	25906	69924	607
安 徽	Anhui	103328	7652	36828	58060	789
福 建	Fujian	90929	6150	32035	52345	399
江 西	Jiangxi	88827	8987	28698	50358	784
山 东	Shandong	161517	10224	71038	79757	498
河 南	Henan	144229	12299	61065	69981	885
湖 北	Hubei	124856	13609	45167	64560	1520
湖 南	Hunan	157704	23047	61306	72187	1165
广 东	Guangdong	216386	14599	55381	144901	1505
广 西	Guangxi	80996	7221	26079	47388	307
海 南	Hainan	22627	913	8656	12960	97
重 庆	Chongqing	52160	3266	12517	36211	167
四 川	Sichuan	137036	4975	55949	75449	662
贵 州	Guizhou	38259	3509	7876	26249	625
云 南	Yunnan	58049	4308	11454	40636	1651
西 藏	Tibet	3193	46	491	2646	10
陕 西	Shaanxi	59560	8346	15027	35567	619
甘 肃	Gansu	39171	12636	5496	20925	114
青 海	Qinghai	9675	2075	867	6598	134
宁 夏	Ningxia	17076	8541	2105	6373	58
新 疆	Xinjiang	46514	11789	12612	21796	318

2-11 续表 3 continued 3

地 区 Region	废水中污染物排放量 Amount of Pollutants Discharged in Waste Water				
	总氮 (吨) Total Nitrogen (ton)	总磷 (吨) Total Phosphorus (ton)	石油类 (吨) Petroleum (ton)	挥发酚 (千克) Volatile Phenols (kg)	氰化物 (千克) Cyanide (kg)
全 国 National Total	**4480973**	**487331**	**18385**	**1277334**	**162858**
北 京 Beijing	31338	4048	50	469	140
天 津 Tianjin	36150	4395	118	1821	993
河 北 Hebei	361012	39270	898	27484	8596
山 西 Shanxi	82947	7785	985	621107	29281
内蒙古 Inner Mongolia	155007	12538	948	241503	1685
辽 宁 Liaoning	203489	26805	959	8063	3175
吉 林 Jilin	128707	15736	341	5736	2398
黑龙江 Heilongjiang	265215	25370	290	6524	1548
上 海 Shanghai	15562	1820	622	3047	2981
江 苏 Jiangsu	174100	18210	1319	40547	14644
浙 江 Zhejiang	93826	10640	747	7275	6637
安 徽 Anhui	186068	19704	759	6340	7187
福 建 Fujian	96357	12462	515	2016	4353
江 西 Jiangxi	106598	12649	737	15776	7462
山 东 Shandong	565305	62002	531	39240	3708
河 南 Henan	416462	47482	1232	140644	17523
湖 北 Hubei	193863	23212	1009	19043	6848
湖 南 Hunan	220698	23771	585	19508	10257
广 东 Guangdong	193659	24885	649	12595	9059
广 西 Guangxi	116910	13558	265	12925	4885
海 南 Hainan	30745	3871	9	…	2
重 庆 Chongqing	53831	6317	337	9516	1497
四 川 Sichuan	287399	31736	641	3527	2290
贵 州 Guizhou	43799	4373	437	273	582
云 南 Yunnan	76597	7372	374	2731	1102
西 藏 Tibet	5776	403	1	19	1
陕 西 Shaanxi	95597	8343	663	2657	4033
甘 肃 Gansu	47363	3846	295	2751	69
青 海 Qinghai	7165	619	342	1283	2
宁 夏 Ningxia	27370	2124	153	6923	2743
新 疆 Xinjiang	162060	11987	1572	15990	7178

2-11 续表 4 continued 4

地 区	Region	废水中污染物排放量 Amount of Pollutants Discharged in Waste Water					
		铅 (千克) Plumbum (kg)	汞 (千克) Mercury (kg)	镉 (千克) Cadmium (kg)	六价铬 (千克) Hexavalent Chromium (kg)	总铬 (千克) Total Chromium (kg)	砷 (千克) Arsenic (kg)
全 国	National Total	76112	917	18436	58291	163118	112230
北 京	Beijing	201	1	17	321	438	15
天 津	Tianjin	101	6	3	133	356	13
河 北	Hebei	347	4	29	2589	5401	89
山 西	Shanxi	192	11	785	142	243	198
内蒙古	Inner Mongolia	3747	94	537	37	153	6072
辽 宁	Liaoning	247	13	43	237	682	247
吉 林	Jilin	162	6	29	59	134	591
黑龙江	Heilongjiang	39	2	4	99	115	28
上 海	Shanghai	174	12	13	1073	2444	68
江 苏	Jiangsu	1129	16	28	4009	8870	238
浙 江	Zhejiang	555	7	220	8795	18685	293
安 徽	Anhui	1550	8	132	273	715	4827
福 建	Fujian	3117	14	317	3097	11425	1430
江 西	Jiangxi	5717	79	1984	17197	17564	9364
山 东	Shandong	914	18	1054	514	7849	2401
河 南	Henan	4055	19	965	891	30091	1207
湖 北	Hubei	2624	32	541	9053	9924	6110
湖 南	Hunan	24319	235	6747	1025	11367	42572
广 东	Guangdong	2565	30	367	5179	22181	1049
广 西	Guangxi	6302	108	1076	155	1780	8291
海 南	Hainan	6	…	2	…	123	2
重 庆	Chongqing	95	1	5	219	428	37
四 川	Sichuan	1137	13	84	735	1835	2084
贵 州	Guizhou	266	20	27	31	64	487
云 南	Yunnan	6248	11	1210	19	118	8162
西 藏	Tibet	3	…	1		1	8943
陕 西	Shaanxi	1449	27	566	224	1665	708
甘 肃	Gansu	8068	95	1289	415	6145	4286
青 海	Qinghai	631	9	300	7	13	1480
宁 夏	Ningxia	19	5	2	126	242	53
新 疆	Xinjiang	135	22	60	1639	2067	885

2-11 续表 5 continued 5

地 区	Region	工业废水 治理设施数 （套） Number of Industrial Waste Water Treatment Facilities (set)	工业废水治理 设施处理能力 （万吨／日） Capacity of Industrial Waste Water Treatment Facilities (10 000 tons/day)	工业废水 处理量 （万吨） Industrial Waste Water Treated (10 000 tons)	工业废水治理 设施本年运行费用 （万元） Annual Expenditure of Industrial Waste Water Treatment Facilities (10 000 yuan)
全 国	**National Total**	**80298**	**25641.6**	**4924811**	**6286649**
北 京	Beijing	518	60.2	10498	36311
天 津	Tianjin	1088	150.5	29161	171400
河 北	Hebei	4573	4029.4	766322	477030
山 西	Shanxi	3037	803.5	126012	207983
内蒙古	Inner Mongolia	1128	549.4	107223	109181
辽 宁	Liaoning	2290	1180.6	213534	228873
吉 林	Jilin	660	266.4	61806	68477
黑龙江	Heilongjiang	1187	691.3	94946	289258
上 海	Shanghai	1743	318.6	65019	170674
江 苏	Jiangsu	7452	1926.9	395899	733168
浙 江	Zhejiang	8283	1425.1	256857	572984
安 徽	Anhui	2444	951.6	203173	217062
福 建	Fujian	3503	682.1	168167	152312
江 西	Jiangxi	2543	1071.8	167422	187452
山 东	Shandong	5189	1857.6	346256	541410
河 南	Henan	3306	1028.1	173052	231883
湖 北	Hubei	2084	1029.4	181540	168277
湖 南	Hunan	3036	1153.9	263399	188549
广 东	Guangdong	9918	1505.5	293037	562850
广 西	Guangxi	2340	1068.6	304911	194088
海 南	Hainan	309	53.5	6533	33454
重 庆	Chongqing	1669	242.6	34451	61118
四 川	Sichuan	3866	1053.2	171902	199681
贵 州	Guizhou	1589	615.8	111295	60099
云 南	Yunnan	2602	798.6	174187	129647
西 藏	Tibet	33	6.9	722	712
陕 西	Shaanxi	1846	413.5	59928	106477
甘 肃	Gansu	596	171.6	30816	38324
青 海	Qinghai	182	77.2	25064	13853
宁 夏	Ningxia	367	174.9	23902	35309
新 疆	Xinjiang	917	283.2	57778	98754

2-12 各行业工业废水排放及处理情况(2013年)

Discharge and Treatment of Industrial Waste Water by Sector (2013)

行 业	Sector	汇总工业企业数(个) Number of Industrial Enterprises (unit)	工业废水治理设施数(套) Number of Industrial Waste Water Treatment Facilities (set)	工业废水治理设施处理能力(万吨/日) Capacity of Industrial Waste Water Treatment Facilities (10 000 tons/day)
行业总计	**Total**	**147657**	**80298**	**25642**
农、林、牧、渔服务业	Services in Support of Agriculture	144	104	7
煤炭开采和洗选业	Mining and Washing of Coal	6462	4536	1301
石油和天然气开采业	Extraction of Petroleum and Natural Gas	249	629	528
黑色金属矿采选业	Mining and Processing of Ferrous Metal Ores	4457	1980	1557
有色金属矿采选业	Mining and Processing of Non-ferrous Metal Ores	3301	2276	718
非金属矿采选业	Mining and Processing of Non-metal Ores	983	471	77
开采辅助活动	Ancillary Activities for Exploitation	58	26	5
其他采矿业	Mining of Other Ores	39	16	2
农副食品加工业	Processing of Food from Agricultural Products	11442	5827	836
食品制造业	Manufacture of Foods	3826	2539	337
酒、饮料和精制茶制造业	Manufacture of Wine, Drinks and Refined Tea	4049	2143	415
烟草制品业	Manufacture of Tobacco	156	148	21
纺织业	Manufacture of Textile	8719	6091	1162
纺织服装、服饰业	Manufacture of Textile Wearing and Apparel	1599	922	108
皮革、毛皮、羽毛及其制品和制鞋业	Manufacture of Leather, Fur, Feather and Related Products and Footware	2133	1219	169
木材加工及木、竹、藤、棕、草制品业	Processing of Timber, Manufacture of Wood, Bamboo,Rattan, Palm, and Straw Products	2644	614	24
家具制造业	Manufacture of Furniture	502	192	2
造纸及纸制品业	Manufacture of Paper and Paper Products	4856	4006	2410
印刷和记录媒介复制业	Printing,Reproduction of Recording Media	773	244	14
文教、工美、体育和娱乐用品制造业	Manufacture of Articles for Culture, Education and Sport Activity	670	410	10
石油加工、炼焦和核燃料加工业	Processing of Petroleum, Coking, Processing of Nuclear Fuel	1280	1328	379
化学原料和化学制品制造业	Manufacture of Raw Chemical Materials and Chemical Products	12217	9479	2164

2-12 续表 1 continued 1

行　　业	Sector	汇总工业企业数（个）Number of Industrial Enterprises (unit)	工业废水治理设施数（套）Number of Industrial Waste Water Treatment Facilities (set)	工业废水治理设施处理能力（万吨／日）Capacity of Industrial Waste Water Treatment Facilities (10 000 tons/day)
医药制造业	Manufacture of Medicines	3332	2735	216
化学纤维制造业	Manufacture of Chemical Fibers	496	438	166
橡胶和塑料制品业	Manufacture of Rubber and Plastic	2687	1012	82
非金属矿物制品业	Manufacture of Non-metallic Mineral Products	32532	4965	534
黑色金属冶炼及压延加工业	Smelting and Pressing of Ferrous Metals	4202	4101	9816
有色金属冶炼及压延加工业	Smelting and Pressing of Non-ferrous Metals	4166	2860	526
金属制品业	Manufacture of Metal Products	8994	5884	445
通用设备制造业	Manufacture of General Purpose Machinery	3236	1356	46
专用设备制造业	Manufacture of Special Purpose Machinery	1640	768	34
汽车制造业	Manufacture of Automobile	1966	1470	76
铁路、船舶、航空航天和其他运输设备制造业	Manufacture of Railway, Shipbuilding, Aerospace and Other Transportation Equipment	984	941	58
电气机械和器材制造业	Manufacture of Electrical Machinery and Equipment	1948	1315	60
计算机、通信和其他电子设备制造业	Manufacture of Computers, Communication, and Other Electronic Equipment	2665	2729	295
仪器仪表制造业	Manufacture of Measuring Instrument	380	276	8
其他制造业	Other Manufactures	1296	558	51
废弃资源综合利用业	Utilization of Waste Resources	494	204	21
金属制品、机械和设备修理业	Metal Products, Machinery and Equipment Repair	195	142	7
电力、热力生产和供应业	Production and Supply of Electric Power and Heat Power	5830	3304	951
燃气生产和供应业	Production and Supply of Gas	50	33	5
水的生产和供应业	Production and Supply of Water	5	7	1

2-12 续表 2 continued 2

行　业	Sector	工业废水治理设施本年运行费用（万元） Annual Expenditure of Industrial Waste Water Treatment Facilities (10 000 yuan)	工业废水处理量（万吨） Industrial Waste Water Treated (10 000 tons)	工业废水排放量（万吨） Industrial Waste Water Discharged (10 000 tons)
行业总计	Total	25642	6286649	4924811
农、林、牧、渔服务业	Services in Support of Agriculture	7	869	818
煤炭开采和洗选业	Mining and Washing of Coal	1301	167694	177379
石油和天然气开采业	Extraction of Petroleum and Natural Gas	528	307312	105077
黑色金属矿采选业	Mining and Processing of Ferrous Metal Ores	1557	149411	255934
有色金属矿采选业	Mining and Processing of Non-ferrous Metal Ores	718	130444	186496
非金属矿采选业	Mining and Processing of Nonmetal Ores	77	19153	11153
开采辅助活动	Ancillary Activities for Exploitation	5	2568	785
其他采矿业	Mining of Other Ores	2	469	313
农副食品加工业	Processing of Food from Agricultural Products	836	168489	116727
食品制造业	Manufacture of Foods	337	109360	52208
酒、饮料和精制茶制造业	Manufacture of Wine, Drinks and Refined Tea	415	115798	66049
烟草制品业	Manufacture of Tobacco	21	8562	3112
纺织业	Manufacture of Textile	1162	451798	202896
纺织服装、服饰业	Manufacture of Textile Wearing and Apparel	108	24467	17129
皮革、毛皮、羽毛及其制品和制鞋业	Manufacture of Leather, Fur, Feather and Related Products and Footware	169	52442	20885
木材加工及木、竹、藤、棕、草制品业	Processing of Timber, Manufacture of Wood, Bamboo,Rattan, Palm, and Straw Products	24	8262	2992
家具制造业	Manufacture of Furniture	2	1974	526
造纸及纸制品业	Manufacture of Paper and Paper Products	2410	578580	400696
印刷和记录媒介复制业	Printing,Reproduction of Recording Media	14	6351	1102
文教、工美、体育和娱乐用品制造业	Manufacture of Articles for Culture, Education and Sport Activity	10	5227	1573
石油加工、炼焦和核燃料加工业	Processing of Petroleum, Coking, Processing of Nuclear Fuel	379	429454	76047
化学原料和化学制品制造业	Manufacture of Raw Chemical Materials and Chemical Products	2164	930537	409677

2-12 续表 3 continued 3

行 业	Sector	工业废水治理设施本年运行费用（万元）Annual Expenditure of Industrial Waste Water Treatment Facilities (10 000 yuan)	工业废水处理量（万吨）Industrial Waste Water Treated (10 000 tons)	工业废水排放量（万吨）Industrial Waste Water Discharged (10 000 tons)
医药制造业	Manufacture of Medicines	216	178214	47396
化学纤维制造业	Manufacture of Chemical Fibers	166	82126	35018
橡胶和塑料制品业	Manufacture of Rubber and Plastic	82	24678	16544
非金属矿物制品业	Manufacture of Non-metallic Mineral Products	534	100085	82626
黑色金属冶炼及压延加工业	Smelting and Pressing of Ferrous Metals	9816	1111983	2186335
有色金属冶炼及压延加工业	Smelting and Pressing of Non-ferrous Metals	526	172529	98189
金属制品业	Manufacture of Metal Products	445	229771	56602
通用设备制造业	Manufacture of General Purpose Machinery	46	29045	8589
专用设备制造业	Manufacture of Special Purpose Machinery	34	15132	6311
汽车制造业	Manufacture of Automobile	76	66050	15303
铁路、船舶、航空航天和其他运输设备制造业	Manufacture of Railway, Shipbuilding, Aerospace and Other Transportation Equipment	58	22221	9358
电气机械和器材制造业	Manufacture of Electrical Machinery and Equipment	60	47439	9302
计算机、通信和其他电子设备制造业	Manufacture of Computers, Communication, and Other Electronic Equipment	295	246444	53437
仪器仪表制造业	Manufacture of Measuring Instrument	8	4664	1586
其他制造业	Other Manufactures	51	31218	4739
废弃资源综合利用业	Utilization of Waste Resources	21	10214	2457
金属制品、机械和设备修理业	Metal Products, Machinery and Equipment Repair	7	3155	1318
电力、热力生产和供应业	Production and Supply of Electric Power and Heat Power	951	236036	178859
燃气生产和供应业	Production and Supply of Gas	5	6381	1258
水的生产和供应业	Production and Supply of Water	1	45	5

2-12 续表 4 continued 4

行　　业	Sector	化学需氧量 排放量 (吨) COD Discharged (ton)	氨氮排放量 (吨) Ammona Nitrogen Discharged (ton)
行业总计	**Total**	**2852944**	**224769**
农、林、牧、渔服务业	Services in Support of Agriculture	18162	579
煤炭开采和洗选业	Mining and Washing of Coal	123678	4108
石油和天然气 开采业	Extraction of Petroleum and Natural Gas	12561	855
黑色金属矿采选业	Mining and Processing of Ferrous Metal Ores	10574	389
有色金属矿采选业	Mining and Processing of Non-ferrous Metal Ores	44610	2243
非金属矿采选业	Mining and Processing of Nonmetal Ores	6369	276
开采辅助活动	Ancillary Activities for Exploitation	677	50
其他采矿业	Mining of Other Ores	132	4
农副食品加工业	Processing of Food from Agricultural Products	471292	19042
食品制造业	Manufacture of Foods	111038	9569
酒、饮料和精制茶 制造业	Manufacture of Wine, Drinks and Refined Tea	200551	9476
烟草制品业	Manufacture of Tobacco	2345	149
纺织业	Manufacture of Textile	254180	17919
纺织服装、服饰业	Manufacture of Textile Wearing and Apparel	17465	1413
皮革、毛皮、羽毛 及其制品和制鞋业	Manufacture of Leather, Fur, Feather and Related Products and Footware	54823	4386
木材加工及木、竹、 藤、棕、草制品业	Processing of Timber, Manufacture of Wood, Bamboo,Rattan, Palm, and Straw Products	15129	383
家具制造业	Manufacture of Furniture	698	66
造纸及纸制品业	Manufacture of Paper and Paper Products	533014	17779
印刷和记录媒介 复制业	Printing,Reproduction of Recording Media	2600	120
文教、工美、体育 和娱乐用品制造业	Manufacture of Articles for Culture, Education and Sport Activity	1790	151
石油加工、炼焦和 核燃料加工业	Processing of Petroleum, Coking, Processing of Nuclear Fuel	73659	13889
化学原料和化学 制品制造业	Manufacture of Raw Chemical Materials and Chemical Products	321985	76420

2-12 续表 5 continued 5

行　业	Sector	化学需氧量 排放量 (吨) COD Discharged (ton)	氨氮排放量 (吨) Ammona Nitrogen Discharged (ton)
医药制造业	Manufacture of Medicines	**97238**	**7459**
化学纤维制造业	Manufacture of Chemical Fibers	157202	3093
橡胶和塑料制品业	Manufacture of Rubber and Plastic	14806	1144
非金属矿物制品业	Manufacture of Non-metallic Mineral Products	33227	1731
黑色金属冶炼及压延加工业	Smelting and Pressing of Ferrous Metals	68256	5711
有色金属冶炼及压延加工业	Smelting and Pressing of Non-ferrous Metals	28271	12837
金属制品业	Manufacture of Metal Products	34661	2653
通用设备制造业	Manufacture of General Purpose Machinery	10727	625
专用设备制造业	Manufacture of Special Purpose Machinery	7037	640
汽车制造业	Manufacture of Automobile	16680	1233
铁路、船舶、航空航天和其他运输设备制造业	Manufacture of Railway, Shipbuilding, Aerospace and Other Transportation Equipment	16948	1422
电气机械和器材制造业	Manufacture of Electrical Machinery and Equipment	8356	753
计算机、通信和其他电子设备制造业	Manufacture of Computers, Communication, and Other Electronic Equipment	35041	3139
仪器仪表制造业	Manufacture of Measuring Instrument	1475	99
其他制造业	Other Manufactures	6262	355
废弃资源综合利用业	Utilization of Waste Resources	3296	177
金属制品、机械和设备修理业	Metal Products, Machinery and Equipment Repair	1183	67
电力、热力生产和供应业	Production and Supply of Electric Power and Heat Power	33752	2192
燃气生产和供应业	Production and Supply of Gas	1183	173
水的生产和供应业	Production and Supply of Water	9	…

2-13 主要城市废水排放情况(2013年)

Discharge of Waste Water in Major Cities (2013)

城　　市	City	工业废水排放量 (万吨) Industrial Waste Water Discharged (10 000 tons)	工业化学需氧量排放量 (吨) Industrial COD Discharged (ton)	工业氨氮排放量 (吨) Industrial Ammonia Nitrogen Discharged (ton)	城镇生活污水排放量 (万吨) Household Waste Water Discharged (10 000 tons)	生活化学需氧量排放量 (吨) Household COD Discharged (ton)	生活氨氮排放量 (吨) Household Ammonia Nitrogen Discharged (ton)
北　　京	Beijing	9486	6055	330	134991	89868	14189
天　　津	Tianjin	18692	26215	3339	65469	84886	15671
石 家 庄	Shijiazhuang	25753	39802	5702	34769	6831	2364
太　　原	Taiyuan	4085	4089	294	18315	11333	3244
呼和浩特	Hohhot	2082	10543	631	11931	17957	2834
沈　　阳	Shenyang	8533	9159	809	34711	25895	14027
长　　春	Changchun	5482	11670	1384	20797	32006	6970
哈 尔 滨	Harbin	4487	6914	1055	33636	86227	14093
上　　海	Shanghai	45426	25503	1934	177210	173181	40322
南　　京	Nanjing	25291	21697	1283	52336	62535	13337
杭　　州	Hangzhou	39186	31947	1373	53902	39650	8060
合　　肥	Hefei	6018	7898	387	42108	47131	6342
福　　州	Fuzhou	4682	5190	405	32268	67654	9509
南　　昌	Nanchang	10602	11479	1596	33466	37879	6060
济　　南	Jinan	8596	5413	380	29788	30317	4982
郑　　州	Zhengzhou	11835	11978	562	48646	26947	8477
武　　汉	Wuhan	18814	15163	1402	66521	90092	12733
长　　沙	Changsha	4049	13499	456	43000	59931	8656
广　　州	Guangzhou	21391	22664	1389	135179	106077	17442
南　　宁	Nanning	9752	23954	1298	26696	62244	7944
海　　口	Haikou	825	858	51	11120	6341	3799
重　　庆	Chongqing	33451	51534	3266	108937	218601	36211
成　　都	Chengdu	10524	12321	801	99860	102595	13144
贵　　阳	Guiyang	2262	6993	293	21774	26324	4490
昆　　明	Kunming	4808	8115	266	48882	4840	4543
拉　　萨	Lhasa	378	312	27	2114	7927	994
西　　安	Xi'an	7771	21615	1632	32672	62906	10675
兰　　州	Lanzhou	4909	4446	2723	14043	32806	4977
西　　宁	Xining	2798	15759	591	7660	16332	3496
银　　川	Yinchuan	6194	16726	2741	13922	3026	2618
乌鲁木齐	Urumqi	4889	5950	666	18816	13709	4613

2-14 沿海城市废水排放情况(2013年)

Discharge of Waste Water in Coastal Cities (2013)

城　　市　City	工业废水排放量（万吨）Industrial Waste Water Discharged (10 000 tons)	工业化学需氧量排放量（吨）Industrial COD Discharged (ton)	工业氨氮排放量（吨）Industrial Ammonia Nitrogen Discharged (ton)	城镇生活污水排放量（万吨）Household Waste Water Discharged (10 000 tons)	生活化学需氧量排放量（吨）Household COD Discharged (ton)	生活氨氮排放量（吨）Household Ammonia Nitrogen Discharged (ton)
天　津　Tianjin	18692	26215	3339	65469	84886	15671
秦皇岛　Qinhuangdao	6156	14837	805	11538	5513	1761
大　连　Dalian	26154	19439	2138	31341	54124	8194
上　海　Shanghai	45426	25503	1934	177210	173181	40322
连云港　Lianyungang	5618	10622	1585	16668	48333	6808
宁　波　Ningbo	19666	19873	990	41167	26491	9757
温　州　Wenzhou	7433	13802	1219	43497	103501	15825
福　州　Fuzhou	4682	5190	405	32268	67654	9509
厦　门　Xiamen	27261	3727	134	22936	23893	5634
青　岛　Qingdao	10661	8286	730	40880	24776	6100
烟　台　Yantai	9530	6833	373	23110	30530	6559
深　圳　Shenzhen	15288	15732	1424	139899	67508	12150
珠　海　Zhuhai	5538	6424	503	17916	15395	3058
汕　头　Shantou	5658	11318	536	19932	62301	9184
湛　江　Zhanjiang	6205	9377	456	18411	38946	5450
北　海　Beihai	1830	9014	37	5550	11541	941
海　口　Haikou	825	858	51	11120	6341	3799

三、海洋环境

Marine Environment

3-1 全国海洋环境情况(2000-2013年)
Marine Environment (2000-2013)

年 份 Year	全海域未达到第一类海水水质标准的海域面积(平方公里) Sea Area with Water Quality Not Reaching Standard of Grade I (sq.km)				
	合 计 Total	第二类水质 海域面积 Sea Area with Water Quality at Grade Ⅱ	第三类水质 海域面积 Sea Area with Water Quality at Grade Ⅲ	第四类水质 海域面积 Sea Area with Water Quality at Grade Ⅳ	劣于第四类水质 海域面积 Sea Area with Water Quality below Grade Ⅳ
2001	173390	99440	25710	15650	32590
2002	174390	111020	19870	17780	25720
2003	142080	80480	22010	14910	24680
2004	169000	65630	40500	30810	32060
2005	139280	57800	34060	18150	29270
2006	148970	51020	52140	17440	28370
2007	145280	51290	47510	16760	29720
2008	137000	65480	28840	17420	25260
2009	146980	70920	25500	20840	29720
2010	177720	70430	36190	23070	48030
2011	144290	47840	34310	18340	43800
2012	169520	46910	30030	24700	67880
2013	143620	47160	36490	15630	44340

3-1 续表　continued

年 份 Year	主要海洋产业增加值 (亿元) Added Value of Major Marine Industries (100 million yuan)	海洋原油产量 (万吨) Output of Offshore Crude Oil (10 000 tons)	海洋天然气产量 (万立方米) Output of Offshore Natural Gas (10 000 cu.m)
2000	2297	2080.4	460127
2001	3297	2143.0	457212
2002	4042	2405.6	464689
2003	4623	2545.4	436930
2004	5829	2842.2	613416
2005	7185	3174.7	626921
2006	8286	3239.9	748618
2007	10461	3178.4	823455
2008	12243	3421.1	857847
2009	12989	3698.2	859173
2010	15531	4710.0	1108905
2011	18760	4452.0	1214519
2012	20575	4444.8	1228188
2013	22681		

3-2 全海域未达到第一类海水水质标准的海域面积(2013年)
Sea Area with Water Quality Not Reaching Standard of Grade Ⅰ (2013)

单位: 平方公里   (sq.km)

海 区	Sea Area	合计 Total	第二类水质 海域面积 Sea Area with Water Quality at Grade Ⅱ	第三类水质 海域面积 Sea Area with Water Quality at Grade Ⅲ	第四类水质 海域面积 Sea Area with Water Quality at Grade Ⅳ	劣于第四类 水质海域面积 Sea Area with Water Quality below Grade Ⅳ
全 国	**National Total**	**143620**	**47160**	**36490**	**15630**	**44340**
渤 海	Bohai Sea	33400	9060	12920	2930	8490
黄 海	Yellow Sea	34810	16010	10590	4710	3500
东 海	East China Sea	52850	13640	8600	5790	24820
南 海	South China Sea	22560	8450	4380	2200	7530

资料来源: 国家海洋局(以下各表同)。
Source: State Oceanic Administration (the same as in the following tables).

3-3 海区废弃物倾倒及石油勘探开发污染物排放入海情况(2012年)
Sea Area Waste Dumping and Pollutants from Petroleum Exploration Discharged into the Sea (2012)

单位: 万立方米   (10 000 cu.m)

海 区	Sea Area	疏浚物 Dredged Material	惰性无机 地质废料 Inert Inorganic Geological Scrap	生产污水 Sewage from Production	泥浆 Sludge	钻屑 Debris from Drilling	机舱污水 Sewage from Engineroom	食品 废弃物 Food Wastes	生活污水 Domestic Sewage
全 国	**National Total**	**20029**	**945**	**13344**	**5.31**	**4.35**	**0.45**		**59.09**
渤海及黄海	Bohai Sea & Yellow Sea	4738		682	1.08	3.17		5.6吨	28.42
东 海	East China Sea	10755		75	0.15	0.32		584.9吨	3.45
南 海	South China Sea	4536	945	12588	4.07	0.85	0.45	0.06	27.21

3-4 全国主要海洋产业增加值(2013年)
Added Value of Major Marine Industries (2013)

海洋产业	Marine Industry	增加值(亿元) Added Value (100 millionyuan)	增加值比上年增长(按可比价计算)(%) Percentage of Added Value of Increase Over Last Year (at comparable price) (%)
合　计	**Total**	**22681**	**6.7**
海洋渔业	Marine Fishery Industry	3872	5.5
海洋油气业	Offshore Oil and Natural Gas	1648	0.1
海洋矿业	Beach Placer	49	13.7
海洋盐业	Sea Salt Industry	56	-8.1
海洋化工业	Marine Chemical	908	11.4
海洋生物医药业	Marine Biological Pharmaceutical	224	20.7
海洋电力业	Marine Electric Power Industry	87	11.9
海水利用业	Marine Seawater Utilization	12	9.9
海洋船舶工业	Marine Shipbuilding Industry	1183	-7.7
海洋工程建筑业	Marine Engineering Architecture	1680	9.4
海洋交通运输业	Maritime Transportation	5111	4.6
滨海旅游业	Coastal Tourism	7851	11.7

3-5 海洋资源利用情况(2012年)
Utilization of Marine Resources (2012)

地区 Region	海洋原油(万吨) Marine Oil (10 000 tons)	海洋天然气(万立方米) Marine NaturalGas (10 000 cu.m)	海洋矿业(万吨) Beach Placers (10 000 tons)	海洋渔业(万吨) 捕捞 Fishing	海洋渔业(万吨) 养殖 Aquiculture	海洋盐业(万吨) Marine Salt Industry (10 000 tons)
全国 **National Total**	**4444.8**	**1228188**	**4351.3**	**1368.3**	**1643.8**	**2986.4**
天津 Tianjin	2680.3	246705		2.7	1.4	170.0
河北 Hebei	237.8	55570		25.3	38.2	334.7
辽宁 Liaoning	14.3	1580		125.8	263.6	117.4
上海 Shanghai	14.7	88044		13.1		
江苏 Jiangsu				58.0	90.5	78.1
浙江 Zhejiang			2727.0	345.1	86.1	10.9
福建 Fujian			264.6	214.0	332.7	27.0
山东 Shandong	275.0	12521	1018.4	249.8	436.2	2219.1
广东 Guangdong	1222.8	823768		156.6	275.7	8.6
广西 Guangxi			35.7	67.1	97.7	16.4
海南 Hainan			305.7	110.9	21.6	4.2

四、大气环境

Atmospheric Environment

4-1 全国废气排放及处理情况(2000-2013年)
Emission and Treatment of Waste Gas (2000-2013)

年 份 Year	工业废气 排放总量 (亿立方米) Total Volume of Industrial Waste Gas Emission (100 million cu.m)	二氧化硫 排放总量 (万吨) Sulphur Dioxide Emission (10 000 tons)	#工业 Industry	#生活 Household	氮氧化物 排放总量 (万吨) Nitrogen Oxides Emission (10 000 tons)	#工业 Industry	#生活 Household
2000	138145	1995.1	1612.5				
2001	160863	1947.2	1566.0				
2002	175257	1926.6	1562.0				
2003	198906	2158.5	1791.6				
2004	237696	2254.9	1891.4				
2005	268988	2549.4	2168.4				
2006	330990	2588.8	2234.8				
2007	388169	2468.1	2140.0				
2008	403866	2321.2	1991.4				
2009	436064	2214.4	1865.9				
2010	519168	2185.1	1864.4				
2011	674509	2217.9	2017.2	200.4	2404.3	1729.7	36.6
2012	635519	2117.6	1911.7	205.7	2337.8	1658.1	39.3
2013	669361	2043.9	1835.2	208.5	2227.4	1545.6	40.7

注: 2011年环境保护部对统计制度中的指标体系、调查方法及相关技术规定等进行了修订，统计范围扩展为工业源、农业源、城镇生活源、机动车、集中式污染治理设施5个部分。

Note: In 2011, indicators of statistical system, method of survey, and related technologies were revised by Ministry of Environmental Protection, statistical scope expands to 5 parts: industry source, agricultural source, urban living source, automotive vehicle,centralized pollution abatement.

4-1　续表　continued

年 份 Year	烟(粉)尘 排放总量 (万吨) Soot (Dust) Emission (10 000 tons)	#工业 Industry	#生活 Household	工业废气 治理设施 (套) Industrial Watste Gas Treatment Facilities (set)	工业废气治理 设施处理能力 (万立方米/时) Capacity of Industrial Waste Gas Treatment Facilities (10 000 cu.m/hour)	本年运行 费用 (亿元) Annual Expenditure for Operation (100 million yuan)
2000				145534		93.7
2001				134025		111.1
2002				137668		147.1
2003				137204		150.6
2004				144973		213.8
2005				145043		267.1
2006				154557		464.4
2007				162325		555.0
2008				174164		773.4
2009				176489		873.7
2010				187401		1054.5
2011	1278.8	1100.9	114.8	216457	1568592	1579.5
2012	1235.8	1029.3	142.7	225913	1649353	1452.3
2013	1278.1	1094.6	123.9	234316	1435110	1497.8

4-2 各地区废气排放及处理情况(2013年)

Emission and Treatment of Waste Gas by Region (2013)

单位: 吨 (ton)

地 区	Region	二氧化硫排放总量 Total Volume of Sulphur Dioxide Emission	工业 Industrial	生活 Household	集中式污染治理设施 Centralized Pollution Control Facilities
全 国	**National Total**	20439218	18351904	2085373	1941
北 京	Beijing	87042	52041	34967	34
天 津	Tianjin	216832	207793	8959	80
河 北	Hebei	1284697	1173147	111524	26
山 西	Shanxi	1255427	1140835	114565	27
内蒙古	Inner Mongolia	1358692	1236409	122281	1
辽 宁	Liaoning	1027044	947330	79663	51
吉 林	Jilin	381453	330956	50495	1
黑龙江	Heilongjiang	489094	352732	136359	2
上 海	Shanghai	215848	172867	42947	34
江 苏	Jiangsu	941679	909478	31950	251
浙 江	Zhejiang	593364	579104	14032	228
安 徽	Anhui	501349	450223	50928	199
福 建	Fujian	361003	342040	18950	13
江 西	Jiangxi	557704	543497	14203	4
山 东	Shandong	1644967	1445348	199411	209
河 南	Henan	1253984	1102662	151285	36
湖 北	Hubei	599353	524005	75323	26
湖 南	Hunan	641321	588696	52624	2
广 东	Guangdong	761896	731995	29517	384
广 西	Guangxi	471987	437996	33949	42
海 南	Hainan	32414	31652	761	1
重 庆	Chongqing	547686	494415	53261	9
四 川	Sichuan	816706	746363	70083	260
贵 州	Guizhou	986423	778581	207840	2
云 南	Yunnan	663091	612954	50131	7
西 藏	Tibet	4192	1256	2935	
陕 西	Shaanxi	806152	707146	98999	7
甘 肃	Gansu	561981	472798	89182	1
青 海	Qinghai	156694	130818	25875	1
宁 夏	Ningxia	389712	368201	21510	1
新 疆	Xinjiang	829431	738566	90863	2

资料来源: 环境保护部(以下各表同)。
Source: Ministry of Environmental Protection (the same as in the following tables).

4-2　续表 1　continued 1

单位: 吨 (ton)

地　区	Region	氮氧化物排放总量 Nitrogen Oxides Emission	工业 Industry	生活 Household	机动车 Motor Vehicle	集中式污染治理设施 Centralized Pollution Control Facilities
全　国	National Total	22273587	15456148	407493	6405529	4418
北　京	Beijing	166329	75927	13638	76472	292
天　津	Tianjin	311719	250646	5221	55669	184
河　北	Hebei	1652468	1105634	23319	523476	39
山　西	Shanxi	1157804	863611	30428	263685	80
内蒙古	Inner Mongolia	1377573	1104482	22980	250104	7
辽　宁	Liaoning	955381	673335	17424	264579	44
吉　林	Jilin	560519	370505	11874	178135	5
黑龙江	Heilongjiang	751588	441898	54948	254732	10
上　海	Shanghai	380355	262346	23474	94119	416
江　苏	Jiangsu	1338040	985313	6112	346175	441
浙　江	Zhejiang	752976	573498	2982	176297	199
安　徽	Anhui	863669	626449	10651	226302	267
福　建	Fujian	438344	330628	2356	105316	44
江　西	Jiangxi	570408	345992	3106	221292	18
山　东	Shandong	1651328	1171600	26412	453122	193
河　南	Henan	1565643	1028822	24270	512490	61
湖　北	Hubei	612392	404489	13003	194872	27
湖　南	Hunan	588161	397849	7985	182319	7
广　东	Guangdong	1204239	722639	6888	473080	1632
广　西	Guangxi	504307	348938	3631	151656	83
海　南	Hainan	100249	66831	1004	32413	1
重　庆	Chongqing	362043	247905	4487	109631	19
四　川	Sichuan	624314	408796	9913	205314	291
贵　州	Guizhou	557292	446899	7933	102452	9
云　南	Yunnan	523672	316711	6735	200214	12
西　藏	Tibet	44328	2491	312	41525	
陕　西	Shaanxi	758898	552078	26595	180202	23
甘　肃	Gansu	442926	306404	14401	122116	4
青　海	Qinghai	132256	93180	6161	32912	2
宁　夏	Ningxia	437440	357233	2679	77525	2
新　疆	Xinjiang	886927	573017	16570	297334	6

4-2 续表 2 continued 2

单位: 吨 (ton)

地 区	Region	烟(粉)尘 排放总量 Soot (Dust) Emission	工业 Industry	生活 Household	机动车 Motor Vehicle	集中式污染 治理设施 Centralized Pollution Control Facilities
全 国	National Total	12781411	10946235	1239000	594245	1930
北 京	Beijing	59286	27182	28258	3806	40
天 津	Tianjin	87457	62766	18400	6267	23
河 北	Hebei	1313313	1187198	77015	49057	43
山 西	Shanxi	1026718	897937	105475	23279	27
内蒙古	Inner Mongolia	822127	684054	109018	29042	12
辽 宁	Liaoning	670586	572774	70624	27099	89
吉 林	Jilin	320187	250928	51124	18133	3
黑龙江	Heilongjiang	722454	520144	176326	25981	4
上 海	Shanghai	80925	67174	6451	7218	82
江 苏	Jiangsu	499961	455568	17091	27040	261
浙 江	Zhejiang	319746	296586	6902	16059	199
安 徽	Anhui	418617	351757	44490	22154	216
福 建	Fujian	259363	240583	9767	9005	9
江 西	Jiangxi	356271	324694	6213	25337	28
山 东	Shandong	696726	542371	108087	46214	53
河 南	Henan	641273	547210	42737	51309	17
湖 北	Hubei	359525	294788	48154	16553	30
湖 南	Hunan	358671	316770	26226	15669	7
广 东	Guangdong	353968	296664	12077	44697	530
广 西	Guangxi	289474	260028	13378	16030	38
海 南	Hainan	18003	14029	407	3565	1
重 庆	Chongqing	191204	179842	4401	6952	9
四 川	Sichuan	296005	268866	11387	15654	99
贵 州	Guizhou	301302	262072	29078	10149	2
云 南	Yunnan	386895	354770	15215	16904	7
西 藏	Tibet	6751	1005	1040	4706	
陕 西	Shaanxi	537739	468507	54973	14215	43
甘 肃	Gansu	226574	174556	43609	8404	5
青 海	Qinghai	173762	149239	21600	2923	...
宁 夏	Ningxia	230620	212914	9074	8629	2
新 疆	Xinjiang	755909	663257	70405	22195	52

4-2 续表 3 continued 3

地 区	Region	工业废气 排放量 (亿立方米) Industrial Waste Gas Emission (100 million cu.m)	工业废气 治理设施数 (套) Number of Industrial Waste Gas Treatment Facilities (set)	工业废气治理 设施处理能力 (万立方米/时) Capacity of Industrial Waste Gas Treatment Facilities (10 000 cu.m/hour)	工业废气治理设施 本年运行费用 (万元) Annual Expenditure of Industrial Waste Gas Treatment Facilities (10 000 yuan)
全 国	**National Total**	**669360.9**	**234316**	**1435110**	**14977779**
北 京	Beijing	3692.2	3316	10729	90066
天 津	Tianjin	8080.0	4262	21118	256506
河 北	Hebei	79121.3	18172	179690	1331603
山 西	Shanxi	41276.0	14353	97187	861522
内蒙古	Inner Mongolia	31128.4	7590	73372	655995
辽 宁	Liaoning	29443.5	11601	78778	569596
吉 林	Jilin	9803.6	3594	24027	193931
黑龙江	Heilongjiang	10622.0	4882	28800	148971
上 海	Shanghai	13344.1	4896	29883	471487
江 苏	Jiangsu	49797.3	17964	104344	1269572
浙 江	Zhejiang	24564.8	17512	57354	945787
安 徽	Anhui	28335.4	6100	37496	558278
福 建	Fujian	16183.2	8112	35192	410418
江 西	Jiangxi	15573.8	5673	27464	377430
山 东	Shandong	47159.8	16436	120289	1308652
河 南	Henan	37665.3	10524	67321	616657
湖 北	Hubei	19986.9	6640	36296	458056
湖 南	Hunan	17276.4	5711	30196	355282
广 东	Guangdong	28433.7	19392	80528	1060764
广 西	Guangxi	21369.4	6301	37486	303377
海 南	Hainan	4721.1	823	3743	36377
重 庆	Chongqing	9532.4	4439	23084	231696
四 川	Sichuan	19760.6	9246	48879	473890
贵 州	Guizhou	24466.5	3464	14965	417580
云 南	Yunnan	15958.1	7346	36227	396752
西 藏	Tibet	114.7	255	352	1964
陕 西	Shaanxi	16279.5	3835	34907	319057
甘 肃	Gansu	12676.7	3424	23726	230589
青 海	Qinghai	5620.6	1425	7414	97045
宁 夏	Ningxia	8909.2	1700	18600	243668
新 疆	Xinjiang	18464.5	5328	45664	285212

4-3 各行业工业废气排放及处理情况(2013年)

Emission and Treatment of Industrial Waste Gas by Sector (2013)

行　　业	Sector	工业废气排放量 (亿立方米) Industrial Waste Gas Emission (100 million cu.m)	工业废气治理设施数 (套) Number of Industrial Waste Gas Treatment Facilities (set)
行业总计	Total	669361	234316
农、林、牧、渔服务业	Services in Support of Agriculture	36	64
煤炭开采和洗选业	Mining and Washing of Coal	2363	6019
石油和天然气 开采业	Extraction of Petroleum and Natural Gas	1114	257
黑色金属矿采选业	Mining and Processing of Ferrous Metal Ores	3127	1329
有色金属矿采选业	Mining and Processing of Non-ferrous Metal Ores	332	710
非金属矿采选业	Mining and Processing of Non-metal Ores	770	559
开采辅助活动	Ancillary Activities for Exploitation	70	38
其他采矿业	Mining of Other Ores	31	39
农副食品加工业	Processing of Food from Agricultural Products	5069	7273
食品制造业	Manufacture of Foods	2498	3571
酒、饮料和精制茶 制造业	Manufacture of Wine, Drinks and Refined Tea	2032	3035
烟草制品业	Manufacture of Tobacco	554	1041
纺织业	Manufacture of Textile	2875	8754
纺织服装、服饰业	Manufacture of Textile Wearing and Apparel	196	1224
皮革、毛皮、羽毛 及其制品和制鞋业	Manufacture of Leather, Fur, Feather and Related Products and Footware	327	1507
木材加工及木、竹、 藤、棕、草制品业	Processing of Timber, Manufacture of Wood, Bamboo,Rattan, Palm, and Straw Products	2811	3083
家具制造业	Manufacture of Furniture	620	687
造纸及纸制品业	Manufacture of Paper and Paper Products	6721	4961
印刷和记录媒介 复制业	Printing,Reproduction of Recording Media	246	384
文教、工美、体育 和娱乐用品制造业	Manufacture of Articles for Culture, Education and Sport Activity	202	602
石油加工、炼焦和 核燃料加工业	Processing of Petroleum, Coking, Processing of Nuclear Fuel	21345	3720
化学原料和化学 制品制造业	Manufacture of Raw Chemical Materials and Chemical Products	31536	21473

4-3　续表 1　continued 1

行　　业	Sector	工业废气排放量 （亿立方米） Industrial Waste Gas Emission (100 million cu.m)	工业废气治理设施数 （套） Number of Industrial Waste Gas Treatment Facilities (set)
医药制造业	Manufacture of Medicines	1741	3988
化学纤维制造业	Manufacture of Chemical Fibers	2234	1097
橡胶和塑料制品业	Manufacture of Rubber and Plastic	3762	4707
非金属矿物制品业	Manufacture of Non-metallic Mineral Products	120337	66461
黑色金属冶炼及 压延加工业	Smelting and Pressing of Ferrous Metals	173002	17017
有色金属冶炼及 压延加工业	Smelting and Pressing of Non-ferrous Metals	32636	9587
金属制品业	Manufacture of Metal Products	5479	8894
通用设备制造业	Manufacture of General Purpose Machinery	1259	3003
专用设备制造业	Manufacture of Special Purpose Machinery	1272	2448
汽车制造业	Manufacture of Automobile	4896	3482
铁路、船舶、航空 航天和其他运输 设备制造业	Manufacture of Railway, Shipbuilding, Aerospace and Other Transportation Equipment	1585	4990
电气机械和器材 制造业	Manufacture of Electrical Machinery and Equipment	2424	4989
计算机、通信和 其他电子设备 制造业	Manufacture of Computers, Communication, and Other Electronic Equipment	6438	7050
仪器仪表制造业	Manufacture of Measuring Instrument	129	365
其他制造业	Other Manufactures	693	1136
废弃资源综合利用业	Utilization of Waste Resources	340	508
金属制品、机械和 设备修理业	Metal Products, Machinery and Equipment Repair	215	253
电力、热力生产和 供应业	Production and Supply of Electric Power and Heat Power	225447	23852
燃气生产和供应业	Production and Supply of Gas	596	159
水的生产和供应业	Production and Supply of Water	…	

4-3 续表 2 continued 2

行　　业	Sector	工业废气治理设施处理能力（万立方米/时） Capacity of Industrial Waste Gas Treatment Facilities (10 000 cu.m/hour)	工业废气治理设施本年运行费用（万元） Annual Expenditure of Industrial Waste Gas Treatment Facilities (10 000 yuan)
行业总计	Total	**1435110**	**14977779**
农、林、牧、渔服务业	Services in Support of Agriculture	96	573
煤炭开采和洗选业	Mining and Washing of Coal	7441	43400
石油和天然气开采业	Extraction of Petroleum and Natural Gas	492	23203
黑色金属矿采选业	Mining and Processing of Ferrous Metal Ores	2367	21195
有色金属矿采选业	Mining and Processing of Non-ferrous Metal Ores	973	7446
非金属矿采选业	Mining and Processing of Non-metal Ores	1358	12913
开采辅助活动	Ancillary Activities for Exploitation	47	1058
其他采矿业	Mining of Other Ores	69	1045
农副食品加工业	Processing of Food from Agricultural Products	18100	75475
食品制造业	Manufacture of Foods	7388	42258
酒、饮料和精制茶制造业	Manufacture of Wine, Drinks and Refined Tea	6190	39472
烟草制品业	Manufacture of Tobacco	2553	11750
纺织业	Manufacture of Textile	12965	96373
纺织服装、服饰业	Manufacture of Textile Wearing and Apparel	1076	7692
皮革、毛皮、羽毛及其制品和制鞋业	Manufacture of Leather, Fur, Feather and Related Products and Footware	1310	7300
木材加工及木、竹、藤、棕、草制品业	Processing of Timber, Manufacture of Wood, Bamboo,Rattan, Palm, and Straw Products	8419	26202
家具制造业	Manufacture of Furniture	3237	2597
造纸及纸制品业	Manufacture of Paper and Paper Products	17666	163132
印刷和记录媒介复制业	Printing,Reproduction of Recording Media	953	4468
文教、工美、体育和娱乐用品制造业	Manufacture of Articles for Culture, Education and Sport Activity	1044	2730
石油加工、炼焦和核燃料加工业	Processing of Petroleum, Coking, Processing of Nuclear Fuel	30908	569080
化学原料和化学制品制造业	Manufacture of Raw Chemical Materials and Chemical Products	65392	771324

4-3 续表 3 continued 3

行 业	Sector	工业废气治理设施处理能力（万立方米/时）Capacity of Industrial Waste Gas Treatment Facilities (10 000 cu.m/hour)	工业废气治理设施本年运行费用（万元）Annual Expenditure of Industrial Waste Gas Treatment Facilities (10 000 yuan)
医药制造业	Manufacture of Medicines	4952	49983
化学纤维制造业	Manufacture of Chemical Fibers	3535	37422
橡胶和塑料制品业	Manufacture of Rubber and Plastic	9527	62057
非金属矿物制品业	Manufacture of Non-metallic Mineral Products	227320	1198822
黑色金属冶炼及压延加工业	Smelting and Pressing of Ferrous Metals	352675	3240295
有色金属冶炼及压延加工业	Smelting and Pressing of Non-ferrous Metals	58247	852754
金属制品业	Manufacture of Metal Products	15000	99717
通用设备制造业	Manufacture of General Purpose Machinery	5080	18663
专用设备制造业	Manufacture of Special Purpose Machinery	6958	22112
汽车制造业	Manufacture of Automobile	11324	76017
铁路、船舶、航空航天和其他运输设备制造业	Manufacture of Railway, Shipbuilding, Aerospace and Other Transportation Equipment	8128	33344
电气机械和器材制造业	Manufacture of Electrical Machinery and Equipment	6805	45290
计算机、通信和其他电子设备制造业	Manufacture of Computers, Communication, and Other Electronic Equipment	14830	97913
仪器仪表制造业	Manufacture of Measuring Instrument	640	2272
其他制造业	Other Manufactures	2341	7640
废弃资源综合利用业	Utilization of Waste Resources	1029	5757
金属制品、机械和设备修理业	Metal Products, Machinery and Equipment Repair	962	2390
电力、热力生产和供应业	Production and Supply of Electric Power and Heat Power	513707	7190118
燃气生产和供应业	Production and Supply of Gas	2010	4527
水的生产和供应业	Production and Supply of Water		

4-3 续表 4 continued 4

单位: 吨 (ton)

行 业	Sector	工业二氧化硫排放量 Industrial Sulphur Dioxide Emission	工业氮氧化物排放量 Industrial Nitrogen Oxides Emission	工业烟(粉)尘排放量 Industrial Soot (Dust) Emission
行业总计	**Total**	**16892309**	**14649394**	**10225341**
农、林、牧、渔服务业	Services in Support of Agriculture	2799	795	2326
煤炭开采和洗选业	Mining and Washing of Coal	126231	45723	381935
石油和天然气开采业	Extraction of Petroleum and Natural Gas	20861	24022	7813
黑色金属矿采选业	Mining and Processing of Ferrous Metal Ores	23101	6872	114870
有色金属矿采选业	Mining and Processing of Non-ferrous Metal Ores	13769	3879	15010
非金属矿采选业	Mining and Processing of Non-metal Ores	36310	11904	47487
开采辅助活动	Ancillary Activities for Exploitation	3251	1294	1115
其他采矿业	Mining of Other Ores	479	335	2218
农副食品加工业	Processing of Food from Agricultural Products	236163	89359	195125
食品制造业	Manufacture of Foods	149470	51496	55129
酒、饮料和精制茶制造业	Manufacture of Wine, Drinks and Refined Tea	130716	39216	67822
烟草制品业	Manufacture of Tobacco	11180	3758	5065
纺织业	Manufacture of Textile	254902	72576	89944
纺织服装、服饰业	Manufacture of Textile Wearing and Apparel	16628	4696	7578
皮革、毛皮、羽毛及其制品和制鞋业	Manufacture of Leather, Fur, Feather and Related Products and Footware	25959	6230	11070
木材加工及木、竹、藤、棕、草制品业	Processing of Timber, Manufacture of Wood, Bamboo,Rattan, Palm, and Straw Products	42329	14462	144134
家具制造业	Manufacture of Furniture	3013	1001	3989
造纸及纸制品业	Manufacture of Paper and Paper Products	448897	193051	148984
印刷和记录媒介复制业	Printing,Reproduction of Recording Media	4235	1219	2346
文教、工美、体育和娱乐用品制造业	Manufacture of Articles for Culture, Education and Sport Activity	2027	827	1764
石油加工、炼焦和核燃料加工业	Processing of Petroleum, Coking, Processing of Nuclear Fuel	792776	384952	407792
化学原料和化学制品制造业	Manufacture of Raw Chemical Materials and Chemical Products	1281973	546815	599535

4-3 续表 5 continued 5

单位: 吨 (ton)

行　业	Sector	工业二氧化硫排放量 Industrial Sulphur Dioxide Emission	工业氮氧化物排放量 Industrial Nitrogen Oxides Emission	工业烟(粉)尘排放量 Industrial Soot (Dust) Emission
医药制造业	Manufacture of Medicines	105834	29431	41914
化学纤维制造业	Manufacture of Chemical Fibers	85924	49935	20589
橡胶和塑料制品业	Manufacture of Rubber and Plastic	84979	27773	36642
非金属矿物制品业	Manufacture of Non-metallic Mineral Products	1960373	2716232	2587713
黑色金属冶炼及压延加工业	Smelting and Pressing of Ferrous Metals	2351201	997396	1935148
有色金属冶炼及压延加工业	Smelting and Pressing of Non-ferrous Metals	1223227	263617	360302
金属制品业	Manufacture of Metal Products	80533	23085	79523
通用设备制造业	Manufacture of General Purpose Machinery	21392	7814	33950
专用设备制造业	Manufacture of Special Purpose Machinery	16197	8755	17621
汽车制造业	Manufacture of Automobile	12310	6563	22313
铁路、船舶、航空航天和其他运输设备制造业	Manufacture of Railway, Shipbuilding, Aerospace and Other Transportation Equipment	15398	10253	21636
电气机械和器材制造业	Manufacture of Electrical Machinery and Equipment	11264	4377	6558
计算机、通信和其他电子设备制造业	Manufacture of Computers, Communication, and Other Electronic Equipment	7110	5074	4629
仪器仪表制造业	Manufacture of Measuring Instrument	636	334	685
其他制造业	Other Manufactures	60693	12171	23413
废弃资源综合利用业	Utilization of Waste Resources	5384	1489	3980
金属制品、机械和设备修理业	Metal Products, Machinery and Equipment Repair	890	354	6828
电力、热力生产和供应业	Production and Supply of Electric Power and Heat Power	7206252	8969204	2702839
燃气生产和供应业	Production and Supply of Gas	15632	11052	5995
水的生产和供应业	Production and Supply of Water	11	2	9

4-4 主要城市工业废气排放及处理情况(2013年)

Emission and Treatment of Industrial Waste Gas in Major Cities (2013)

单位: 吨 (ton)

城　　市	City	工业废气排放量(万立方米) Industrial Waste Gas Emission (10 000 cu.m)	工业二氧化硫排放量 Industrial Sulphur Dioxide Emission	工业氮氧化物排放量 Industrial Nitrogen Oxides Emission	工业烟(粉)尘排放量 Industrial Soot (Dust) Emission	生活二氧化硫排放量 Household Sulphur Dioxide Emission	生活氮氧化物排放量 Household Nitrogen Oxides Emission	生活烟尘排放量 Household Soot Emission
北　　京	Beijing	36921618	52041	75927	27182	34967	13638	28258
天　　津	Tianjin	80800441	207793	250646	62766	8959	5221	18400
石　家　庄	Shijiazhuang	70486938	176469	200301	99806	9564	2802	6635
太　　原	Taiyuan	45769395	88880	96018	37003	33396	6738	26727
呼和浩特	Hohhot	32705514	96190	131665	48822	4257	665	3763
沈　　阳	Shenyang	20675391	130672	83348	60425	14389	5154	15276
长　　春	Changchun	18633351	57246	95190	72970	7344	1545	7919
哈　尔　滨	Harbin	25435026	65987	85515	82323	50012	22985	80792
上　　海	Shanghai	133440614	172867	262346	67174	42947	23474	6451
南　　京	Nanjing	79302146	110665	109693	65256	1750	400	1000
杭　　州	Hangzhou	47577871	82021	67283	40243	633	335	135
合　　肥	Hefei	28622589	41483	70311	42387	2710	130	3188
福　　州	Fuzhou	35514777	76043	72284	43483	1279	169	547
南　　昌	Nanchang	13743429	40756	18597	11413	641	58	254
济　　南	Jinan	40873796	81118	72969	47117	26087	3629	8355
郑　　州	Zhengzhou	40021181	106123	134120	33828	11975	1780	9150
武　　汉	Wuhan	56417673	96222	95612	20020	5720	1416	1001
长　　沙	Changsha	6233559	21173	15951	19545	2366	153	2946
广　　州	Guangzhou	37740006	65589	57164	16660	663	276	214
南　　宁	Nanning	14219237	33045	34797	20950	8748	1068	4631
海　　口	Haikou	499457	1798	86	1149	11	17	5
重　　庆	Chongqing	95324386	494415	247905	179842	53261	4487	4401
成　　都	Chengdu	30488301	52040	44411	21452	4891	2109	661
贵　　阳	Guiyang	16724384	70603	30450	24233	35493	1753	5530
昆　　明	Kunming	36781066	102842	68213	57366	5263	970	328
拉　　萨	Lhasa	591389	930	2016	538	678	40	199
西　　安	Xi'an	8442123	69103	34917	15893	23831	10951	14012
兰　　州	Lanzhou	40683686	72148	79915	40109	7413	1950	1088
西　　宁	Xining	37913666	71839	53280	52765	7129	1419	4793
银　　川	Yinchuan	21675134	92369	84321	27170	5697	1237	3016
乌鲁木齐	Urumqi	35266776	74216	113803	52441	6691	1425	4920

4-5 沿海城市工业废气排放及处理情况(2013年)

Emission and Treatment of Industrial Waste Gas in Coastal Cities (2013)

单位: 吨 (ton)

城 市	City	工业废气排放量(万立方米) Industrial Waste Gas Emission (10 000 cu.m)	工业二氧化硫排放量 Industrial Sulphur Dioxide Emission	工业氮氧化物排放量 Industrial Nitrogen Oxides Emission	工业烟(粉)尘排放量 Industrial Soot (Dust) Emission	生活二氧化硫排放量 Household Sulphur Dioxide Emission	生活氮氧化物排放量 Household Nitrogen Oxides Emission	生活烟尘排放量 Household Soot Emission
天 津	Tianjin	80800441	207793	250646	62766	8959	5221	18400
秦皇岛	Qinhuangdao	30216625	72501	53459	78092	7887	2367	5641
大 连	Dalian	22617126	102938	101136	46332	16366	2403	12015
上 海	Shanghai	133440614	172867	262346	67174	42947	23474	6451
连云港	Lianyungang	9645583	43462	29657	19179	6274	812	3026
宁 波	Ningbo	64869495	134630	212519	25275	2131	545	3406
温 州	Wenzhou	16737263	34479	34600	18783	669	423	467
福 州	Fuzhou	35514777	76043	72284	43483	1279	169	547
厦 门	Xiamen	11194959	18772	11908	3987	486	152	190
青 岛	Qingdao	21286831	69337	64938	27803	27497	2683	9954
烟 台	Yantai	31508973	79834	83365	34945	8053	540	5608
深 圳	Shenzhen	20672983	5714	18403	1927	238	885	
珠 海	Zhuhai	13275560	22653	40933	9595	21	44	4
汕 头	Shantou	9273929	29060	24378	7359	86	117	55
湛 江	Zhanjiang	10937989	22877	17044	9892	2580	403	263
北 海	Beihai	5877903	11912	14136	5755	1240	141	395
海 口	Haikou	499457	1798	86	1149	11	17	5

五、固体废物

Solid Wastes

5-1 全国工业固体废物产生、排放和综合利用情况(2000-2013年)
Generation, Discharge and Utilization of Industrial Solid Wastes(2000-2013)

年 份 Year	工业固体废物产生量 (万吨) Industrial Solid Wastes Generated (10 000 tons)	工业固体废物排放量 (万吨) Industrial Solid Wastes Discharged (10 000 tons)	工业固体废物综合利用量 (万吨) Industrial Solid Wastes Utilized (10 000 tons)	工业固体废物贮存量 (万吨) Stock of Industrial Solid Wastes (10 000 tons)	工业固体废物处置量 (万吨) Industrial Solid Wastes Disposed (10 000 tons)	工业固体废物综合利用率 (%) Ratio of Industrial Solid Wastes Utilized (%)
2000	81608	3186.2	37451	28921	9152	45.9
2001	88840	2893.8	47290	30183	14491	52.1
2002	94509	2635.2	50061	30040	16618	51.9
2003	100428	1940.9	56040	27667	17751	54.8
2004	120030	1762.0	67796	26012	26635	55.7
2005	134449	1654.7	76993	27876	31259	56.1
2006	151541	1302.1	92601	22399	42883	60.2
2007	175632	1196.7	110311	24119	41350	62.1
2008	190127	781.8	123482	21883	48291	64.3
2009	203943	710.5	138186	20929	47488	67.0
2010	240944	498.2	161772	23918	57264	66.7
2011	326204	433.3	196988	61248	71382	59.8
2012	332509	144.2	204467	60633	71443	60.9
2013	330859	129.3	207616	43445	83671	62.2

注: 2011年环境保护部对统计制度中的指标体系、调查方法及相关技术规定等进行了修订, 故不能与2010年直接比较。

Note: In 2011, indicators of statistical system, method of survey, and related technologies were revised by Ministry of Environmental Protection, so it can not be directly compared with data of 2010.

5-2 各地区固体废物产生和排放情况(2013年)

Generation and Discharge of Solid Wastes by Region (2013)

单位：万吨　　　　　　　　　　　　　　　　　　　　　　　　　　　　　　　　　(10 000 tons)

地　区	Region	一般工业固体废物产生量 Common Industrial Solid Wastes Generated	一般工业固体废物综合利用量 Common Industrial Solid Wastes Utilized	一般工业固体废物处置量 Common Industrial Solid Wastes Disposed	一般工业固体废物贮存量 Stock of Common Industrial Solid Wastes	一般工业固体废物倾倒丢弃量 Common Industrial Solid Wastes Discharged
全　国	National Total	327702	205916	82969	42634	129.28
北　京	Beijing	1044	904	140	…	
天　津	Tianjin	1592	1582	10	…	
河　北	Hebei	43289	18356	23429	1847	
山　西	Shanxi	30520	19815	8187	2749	
内蒙古	Inner Mongolia	20081	9984	8296	2233	1.37
辽　宁	Liaoning	26759	11742	11289	3883	9.05
吉　林	Jilin	4591	3712	522	522	
黑龙江	Heilongjiang	6094	4145	419	1557	…
上　海	Shanghai	2054	1995	58	5	0.04
江　苏	Jiangsu	10856	10502	287	197	…
浙　江	Zhejiang	4300	4091	177	49	…
安　徽	Anhui	11937	10462	1374	933	
福　建	Fujian	8535	7544	962	51	0.05
江　西	Jiangxi	11518	6431	397	4738	1.84
山　东	Shandong	18172	17134	788	436	0.03
河　南	Henan	16270	12466	3470	450	0.01
湖　北	Hubei	8181	6196	1646	412	0.80
湖　南	Hunan	7806	5011	1964	888	0.60
广　东	Guangdong	5912	5024	732	169	1.56
广　西	Guangxi	7676	5425	1609	1198	0.38
海　南	Hainan	415	271	46	98	…
重　庆	Chongqing	3162	2695	415	79	11.48
四　川	Sichuan	14007	5780	5301	3107	7.15
贵　州	Guizhou	8194	4160	1607	2470	19.22
云　南	Yunnan	16040	8414	4834	2863	48.86
西　藏	Tibet	362	5	26	346	
陕　西	Shaanxi	7491	4758	1622	1131	0.24
甘　肃	Gansu	5907	3300	1859	768	
青　海	Qinghai	12377	6798	7	5602	0.09
宁　夏	Ningxia	3277	2398	613	292	
新　疆	Xinjiang	9283	4814	886	3562	26.50

资料来源：环境保护部(以下各表同)。
Source:Ministy of Environmental Protection (the same as in the following tables).

5-2 续表 continued

单位: 万吨 (10 000 tons)

地 区	Region	危险废物 产生量 Hazardous Wastes Generated	危险废物 综合利用量 Hazardous Wastes Utilized	危险废物 处置量 Hazardous Wastes Disposed	危险废物 贮存量 Stock of Hazardous Wastes
全 国	**National Total**	**3156.89**	**1700.09**	**701.20**	**810.88**
北 京	Beijing	13.22	5.79	6.81	0.63
天 津	Tianjin	11.81	3.53	8.29	…
河 北	Hebei	64.50	38.75	25.45	0.31
山 西	Shanxi	19.49	14.20	5.14	0.20
内蒙古	Inner Mongolia	117.70	59.35	26.64	31.90
辽 宁	Liaoning	104.64	76.63	39.75	5.39
吉 林	Jilin	74.03	39.39	34.65	…
黑龙江	Heilongjiang	22.58	4.36	17.68	0.57
上 海	Shanghai	54.31	28.76	25.64	0.39
江 苏	Jiangsu	218.09	107.34	109.17	3.76
浙 江	Zhejiang	104.68	31.97	70.99	4.33
安 徽	Anhui	55.84	48.91	11.33	0.28
福 建	Fujian	21.23	7.13	9.24	4.92
江 西	Jiangxi	44.17	36.43	7.40	1.20
山 东	Shandong	509.07	442.42	61.82	8.79
河 南	Henan	59.27	42.15	17.10	0.05
湖 北	Hubei	59.63	30.50	19.90	9.94
湖 南	Hunan	284.29	242.85	20.79	29.07
广 东	Guangdong	133.12	74.22	58.64	0.59
广 西	Guangxi	96.23	79.70	6.72	14.95
海 南	Hainan	2.38	…	2.24	0.24
重 庆	Chongqing	46.68	32.78	13.23	1.03
四 川	Sichuan	41.72	15.91	25.40	0.69
贵 州	Guizhou	35.78	26.90	5.24	3.80
云 南	Yunnan	193.76	98.16	28.70	69.24
西 藏	Tibet				
陕 西	Shaanxi	30.34	9.57	11.90	9.21
甘 肃	Gansu	30.72	8.49	13.78	10.28
青 海	Qinghai	399.85	69.66	8.10	325.04
宁 夏	Ningxia	5.09	3.93	0.27	0.89
新 疆	Xinjiang	302.67	20.31	9.21	273.21

5-3 各行业固体废物产生和排放情况(2013年)

Generation and Discharge of Solid Wastes by Sector (2013)

单位: 万吨 (10 000 tons)

行　　业	Sector	一般工业固体废物产生量 Common Industrial Solid Wastes Generated	一般工业固体废物综合利用量 Common Industrial Solid Wastes Utilized	一般工业固体废物处置量 Common Industrial Solid Wastes Disposed
行业总计	Total	313014.7	195560.8	80355.5
农、林、牧、渔服务业	Services in Support of Agriculture	11.4	11.3	…
煤炭开采和洗选业	Mining and Washing of Coal	39233.4	28718.8	9040.4
石油和天然气开采业	Extraction of Petroleum and Natural Gas	134.6	104.9	29.5
黑色金属矿采选业	Mining and Processing of Ferrous Metal Ores	67850.9	17031.5	41526.5
有色金属矿采选业	Mining and Processing of Non-ferrous Metal Ores	37977.1	13963.5	11376.4
非金属矿采选业	Mining and Processing of Non-metal Ores	3157.9	2001.1	611.6
开采辅助活动	Ancillary Activities for Exploitation	116.7	26.4	90.3
其他采矿业	Mining of Other Ores	56.6	51.1	3.5
农副食品加工业	Processing of Food from Agricultural Products	2106.2	1975.9	126.9
食品制造业	Manufacture of Foods	546.5	525.1	23.0
酒、饮料和精制茶制造业	Manufacture of Wine, Drinks and Refined Tea	962.4	883.3	78.9
烟草制品业	Manufacture of Tobacco	212.6	106.8	70.9
纺织业	Manufacture of Textile	686.6	584.3	102.1
纺织服装、服饰业	Manufacture of Textile Wearing and Apparel	30.8	24.2	6.6
皮革、毛皮、羽毛及其制品和制鞋业	Manufacture of Leather, Fur, Feather and Related Products and Footware	57.4	47.6	10.4
木材加工及木、竹、藤、棕、草制品业	Processing of Timber, Manufacture of Wood, Bamboo,Rattan, Palm, and Straw Products	236.3	229.5	6.4
家具制造业	Manufacture of Furniture	13.7	13.0	0.7
造纸及纸制品业	Manufacture of Paper and Paper Products	2054.6	1734.2	316.8
印刷和记录媒介复制业	Printing,Reproduction of Recording Media	20.5	14.8	5.8
文教、工美、体育和娱乐用品制造业	Manufacture of Articles for Culture, Education and Sport Activity	7.8	4.8	3.0
石油加工、炼焦和核燃料加工业	Processing of Petroleum, Coking, Processing of Nuclear Fuel	3398.4	2219.1	1099.4
化学原料和化学制品制造业	Manufacture of Raw Chemical Materials and Chemical Products	27908.5	17917.1	4419.7

5-3 续表 1 continued 1

单位: 万吨 (10 000 tons)

行 业	Sector	一般工业固体废物产生量 Common Industrial Solid Wastes Generated	一般工业固体废物综合利用量 Common Industrial Solid Wastes Utilized	一般工业固体废物处置量 Common Industrial Solid Wastes Disposed
医药制造业	Manufacture of Medicines	281.3	250.5	28.0
化学纤维制造业	Manufacture of Chemical Fibers	346.3	311.8	32.0
橡胶和塑料制品业	Manufacture of Rubber and Plastic	183.7	165.9	18.0
非金属矿物制品业	Manufacture of Non-metallic Mineral Products	7073.1	6885.5	236.2
黑色金属冶炼及压延加工业	Smelting and Pressing of Ferrous Metals	44076.0	39901.9	2587.9
有色金属冶炼及压延加工业	Smelting and Pressing of Non-ferrous Metals	11181.4	5697.6	3997.8
金属制品业	Manufacture of Metal Products	910.3	784.1	63.6
通用设备制造业	Manufacture of General Purpose Machinery	155.9	117.6	38.4
专用设备制造业	Manufacture of Special Purpose Machinery	202.3	164.4	35.3
汽车制造业	Manufacture of Automobile	320.6	280.0	40.9
铁路、船舶、航空航天和其他运输设备制造业	Manufacture of Railway, Shipbuilding, Aerospace and Other Transportation Equipment	231.6	197.8	33.5
电气机械和器材制造业	Manufacture of Electrical Machinery and Equipment	80.0	69.4	10.5
计算机、通信和其他电子设备制造业	Manufacture of Computers, Communication, and Other Electronic Equipment	97.3	60.3	36.8
仪器仪表制造业	Manufacture of Measuring Instrument	5.2	4.4	0.7
其他制造业	Other Manufactures	46.6	38.6	8.0
废弃资源综合利用业	Utilization of Waste Resources	241.7	208.6	25.7
金属制品、机械和设备修理业	Metal Products, Machinery and Equipment Repair	16.4	13.4	3.0
电力、热力生产和供应业	Production and Supply of Electric Power and Heat Power	60714.3	52153.0	4208.2
燃气生产和供应业	Production and Supply of Gas	69.8	67.5	2.2
水的生产和供应业	Production and Supply of Water	…	…	

5-3 续表 2 continued 2

单位: 万吨 (10 000 tons)

行　　业	Sector	一般工业固体废物贮存量 Stock of Common Industrial Solid Wastes	一般工业固体废物倾倒丢弃量 Common Industrial Solid Wastes Discharged
行业总计	Total	40882.74	113.58
农、林、牧、渔服务业	Services in Support of Agriculture		
煤炭开采和洗选业	Mining and Washing of Coal	2788.48	12.09
石油和天然气开采业	Extraction of Petroleum and Natural Gas	0.23	…
黑色金属矿采选业	Mining and Processing of Ferrous Metal Ores	9417.41	30.63
有色金属矿采选业	Mining and Processing of Non-ferrous Metal Ores	13396.48	21.67
非金属矿采选业	Mining and Processing of Non-metal Ores	553.11	21.53
开采辅助活动	Ancillary Activities for Exploitation		
其他采矿业	Mining of Other Ores	2.10	
农副食品加工业	Processing of Food from Agricultural Products	3.28	3.80
食品制造业	Manufacture of Foods	0.54	0.28
酒、饮料和精制茶制造业	Manufacture of Wine, Drinks and Refined Tea	0.37	0.15
烟草制品业	Manufacture of Tobacco	78.46	0.28
纺织业	Manufacture of Textile	0.87	0.28
纺织服装、服饰业	Manufacture of Textile Wearing and Apparel	0.01	0.03
皮革、毛皮、羽毛及其制品和制鞋业	Manufacture of Leather, Fur, Feather and Related Products and Footware	0.13	0.06
木材加工及木、竹、藤、棕、草制品业	Processing of Timber, Manufacture of Wood, Bamboo,Rattan, Palm, and Straw Products	0.49	0.23
家具制造业	Manufacture of Furniture	0.06	0.01
造纸及纸制品业	Manufacture of Paper and Paper Products	7.24	0.60
印刷和记录媒介复制业	Printing,Reproduction of Recording Media	…	…
文教、工美、体育和娱乐用品制造业	Manufacture of Articles for Culture, Education and Sport Activity	…	0.02
石油加工、炼焦和核燃料加工业	Processing of Petroleum, Coking, Processing of Nuclear Fuel	96.84	
化学原料和化学制品制造业	Manufacture of Raw Chemical Materials and Chemical Products	6027.14	7.87

5-3 续表 3 continued 3

单位: 万吨　　　　　　　　　　　　　　　　　　　　　　　　　　　　　(10 000 tons)

行　　业	Sector	一般工业固体废物贮存量 Stock of Common Industrial Solid Wastes	一般工业固体废物倾倒丢弃量 Common Industrial Solid Wastes Discharged
医药制造业	Manufacture of Medicines	2.55	0.33
化学纤维制造业	Manufacture of Chemical Fibers	2.75	0.05
橡胶和塑料制品业	Manufacture of Rubber and Plastic	0.06	0.04
非金属矿物制品业	Manufacture of Non-metallic Mineral Products	57.39	1.23
黑色金属冶炼及压延加工业	Smelting and Pressing of Ferrous Metals	1851.54	8.71
有色金属冶炼及压延加工业	Smelting and Pressing of Non-ferrous Metals	1593.85	0.79
金属制品业	Manufacture of Metal Products	62.76	0.06
通用设备制造业	Manufacture of General Purpose Machinery	0.11	0.05
专用设备制造业	Manufacture of Special Purpose Machinery	3.28	0.01
汽车制造业	Manufacture of Automobile	0.10	…
铁路、船舶、航空航天和其他运输设备制造业	Manufacture of Railway, Shipbuilding, Aerospace and Other Transportation Equipment	0.31	…
电气机械和器材制造业	Manufacture of Electrical Machinery and Equipment	0.16	0.05
计算机、通信和其他电子设备制造业	Manufacture of Computers, Communication, and Other Electronic Equipment	0.15	0.04
仪器仪表制造业	Manufacture of Measuring Instrument	0.01	…
其他制造业	Other Manufactures	0.15	0.02
废弃资源综合利用业	Utilization of Waste Resources	8.02	0.01
金属制品、机械和设备修理业	Metal Products, Machinery and Equipment Repair	0.03	…
电力、热力生产和供应业	Production and Supply of Electric Power and Heat Power	4926.28	2.64
燃气生产和供应业	Production and Supply of Gas		
水的生产和供应业	Production and Supply of Water		

5-3 续表 4 continued 4

单位: 万吨 (10 000 tons)

行　　业	Sector	危险废物 产生量 Hazardous Wastes Generated	危险废物 综合利用量 Hazardous Wastes Utilized	危险废物 处置量 Hazardous Wastes Disposed	危险废物 贮存量 Stock of Hazardous Wastes
行业总计	**Total**	**3156.89**	**1700.09**	**701.20**	**810.88**
农、林、牧、渔服务业	Services in Support of Agriculture				
煤炭开采和洗选业	Mining and Washing of Coal	0.42	0.33	0.05	0.04
石油和天然气 开采业	Extraction of Petroleum and Natural Gas	39.21	6.71	31.81	0.70
黑色金属矿采选业	Mining and Processing of Ferrous Metal Ores	0.07	0.04	0.03	…
有色金属矿采选业	Mining and Processing of Non-ferrous Metal Ores	82.71	66.95	1.88	13.88
非金属矿采选业	Mining and Processing of Non-metal Ores	652.26	50.73	8.89	592.65
开采辅助活动	Ancillary Activities for Exploitation	0.47	…	0.47	
其他采矿业	Mining of Other Ores	0.44	0.44		…
农副食品加工业	Processing of Food from Agricultural Products	1.22	0.15	1.08	…
食品制造业	Manufacture of Foods	2.42	2.04	0.39	…
酒、饮料和精制茶 制造业	Manufacture of Wine, Drinks and Refined Tea	0.17	0.01	0.16	…
烟草制品业	Manufacture of Tobacco	0.03	…	0.02	…
纺织业	Manufacture of Textile	2.11	0.67	1.48	0.10
纺织服装、服饰业	Manufacture of Textile Wearing and Apparel	0.06	0.01	0.06	…
皮革、毛皮、羽毛 及其制品和制鞋业	Manufacture of Leather, Fur, Feather and Related Products and Footware	2.64	0.80	1.79	0.08
木材加工及木、竹、 藤、棕、草制品业	Processing of Timber, Manufacture of Wood, Bamboo,Rattan, Palm, and Straw Products	0.10	…	0.10	…
家具制造业	Manufacture of Furniture	0.20	0.05	0.15	0.02
造纸及纸制品业	Manufacture of Paper and Paper Products	308.02	287.58	20.42	0.04
印刷和记录媒介 复制业	Printing,Reproduction of Recording Media	0.99	0.15	0.84	0.01
文教、工美、体育 和娱乐用品制造业	Manufacture of Articles for Culture, Education and Sport Activity	0.55	0.03	0.52	…
石油加工、炼焦和 核燃料加工业	Processing of Petroleum, Coking, Processing of Nuclear Fuel	147.56	107.47	37.61	3.13
化学原料和化学 制品制造业	Manufacture of Raw Chemical Materials and Chemical Products	681.41	447.99	231.54	20.49

5-3　续表 5　continued 5

单位: 万吨 　　　　　　　　　　　　　　　　　　　　　　　　　　　(10 000 tons)

行　　业	Sector	危险废物产生量 Hazardous Wastes Generated	危险废物综合利用量 Hazardous Wastes Utilized	危险废物处置量 Hazardous Wastes Disposed	危险废物贮存量 Stock of Hazardous Wastes
医药制造业	Manufacture of Medicines	50.97	32.34	18.22	0.89
化学纤维制造业	Manufacture of Chemical Fibers	37.82	32.73	5.08	0.07
橡胶和塑料制品业	Manufacture of Rubber and Plastic	4.89	0.75	3.95	0.21
非金属矿物制品业	Manufacture of Non-metallic Mineral Products	24.17	10.78	13.33	0.07
黑色金属冶炼及压延加工业	Smelting and Pressing of Ferrous Metals	138.99	133.55	21.49	1.63
有色金属冶炼及压延加工业	Smelting and Pressing of Non-ferrous Metals	564.39	363.11	61.11	155.79
金属制品业	Manufacture of Metal Products	61.76	21.89	37.78	2.77
通用设备制造业	Manufacture of General Purpose Machinery	11.88	2.83	8.86	0.26
专用设备制造业	Manufacture of Special Purpose Machinery	3.62	0.38	2.65	0.60
汽车制造业	Manufacture of Automobile	29.78	3.99	25.63	0.32
铁路、船舶、航空航天和其他运输设备制造业	Manufacture of Railway, Shipbuilding, Aerospace and Other Transportation Equipment	10.17	0.62	9.47	0.10
电气机械和器材制造业	Manufacture of Electrical Machinery and Equipment	27.55	10.74	16.51	0.53
计算机、通信和其他电子设备制造业	Manufacture of Computers, Communication, and Other Electronic Equipment	161.49	92.30	68.74	0.67
仪器仪表制造业	Manufacture of Measuring Instrument	1.36	0.26	1.10	0.01
其他制造业	Other Manufactures	2.64	0.84	1.40	0.40
废弃资源综合利用业	Utilization of Waste Resources	8.80	4.45	3.53	1.31
金属制品、机械和设备修理业	Metal Products, Machinery and Equipment Repair	5.08	1.13	3.94	0.03
电力、热力生产和供应业	Production and Supply of Electric Power and Heat Power	87.76	14.90	58.82	14.06
燃气生产和供应业	Production and Supply of Gas	0.69	0.38	0.31	...
水的生产和供应业	Production and Supply of Water	0.01			0.01

5-4 主要城市固体废物产生和排放情况(2013年)
Generation and Discharge of Solid Wastes in Major Cities (2013)

单位: 万吨 (10 000 tons)

城 市	City	一般工业固体废物产生量 Common Industrial Solid Wastes Generated	一般工业固体废物综合利用量 Common Industrial Solid Wastes Utilized	一般工业固体废物处置量 Common Industrial Solid Wastes Disposed	一般工业固体废物贮存量 Stock of Common Industrial Solid Wastes	一般工业固体废物倾倒丢弃量 Common Industrial Solid Wastes Discharged
北 京	Beijing	1044.12	904.46	140.16	…	
天 津	Tianjin	1592.11	1582.44	9.67	…	
石 家 庄	Shijiazhuang	1558.32	1533.65	21.88	63.33	
太 原	Taiyuan	2632.13	1435.76	1020.59	178.70	
呼和浩特	Hohhot	875.65	407.69	461.24	6.71	
沈 阳	Shenyang	790.93	733.09	132.53	50.69	
长 春	Changchun	606.02	604.77	1.25		
哈 尔 滨	Harbin	574.53	539.22	35.31		
上 海	Shanghai	2054.49	1995.35	57.99	5.18	0.04
南 京	Nanjing	1697.01	1555.24	21.00	129.08	
杭 州	Hangzhou	687.48	647.92	37.71	2.67	…
合 肥	Hefei	1024.10	955.17	7.78	62.36	
福 州	Fuzhou	809.63	763.65	43.60	5.27	
南 昌	Nanchang	224.23	219.08	4.40	0.00	0.76
济 南	Jinan	932.39	920.43	11.49	0.47	
郑 州	Zhengzhou	1548.72	1138.85	377.46	33.22	
武 汉	Wuhan	1384.14	1409.00	7.88	10.29	…
长 沙	Changsha	100.56	86.91	10.19	4.35	0.01
广 州	Guangzhou	555.56	528.88	21.93	4.96	…
南 宁	Nanning	396.32	375.87	20.20	1.03	
海 口	Haikou	6.41	6.00	0.41		
重 庆	Chongqing	3161.80	2695.41	415.12	78.66	11.48
成 都	Chengdu	533.35	525.35	8.44	…	…
贵 阳	Guiyang	1104.37	515.96	594.87	5.09	
昆 明	Kunming	3319.12	1412.80	1841.13	76.89	
拉 萨	Lhasa	278.84	5.49	24.94	263.72	
西 安	Xi'an	254.85	244.10	8.73	2.02	
兰 州	Lanzhou	624.57	608.17	14.75	1.66	
西 宁	Xining	538.14	555.77	3.75	8.85	0.04
银 川	Yinchuan	685.69	581.30	59.36	45.03	
乌鲁木齐	Urumqi	1127.51	988.11	139.39	0.01	

5-5 沿海城市固体废物产生和排放情况(2013年)

Generation, Discharge of Solid Wastes in Coastal Cities (2013)

单位: 万吨
(10 000 tons)

城　市	City	一般工业固体废物产生量 Common Industrial Solid Wastes Generated	一般工业固体废物综合利用量 Common Industrial Solid Wastes Utilized	一般工业固体废物处置量 Common Industrial Solid Wastes Disposed	一般工业固体废物贮存量 Stock of Common Industrial Solid Wastes	一般工业固体废物倾倒丢弃量 Common Industrial Solid Wastes Discharged
天　津	Tianjin	1592.11	1582.44	9.67	…	
秦皇岛	Qinhuangdao	1760.72	868.41	693.97	198.35	
大　连	Dalian	517.98	467.91	49.93	0.15	
上　海	Shanghai	2054.49	1995.35	57.99	5.18	0.04
连云港	Lianyungang	492.94	478.36	1.12	22.55	
宁　波	Ningbo	1253.04	1167.91	48.66	37.07	
温　州	Wenzhou	213.67	211.52	2.15	…	
福　州	Fuzhou	809.63	763.65	43.60	5.27	
厦　门	Xiamen	102.88	96.97	8.52	2.05	
青　岛	Qingdao	821.83	791.15	22.44	20.37	
烟　台	Yantai	2488.75	2083.25	369.79	35.71	
深　圳	Shenzhen	111.31	63.22	46.23	1.85	
珠　海	Zhuhai	264.69	245.67	17.02	2.00	
汕　头	Shantou	159.24	155.47	1.54	2.25	0.01
湛　江	Zhanjiang	262.48	257.74	4.55	1.38	0.07
北　海	Beihai	228.86	228.55	0.32		
海　口	Haikou	6.41	6.00	0.41		

六、自然生态

Natural Ecology

6-1　全国自然生态情况(2000-2013年)
Natural Ecology(2000-2013)

年 份 Year	自然保护 区 数 (个) Number of Nature Reserves (unit)	自然保护区 面 积 (万公顷) Area of Nature Reserves (10 000 hectares)	保护区面积占 辖区面积比重 (%) Percentage of Nature Reserves in the Region (%)	累计除涝 面 积 (万公顷) Area with Flood Prevention Measures (10 000 hectares)	累计水土流失 治理面积 (万公顷) Area of Soil Erosion under Control (10 000 hectares)
2000	1227	9821	9.9		8096.1
2001	1551	12989	12.9		8153.9
2002	1757	13295	13.2		8541.0
2003	1999	14398	14.4	2113.9	8971.4
2004	2194	14823	14.8	2119.8	9200.5
2005	2349	14995	15.0	2134.0	9465.5
2006	2395	15154	15.2	2137.6	9749.1
2007	2531	15188	15.2	2141.9	9987.1
2008	2538	14894	14.9	2142.5	10158.7
2009	2541	14775	14.7	2158.4	10454.5
2010	2588	14944	14.9	2169.2	10680.0
2011	2640	14971	14.9	2172.2	10966.4
2012	2669	14979	14.9	2185.7	10295.3
2013	2697	14631	14.8	2194.3	10689.2

6-2 各地区自然保护基本情况(2013年)

Basic Situation of Natural Protection by Region (2013)

地 区　Region	自然保护区数(个) Number of Nature Reserves (unit)	#国家级 National Level	#省级 Provincial Level	自然保护区面积(万公顷) Area of Nature Reserves (10000 hectares)	#国家级 National Level	#省级 Provincial Level	保护区面积占辖区面积比重(%) Percentage of Nature Reserves in the Region (%)
全　国　**National Total**	**2697**	**407**	**855**	**14631.0**	**9403.9**	**3919.5**	**14.8**
北　京　Beijing	20	2	12	13.4	2.6	7.1	8.0
天　津　Tianjin	8	3	5	9.0	3.8	5.3	8.0
河　北　Hebei	44	13	25	70.7	25.5	41.9	3.7
山　西　Shanxi	46	7	39	110.5	11.7	98.8	7.1
内蒙古　Inner Mongolia	184	27	60	1368.9	416.7	685.6	11.6
辽　宁　Liaoning	105	15	30	280.5	100.1	86.6	13.4
吉　林　Jilin	44	19	17	243.0	109.3	129.9	13.0
黑龙江　Heilongjiang	226	33	83	680.6	291.2	256.1	15.0
上　海　Shanghai	4	2	2	9.4	6.6	2.8	5.2
江　苏　Jiangsu	31	3	10	53.0	29.9	8.5	3.9
浙　江　Zhejiang	33	10	9	19.9	14.7	1.5	1.6
安　徽　Anhui	104	7	29	52.4	13.9	28.8	3.8
福　建　Fujian	90	15	22	42.8	23.0	8.9	3.1
江　西　Jiangxi	199	13	33	124.6	22.0	34.1	7.5
山　东　Shandong	86	7	37	110.0	22.0	54.2	4.8
河　南　Henan	34	11	21	73.9	42.6	31.1	4.4
湖　北　Hubei	70	15	25	101.9	35.6	40.7	5.5
湖　南　Hunan	128	23	28	128.4	61.0	37.7	6.1
广　东　Guangdong	392	14	64	185.0	31.4	52.6	7.2
广　西　Guangxi	78	21	46	145.6	37.4	85.6	6.0
海　南　Hainan	50	9	24	273.5	10.7	261.4	7.0
重　庆　Chongqing	57	6	18	84.5	27.7	23.1	10.3
四　川　Sichuan	167	29	63	897.8	292.4	302.8	18.5
贵　州　Guizhou	123	8	5	88.1	24.4	7.5	5.0
云　南　Yunnan	154	20	38	285.7	150.3	68.1	7.5
西　藏　Tibet	47	9	14	4136.9	3715.3	420.9	33.9
陕　西　Shaanxi	57	22	28	116.6	60.0	47.1	5.7
甘　肃　Gansu	60	19	37	746.3	511.7	223.0	16.4
青　海　Qinghai	11	7	4	2176.5	2073.4	103.2	30.1
宁　夏　Ningxia	14	8	6	53.3	43.9	9.4	10.3
新　疆　Xinjiang	31	10	21	1948.3	1193.1	755.2	11.7

资料来源：环境保护部。

Source:Ministry of Environmental Protection.

6-3 海洋类型自然保护区建设情况(2012年)
Construction of Nature Reserves by Sea Type (2012)

海 域 Sea Area	保护区数量(个) Number of Nature Reserves (unit)							保护区 面 积 (平方公里) Area of Nature Reserves (sq.km)
	合 计 Total	按保护级别分 by Level		按保护类型分 by Type				
		国家级 National Level	地方级 Local Level	海洋海岸生态系统 Biogeocenose of Coast	海洋自然遗迹 Natural Relic	海洋生物多样性 Biology Variety	其他 Others	
总 计 Total	135	33	102	56	24	52	3	49035
天 津 Tianjin	1	1		1				359
河 北 Hebei	5	1	4	3	1	1		743
辽 宁 Liaoning	15	5	10	10	2	3		9860
上 海 Shanghai	4	2	2	1			3	941
江 苏 Jiangsu	4	1	3			4		724
浙 江 Zhejiang	3	2	1	1		2		691
福 建 Fujian	10	3	7	5	2	3		692
山 东 Shandong	18	4	14	9		9		5537
广 东 Guangdong	52	7	45	23		29		4031
广 西 Guangxi	3	3		3				460
海 南 Hainan	20	4	16		19	1		24997

资料来源：国家海洋局。
Source: State Oceanic Administration.

6-4 各地区草原建设利用情况(2013年)

Construction & Utilization of Grassland by Region (2013)

单位: 千公顷 (1 000 hectares)

地 区	Region	草原总面积 Area of Grassland	可利用草原面积 Grassland Available	累计种草保留面积 Accumulated Grassland Reserved	当年新增种草面积 Newly Increased Grassland of the Year
全 国	National Total	392832.7	330995.4	20867.1	7694.6
北 京	Beijing	394.8	336.3	19.6	18.2
天 津	Tianjin	146.6	135.4	9.0	8.3
河 北	Hebei	4712.1	4085.3	626.0	147.7
山 西	Shanxi	4552.0	4552.0	434.9	147.9
内蒙古	Inner Mongolia	78804.5	63591.1	4499.4	1926.4
辽 宁	Liaoning	3388.8	3239.3	725.5	366.8
吉 林	Jilin	5842.2	4379.0	663.6	263.3
黑龙江	Heilongjiang	7531.8	6081.7	462.1	195.9
上 海	Shanghai	73.3	37.3		
江 苏	Jiangsu	412.7	325.7	47.7	41.3
浙 江	Zhejiang	3169.9	2075.2		
安 徽	Anhui	1663.2	1485.2	115.3	70.5
福 建	Fujian	2048.0	1957.1	55.0	30.5
江 西	Jiangxi	4442.3	3847.6	233.0	132.3
山 东	Shandong	1638.0	1329.2	168.2	68.8
河 南	Henan	4433.8	4043.3	235.8	150.4
湖 北	Hubei	6352.2	5071.5	238.5	97.8
湖 南	Hunan	6372.7	5666.3	224.4	42.6
广 东	Guangdong	3266.2	2677.2	48.4	37.0
广 西	Guangxi	8698.3	6500.3	89.1	24.2
海 南	Hainan	949.8	843.3	18.3	0.3
重 庆	Chongqing	2158.4	1867.2	94.7	42.8
四 川	Sichuan	20380.4	17753.1	2183.4	779.3
贵 州	Guizhou	4287.3	3759.7	620.7	158.7
云 南	Yunnan	15308.4	11925.6	974.9	315.7
西 藏	Tibet	82051.9	70846.8	154.4	64.8
陕 西	Shaanxi	5206.2	4349.2	856.3	136.9
甘 肃	Gansu	17904.2	16071.6	2828.5	537.3
青 海	Qinghai	36369.7	31530.7	1560.9	826.4
宁 夏	Ningxia	3014.1	2625.6	732.9	281.9
新 疆	Xinjiang	54504.2	45902.2	1712.9	731.0
新疆兵团	Xinjiang Production & Construction Corps	2754.6	2104.6	233.6	49.7

资料来源: 农业部。
Source: Ministry of Agriculture.

6-5 各地区地质公园建设情况(2013年)

Construction of Geoparks by Region (2013)

地 区 Region	地质公园(个) Geopark (unit)	#国家级 National Level	地质公园积(公顷) Area of Geopark (hectare)	#国家级 National Level	地质构造、剖面和形迹 Geological Structure, Section or Traces	古生物化石 Fossil	地质地貌景观 Geological-geomor Phological Landscape	建设投资(万元) Investment in Construction (10 000 yuan)	#本年投资 Investment in Current Year
全 国 National Total	**420**	**184**	**11989960**	**7152288**	**55**	**34**	**331**	**4792265**	**470567**
北 京 Beijing	6	5	202842	200042	1	1	4	184398	5398
天 津 Tianjin	1	1	34200	34200	1			7838	2046
河 北 Hebei	16	9	126202	91547	4	1	11	126679	16965
山 西 Shanxi	16	7	202975	122096	3	1	12	237252	26702
内蒙古 Inner Mongolia	17	6	488686	324103		5	12	29812	4800
辽 宁 Liaoning	8	4	317415	291241	1	2	5	56885	
吉 林 Jilin	8	3	332210	150528		1	7	21571	6777
黑龙江 Heilongjiang	21	6	1441919	426617	2	1	18	107519	31500
上 海 Shanghai	1	1	14500	14500			1	5180	200
江 苏 Jiangsu	9	3	15385	438	1	2	6	76140	17340
浙 江 Zhejiang	9	4	81183	44316	1	1	7	52455	8073
安 徽 Anhui	16	9	197817	175153	2		14	106209	32141
福 建 Fujian	14	9	254737	159529	2		12	177902	34698
江 西 Jiangxi	10	4	302087	203613			10	230503	2505
山 东 Shandong	56	8	388532	239575	3	3	50	210416	33048
河 南 Henan	24	13	558275	429245	11	1	12	144346	
湖 北 Hubei	22	6	566608	140447	2	1	19	62817	10195
湖 南 Hunan	23	8	466800	159900	1		22	196741	5472
广 东 Guangdong	14	8	155678	124829		1	13	245267	45934
广 西 Guangxi	16	7	1254458	126853	1		15	22111	4140
海 南 Hainan	5	1	272774	10800			5	10718	500
重 庆 Chongqing	7	6	1402708	1383558		1	6	20241	
四 川 Sichuan	24	14	479035	385080	8	2	14	398467	5355
贵 州 Guizhou	12	9	210811	177998	2	3	7	88976	30298
云 南 Yunnan	11	8	624260	583586		3	8	1355948	27256
西 藏 Tibet	5	2	540886	462480	3		2	7964	
陕 西 Shaanxi	10	6	161374	110345	2		8	430506	91988
甘 肃 Gansu	19	6	216340	79925	2	2	15	61375	14500
青 海 Qinghai	7	5	334580	230300			7	7068	
宁 夏 Ningxia	4	1	38201	12960	2	1	1	28156	
新 疆 Xinjiang	9	5	306484	256484		1	8	80806	12737

资料来源：国土资源部(下表同)。
Source:Ministry of Land and Resources (the same as in the following table).

6-6 各地区矿山环境保护情况(2013年)

Protection of Mine Environment by Region (2013)

地 区	Region	矿业开采累计占用损坏土地(公顷) Land Occupied or Destructed by Mining (hectare)	矿山环境恢复治理 Rehabilitation and Inprovement of Mine Environment			本年恢复面积(公顷) Area of Rehabilitation in Current Year (hectare)
			投入资金(万元) Investment (10 000 yuan)	#中央财政 Central Finance	#地方财政 Local Finance	
全 国	**National Total**	**52528322**	**1429040**	**355344**	**487991**	**33251**
北 京	Beijing	21950	28851	13841	3000	84
天 津	Tianjin	1646	2120			130
河 北	Hebei	61604	52951		34047	1441
山 西	Shanxi	128402	52602		9806	1251
内蒙古	Inner Mongolia	50182243	143896		25451	1400
辽 宁	Liaoning	130596	171495	46000	105000	4319
吉 林	Jilin	23222	6446		6446	412
黑龙江	Heilongjiang	925841	47812	20240	27572	590
上 海	Shanghai	31	54		54	
江 苏	Jiangsu	25589	84693	26852	38775	531
浙 江	Zhejiang	13695	44507		29509	896
安 徽	Anhui	82917	62481	11500	23242	1412
福 建	Fujian	6201	41644	14244	10260	1544
江 西	Jiangxi	64007	36545	22753	11650	4421
山 东	Shandong	35490	161559	14737	97637	4069
河 南	Henan	48787	46688	43701		1106
湖 北	Hubei	31984	48739	31608	10481	795
湖 南	Hunan	28602	82796	34106	13142	778
广 东	Guangdong	14306	27374		13163	567
广 西	Guangxi	62705	12609	8469	652	369
海 南	Hainan	7973	3403		198	667
重 庆	Chongqing	121858	4100		4100	500
四 川	Sichuan	10961	15871	3760	4200	754
贵 州	Guizhou	12307	135767	22388	536	736
云 南	Yunnan	44190	27371		1558	971
西 藏	Tibet	11924				
陕 西	Shaanxi	56987	24355	17250	640	268
甘 肃	Gansu	52567	24558	18000	1780	666
青 海	Qinghai	244007	7895	5895	2000	418
宁 夏	Ningxia	27038	16350		10000	640
新 疆	Xinjiang	48694	13509		3091	1519

6-7 各流域除涝和水土流失治理情况(2013年)

Flood Prevention & Soil Erosion under Control by River Valley (2013)

单位: 千公顷

(1 000 hectares)

流域片	River Valley	累计除涝面积 Area with Flood Prevention Measures	本年新增除涝面积 Increase Area with Flood Prevention	累计水土流失治理面积 Area of Soil Erosion under Control	#小流域治理面积 Small Drainage Area	本年新增水土流失治理面积 Increase Area of Soil Erosion under Control
全 国	**National Total**	**21943.1**	**500.7**	**106891.9**	**34247.9**	**4924.1**
松花江区	Songhuajiang River	4438.1	15.2	7146.6	1532.0	331.4
辽河区	Liaohe River	1111.4	2.2	7691.9	2867.7	358.6
海河区	Haihe River	3481.3	205.9	8723.2	4031.0	400.3
黄河区	Huanghe River	579.5	17.4	21021.5	5644.8	1114.8
淮河区	Huaihe River	6636.8	141.5	5169.6	2148.3	280.0
长江区	Changjiang River	4313.8	83.5	36914.6	14425.0	1737.1
东南诸河区	Southeastern Rivers	394.2	6.9	6130.4	1246.7	193.6
珠江区	Zhujiang River	848.7	20.9	5872.7	1118.6	256.2
西南诸河区	Southwestern Rivers	116.6	7.3	4057.1	598.4	137.5
西北诸河区	Northwestern Rivers	22.7		4164.5	635.4	114.5

资料来源: 水利部(以下各表同)。

Source: Ministry of Water Resource (the same as in the following tables).

6-8 各地区除涝和水土流失治理情况(2013年)

Flood Prevention & Soil Erosion under Control by Region (2013)

单位: 千公顷 (1 000 hectares)

地 区 Region	累计除涝面积 Area with Flood Prevention Measures	本年新增除涝面积 Increase Area with Flood Prevention	累计水土流失治理面积 Area of Soil Erosion under Control	#小流域治理面积 Smasll Drainage Area	本年新增水土流失治理面积 Increase Area of Soil Erosion under Control	水土保持及生态项目本年完成投资(万元) Investment of Soil and Water Conservation & Ecological Projects (10000 yuan)
全 国 National Total	21943.1	500.7	106891.9	34247.9	4924.1	1028920.3
北 京 Beijing	149.8		630.8	630.8	28.0	9200.0
天 津 Tianjin	369.3		88.5	43.6	7.4	1663.0
河 北 Hebei	1645.1	0.8	4679.0	2496.9	220.1	31298.8
山 西 Shanxi	89.1		5475.7	511.7	242.8	50359.9
内蒙古 Inner Mongolia	277.0		11876.3	2892.2	488.3	25450.0
辽 宁 Liaoning	911.2	2.2	4520.4	1887.5	233.8	23417.2
吉 林 Jilin	1026.5	2.9	1546.9	164.1	79.8	10674.0
黑龙江 Heilongjiang	3378.1	12.3	3609.7	1150.8	166.7	
上 海 Shanghai	58.4	0.9				44224.4
江 苏 Jiangsu	2853.3	72.9	765.8	255.9	51.6	77179.1
浙 江 Zhejiang	507.3	6.2	3645.6	624.8	69.2	170887.2
安 徽 Anhui	2287.7	15.4	1654.5	638.4	87.5	30933.0
福 建 Fujian	145.3	5.9	3261.0	731.3	136.0	18658.0
江 西 Jiangxi	385.4	2.5	5128.8	942.3	222.3	27337.3
山 东 Shandong	2914.1	224.7	3477.5	1284.8	229.5	28199.0
河 南 Henan	1884.6	92.4	3236.7	1903.0	110.6	20222.6
湖 北 Hubei	1260.8	4.4	5179.0	1722.3	316.7	46761.3
湖 南 Hunan	416.9	4.7	2999.0	902.1	35.7	28471.0
广 东 Guangdong	524.6	3.5	1349.5	78.7	37.2	16377.3
广 西 Guangxi	230.9	16.3	1735.7	318.9	87.2	41.0
海 南 Hainan	11.6	0.9	56.6	24.2	7.1	12.0
重 庆 Chongqing			2576.1	1691.2	97.0	65847.2
四 川 Sichuan	100.0	4.3	7792.1	3776.6	315.1	39036.5
贵 州 Guizhou	53.5	6.5	5816.5	2581.0	271.2	25885.5
云 南 Yunnan	261.3	8.3	7393.8	1790.1	345.6	61619.5
西 藏 Tibet	22.0	...	726.0	24.6		1888.0
陕 西 Shaanxi	132.6	2.0	6784.9	2473.2	665.0	99349.0
甘 肃 Gansu	12.5		7388.8	1870.5	204.6	40372.7
青 海 Qinghai			794.4	275.5	18.0	10355.6
宁 夏 Ningxia	12.8	10.7	1709.4	391.1	112.9	13449.3
新 疆 Xinjiang	21.3		992.9	169.8	37.0	9750.9

6-9 各地区湿地情况
Area of Wetland by Region

地 区 Region	湿地面积 (千公顷) Area of Wetland (1 000 hectares)	自然湿地 Natural Wetland	近海与海岸 Coast & Seashores	河流 Rivers	湖泊 Lakes	沼泽 Marshland	人工湿地 Artifical Wetland	湿地总面积占国土面积比重 (%) Proportion of Wetland in Total Area of Territory (%)
全 国 **National Total**	**53602.6**	**46674.7**	**5795.9**	**10552.1**	**8593.8**	**21732.9**	**6745.9**	**5.56**
北 京 Beijing	48.1	24.2		22.7	0.2	1.3	23.9	2.86
天 津 Tianjin	295.6	151.1	104.3	32.3	3.6	10.9	144.5	23.94
河 北 Hebei	941.9	694.6	231.9	212.5	26.6	223.6	247.3	5.04
山 西 Shanxi	151.9	108.1		96.9	3.1	8.1	43.8	0.97
内蒙古 Inner Mongolia	6010.6	5878.8		463.7	566.2	4848.9	131.8	5.08
辽 宁 Liaoning	1394.8	1077.7	713.2	251.5	2.9	110.1	317.1	9.42
吉 林 Jilin	997.6	862.9		223.5	112.0	527.4	134.7	5.32
黑龙江 Heilongjiang	5143.3	4953.8		733.5	356.0	3864.3	189.5	11.31
上 海 Shanghai	464.6	409.0	386.6	7.3	5.8	9.3	55.6	73.27
江 苏 Jiangsu	2822.8	1948.8	1087.5	296.6	536.7	28.0	874.0	27.51
浙 江 Zhejiang	1110.1	843.3	692.5	141.2	8.9	0.7	266.8	10.91
安 徽 Anhui	1041.8	713.6		309.6	361.1	42.9	328.2	7.46
福 建 Fujian	871.0	711.2	575.6	135.1	0.3	0.2	159.8	7.18
江 西 Jiangxi	910.1	710.7		310.8	374.1	25.8	199.4	5.45
山 东 Shandong	1737.5	1103.0	728.5	257.8	62.6	54.1	634.5	11.07
河 南 Henan	627.9	380.7		368.9	6.9	4.9	247.2	3.76
湖 北 Hubei	1445.0	764.2		450.4	276.9	36.9	680.8	7.77
湖 南 Hunan	1019.7	813.5		398.4	385.8	29.3	206.2	4.81
广 东 Guangdong	1753.4	1158.1	815.1	337.9	1.5	3.6	595.3	9.76
广 西 Guangxi	754.3	536.6	259.0	268.9	6.3	2.4	217.7	3.20
海 南 Hainan	320.0	242.0	201.7	39.7	0.6		78.0	9.14
重 庆 Chongqing	207.2	87.7		87.3	0.3	0.1	119.5	2.51
四 川 Sichuan	1747.8	1665.6		452.3	37.4	1175.9	82.2	3.61
贵 州 Guizhou	209.7	151.6		138.1	2.5	11.0	58.1	1.19
云 南 Yunnan	563.5	392.5		241.8	118.5	32.2	171.0	1.43
西 藏 Tibet	6529.0	6524.0		1434.5	3035.2	2054.3	5.0	5.35
陕 西 Shaanxi	308.5	276.2		257.6	7.6	11.0	32.3	1.50
甘 肃 Gansu	1693.9	1642.4		381.7	15.9	1244.8	51.5	3.73
青 海 Qinghai	8143.6	8001.0		885.3	1470.3	5645.4	142.6	11.27
宁 夏 Ningxia	207.2	169.5		97.9	33.5	38.1	37.7	4.00
新 疆 Xinjiang	3948.2	3678.3		1216.4	774.5	1687.4	269.9	2.38

注：本表为第二次全国湿地资源调查(2009-2013)资料，全国总计数包括台湾省和香港、澳门特别行政区数据；湿地面积不包括水稻田湿地。

Note: Data in the table are figures of the Second National Wetland Resources Survey (2009-2013), data of national total include forest resources in Taiwan Province and Hong Kong SAR and Macao SAR. Area of wetland excludes the wetland of paddyfields.

6-10 各地区沙化土地情况
Sandy Land by Region

单位：万公顷   (10 000 hectares)

地 区	Region	沙化土地 面积 Area of Sandy Land	流动沙 丘(地) Mobile Sand	半固定 沙丘(地) Semi-fixed Sand	固定沙 丘(地) Fixed Sand	露沙地 Bare Sand
全 国	**National Total**	**17310.77**	**4061.34**	**1771.57**	**2779.25**	**997.62**
北 京	Beijing	5.24			5.24	
天 津	Tianjin	1.54			0.73	
河 北	Hebei	212.53		1.43	99.63	
山 西	Shanxi	61.78		3.23	48.87	0.38
内蒙古	Inner Mongolia	4146.83	847.99	585.11	1224.15	587.49
辽 宁	Liaoning	54.95	0.11	0.99	38.09	0.11
吉 林	Jilin	70.80		1.48	34.52	
黑龙江	Heilongjiang	49.57		0.78	41.42	
上 海	Shanghai					
江 苏	Jiangsu	58.44			8.06	
浙 江	Zhejiang	0.01			0.01	
安 徽	Anhui	12.05			5.05	
福 建	Fujian	4.15	0.11	0.05	1.48	
江 西	Jiangxi	7.25	0.06	0.28	2.76	
山 东	Shandong	76.76	0.08	0.90	24.35	
河 南	Henan	62.86	0.06	0.90	12.62	
湖 北	Hubei	18.99	0.12	0.13	7.00	0.01
湖 南	Hunan	5.88	0.02	0.09	5.42	
广 东	Guangdong	10.03	0.34	0.11	4.29	
广 西	Guangxi	19.49	0.07	0.03	4.40	
海 南	Hainan	5.99			4.87	
重 庆	Chongqing	0.25	0.01	...	0.02	
四 川	Sichuan	91.38	1.06	3.76	19.45	61.64
贵 州	Guizhou	0.62	0.10	0.03	0.14	
云 南	Yunnan	4.42	0.34	0.11	1.45	0.11
西 藏	Tibet	2161.86	39.03	101.24	39.13	144.78
陕 西	Shaanxi	141.32	2.83	12.87	122.16	
甘 肃	Gansu	1192.24	189.48	120.67	175.18	3.81
青 海	Qinghai	1250.35	120.11	115.62	118.07	199.28
宁 夏	Ningxia	116.23	10.78	11.44	74.03	
新 疆	Xinjiang	7466.97	2848.64	810.33	656.68	

注：本表为第四次全国荒漠化和沙化监测(2009年)资料。

Note:Data in the table are the figures of the Fourth National Desertification and Sandy Land Monitoring (2009).

6-10 续表 continued

单位: 万公顷

地 区	Region	沙化耕地 Arable Land Desertificated	非生物工程 Non-biological Engineering	风蚀残丘 Mound of Wind Erosion	风蚀劣地 Badlands of Wind Erosion	戈壁 Gobi
全 国	**National Total**	**445.94**	**0.66**	**88.98**	**557.26**	**6608.15**
北 京	Beijing					
天 津	Tianjin	0.80				
河 北	Hebei	111.48				
山 西	Shanxi	9.29				
内蒙古	Inner Mongolia	19.61		0.43	174.37	707.69
辽 宁	Liaoning	15.66				
吉 林	Jilin	34.80				
黑龙江	Heilongjiang	7.37				
上 海	Shanghai					
江 苏	Jiangsu	50.38				
浙 江	Zhejiang					
安 徽	Anhui	7.00				
福 建	Fujian	2.50				
江 西	Jiangxi	4.15				
山 东	Shandong	51.43				
河 南	Henan	49.28				
湖 北	Hubei	11.70	0.03			
湖 南	Hunan	0.36				
广 东	Guangdong	5.29	0.01			
广 西	Guangxi	14.98				
海 南	Hainan	1.12				
重 庆	Chongqing	0.22				
四 川	Sichuan	5.42	0.04			
贵 州	Guizhou	0.35				
云 南	Yunnan	2.41	…			
西 藏	Tibet	2.07	0.07			1835.54
陕 西	Shaanxi	3.46				
甘 肃	Gansu	6.18	0.17	1.63	15.81	679.31
青 海	Qinghai		0.09	73.23	312.10	311.86
宁 夏	Ningxia	10.10		0.09		9.80
新 疆	Xinjiang	18.53	0.24	13.61	54.98	3063.95

七、土地利用

Land Use

7-1 全国土地利用情况(2000-2008年)
Land Use (2000-2008)

单位: 万公顷 (10 000 hectares)

年　份 Year	农用地 Land for Agriculture Use	#耕地 Cultivated Land	#园地 Garden Land	#林地 Woodland	#牧草地 Grazing and Pasture Land
2000	65336.2	12824.3	1057.6	22878.9	26376.9
2001	65331.6	12761.6	1064.0	22919.1	26384.6
2002	65660.7	12593.0	1079.0	23072.0	26352.2
2003	65706.1	12339.2	1108.2	23396.8	26311.2
2004	65701.9	12244.4	1128.8	23504.7	26270.7
2005	65704.7	12208.3	1154.9	23574.1	26214.4
2006	65718.8	12177.6	1181.8	23612.1	26193.2
2007	65702.1	12173.5	1181.3	23611.7	26186.5
2008	65687.6	12171.6	1179.1	23609.2	26183.5

7-1 续表　continued

单位: 万公顷 (10 000 hectares)

年　份 Year	建设用地 Land for Construction	居民点及工矿用地 Land for Living Quarters Mining and Manufacturing Sites	交通运输用地 Land for Transport Facilities	水利设施用地 Land for Water Conservancy Facilities
2000	3620.6	2470.9	576.1	573.6
2001	3641.3	2487.6	580.8	573.0
2002	3072.4	2509.5	207.7	355.2
2003	3106.5	2535.4	214.5	356.5
2004	3155.1	2572.8	223.3	359.0
2005	3192.2	2601.5	230.9	359.9
2006	3236.5	2635.4	239.5	361.5
2007	3272.0	2664.7	244.4	362.9
2008	3305.8	2691.6	249.6	364.5

7-2 各地区土地利用情况(2008年)

Land Use by Region (2008)

单位: 万公顷 (10 000 hectares)

地 区	Region	农用地 Land for Agriculture Use	#耕 地 Cultivated Land	#园 地 Garden Land	#林 地 Woodland	#牧草地 Grazing and Pasture Land
全 国	**National Total**	**65687.6**	**12171.6**	**1179.1**	**23609.2**	**26183.5**
北 京	Beijing	109.6	23.2	12.0	68.7	0.2
天 津	Tianjin	69.3	44.1	3.5	3.6	0.1
河 北	Hebei	1308.2	631.7	70.5	442.2	79.9
山 西	Shanxi	1014.3	405.6	29.5	442.0	65.8
内蒙古	Inner Mongolia	9523.0	714.7	7.3	2184.3	6560.9
辽 宁	Liaoning	1122.8	408.5	59.6	569.9	34.9
吉 林	Jilin	1639.3	553.5	11.5	924.5	104.4
黑龙江	Heilongjiang	3792.4	1183.0	6.0	2288.3	220.8
上 海	Shanghai	36.7	24.4	2.1	2.4	…
江 苏	Jiangsu	671.6	476.4	31.6	32.3	0.1
浙 江	Zhejiang	867.2	192.1	66.1	562.9	…
安 徽	Anhui	1119.0	573.0	33.9	359.6	2.8
福 建	Fujian	1073.1	133.0	62.9	830.7	0.3
江 西	Jiangxi	1416.4	282.7	27.8	1031.4	0.4
山 东	Shandong	1156.6	751.5	100.7	135.7	3.4
河 南	Henan	1228.1	792.6	31.4	301.9	1.4
湖 北	Hubei	1465.2	466.4	42.4	793.7	4.4
湖 南	Hunan	1789.8	378.9	49.0	1190.5	10.4
广 东	Guangdong	1489.1	283.1	100.8	1012.8	2.7
广 西	Guangxi	1786.6	421.8	53.9	1160.0	71.6
海 南	Hainan	282.3	72.8	53.2	148.1	1.9
重 庆	Chongqing	692.0	223.6	24.0	329.1	23.7
四 川	Sichuan	4239.8	594.7	71.6	1967.8	1371.1
贵 州	Guizhou	1524.6	448.5	12.1	790.9	159.8
云 南	Yunnan	3176.0	607.2	84.2	2214.1	78.2
西 藏	Tibet	7760.6	36.2	0.2	1268.4	6444.1
陕 西	Shaanxi	1847.8	405.0	70.6	1035.4	306.4
甘 肃	Gansu	2387.9	465.9	20.0	514.9	1261.3
青 海	Qinghai	4372.4	54.3	0.7	266.5	4034.7
宁 夏	Ningxia	417.4	110.7	3.4	60.6	226.4
新 疆	Xinjiang	6308.5	412.5	36.4	676.5	5111.4

资料来源: 国土资源部(以下各表同)。

Source:Ministry of Land and Resources (the same as in the following tables).

7-2 续表 continued

单位：万公顷

地 区	Region	建设用地 Land for Construction	居民点及 工矿用地 Land for Living Quarters Mining and Manufacturing Sites	交通运 输用地 Land for Transport Facilities	水利设 施用地 Land for Water Conservancy Facilities
全 国	National Total	3305.8	2691.6	249.6	364.5
北 京	Beijing	33.8	27.9	3.3	2.6
天 津	Tianjin	36.8	28.1	2.2	6.5
河 北	Hebei	179.4	154.5	12.0	12.9
山 西	Shanxi	86.9	77.3	6.3	3.3
内蒙古	Inner Mongolia	149.2	123.9	16.0	9.3
辽 宁	Liaoning	139.9	115.9	9.2	14.8
吉 林	Jilin	106.5	84.2	6.7	15.6
黑龙江	Heilongjiang	149.2	116.1	11.9	21.2
上 海	Shanghai	25.4	23.0	2.1	0.2
江 苏	Jiangsu	193.4	161.0	13.1	19.3
浙 江	Zhejiang	104.9	81.7	9.5	13.8
安 徽	Anhui	166.2	133.4	10.1	22.7
福 建	Fujian	64.7	50.7	7.9	6.1
江 西	Jiangxi	95.4	67.5	7.5	20.5
山 东	Shandong	251.1	209.3	16.3	25.5
河 南	Henan	218.7	188.3	12.2	18.2
湖 北	Hubei	140.0	100.9	9.2	30.0
湖 南	Hunan	139.0	108.8	10.4	19.8
广 东	Guangdong	179.0	145.7	12.1	21.1
广 西	Guangxi	95.4	71.0	8.8	15.5
海 南	Hainan	29.8	22.3	1.4	6.1
重 庆	Chongqing	59.3	48.9	4.8	5.5
四 川	Sichuan	160.3	136.6	13.5	10.2
贵 州	Guizhou	55.7	45.7	6.1	4.0
云 南	Yunnan	81.6	62.8	10.0	8.8
西 藏	Tibet	6.7	4.2	2.4	0.1
陕 西	Shaanxi	81.7	71.0	6.6	4.0
甘 肃	Gansu	97.7	88.2	6.6	2.9
青 海	Qinghai	32.7	24.7	3.2	4.8
宁 夏	Ningxia	21.2	18.6	1.9	0.7
新 疆	Xinjiang	124.0	99.3	6.3	18.4

7-3 各地区耕地变动情况(2008年)

Change of Cultivated Land by Region (2008)

单位：公顷 (hectare)

地 区	Region	年初耕地面积 Area of Cultivated Land at Beginning of the year	本年增加耕地面积 Area of Increased Cultivated Land	整理 Land Rehabilitation	复垦 Cultivate Renewedly Reclamation	开发 Redevelopment	农业结构调整 Structural Adjustment to Agriculture
全 国	**National Total**	**121735199**	**258705**	**61909**	**29334**	**138364**	**29098**
北 京	Beijing	232187	1984	1122	30	786	47
天 津	Tianjin	443676	3789	540	48	3200	
河 北	Hebei	6315140	15811	3155	1421	8244	2991
山 西	Shanxi	4053448	5430	401	137	4761	131
内蒙古	Inner Mongolia	7146280	5113	1036	549	3036	492
辽 宁	Liaoning	4085168	5095	456	79	4518	43
吉 林	Jilin	5535022	4483	1801	387	2295	
黑龙江	Heilongjiang	11838365	6735	1631	525	3703	876
上 海	Shanghai	259634	3143	643	1024	1	1475
江 苏	Jiangsu	4763775	22328	3311	6865	12152	…
浙 江	Zhejiang	1917536	24379	9719	2349	9752	2559
安 徽	Anhui	5728153	11941	2000	4220	4805	916
福 建	Fujian	1333076	4047	386	36	3581	45
江 西	Jiangxi	2826748	6086	398	25	5525	136
山 东	Shandong	7507062	23082	7978	2681	8561	3861
河 南	Henan	7926027	10431	1791	1468	6992	180
湖 北	Hubei	4663355	8859	2471	1818	4439	131
湖 南	Hunan	3788971	6539	1262	76	5121	80
广 东	Guangdong	2847659	5391	818	126	4189	258
广 西	Guangxi	4214697	7809	719	19	6522	549
海 南	Hainan	727499	1601	918		665	19
重 庆	Chongqing	2239082	7183	4498	306	2177	202
四 川	Sichuan	5950121	19615	10438	478	3181	5517
贵 州	Guizhou	4487455	5471	221	339	4871	41
云 南	Yunnan	6072358	11657	542	1107	7197	2811
西 藏	Tibet	361139	818	114	29	642	33
陕 西	Shaanxi	4049045	9834	1223	2504	5934	173
甘 肃	Gansu	4659754	3362	1026	365	1828	142
青 海	Qinghai	542202	1278	104	7	1164	3
宁 夏	Ningxia	1106340	2683	177	2	1748	756
新 疆	Xinjiang	4114225	12728	1010	316	6771	4631

7-3 续表 continued

单位: 公顷 (hectare)

地 区 Region	本年减少耕地面积 Area of Reduce Cultivated Land	建设占用 Used for Construction Purpose	灾害损毁 Destroyed by Disasters	生态退耕 Restored to Original-land land for Ecological Preservation	农业结构调整 Structural Adjustment to Agriculture	年末耕地面积 Area of Cultivated Land at the end of the year	人均耕地面积(亩) Cultivated Land per Capita (a unit of area)
全 国 National Total	278012	191568	24803	7598	54043	121715892	1.37
北 京 Beijing	2484	2027		171	286	231688	0.21
天 津 Tianjin	6375	3788	2587		…	441090	0.56
河 北 Hebei	13654	7527	11	2763	3352	6317297	1.36
山 西 Shanxi	3054	3013	5	5	31	4055823	1.78
内蒙古 Inner Mongolia	4150	2965	1004	…	180	7147243	4.44
辽 宁 Liaoning	4980	4910		46	24	4085283	1.42
吉 林 Jilin	4861	4284	…	330	247	5534644	3.04
黑龙江 Heilongjiang	14979	5037	19	1	9922	11830121	4.64
上 海 Shanghai	18817	7211	122	466	11018	243960	0.19
江 苏 Jiangsu	22310	22310				4763793	0.93
浙 江 Zhejiang	21060	20463	76	22	500	1920855	0.56
安 徽 Anhui	9905	8896	4	212	793	5730189	1.40
福 建 Fujian	7019	6500	255	3	261	1330104	0.55
江 西 Jiangxi	5747	5696	12	4	35	2827086	0.96
山 东 Shandong	14837	13555	28	251	1003	7515306	1.20
河 南 Henan	10084	9779		68	237	7926374	1.26
湖 北 Hubei	8092	6874	217	34	968	4664121	1.23
湖 南 Hunan	6135	5960	67	7	100	3789374	0.89
广 东 Guangdong	22319	3547	534	372	17866	2830731	0.44
广 西 Guangxi	4986	4567	162	101	157	4217520	1.31
海 南 Hainan	1592	602	57	62	871	727509	1.28
重 庆 Chongqing	10333	5035	4416	168	713	2235932	1.18
四 川 Sichuan	22337	12276	9159	314	589	5947399	1.10
贵 州 Guizhou	7629	3592	3170	572	295	4485297	1.77
云 南 Yunnan	11955	8685	2029	205	1035	6072060	2.00
西 藏 Tibet	325	195	57	45	29	361631	1.89
陕 西 Shaanxi	8531	6140	213	590	1588	4050348	1.61
甘 肃 Gansu	4348	2587	575	213	973	4658767	2.66
青 海 Qinghai	761	744		…	17	542719	1.47
宁 夏 Ningxia	1961	1527	…	28	406	1107062	2.69
新 疆 Xinjiang	2390	1273	24	545	547	4124564	2.90

八、林业

Forestry

8-1 全国造林情况(2000-2013年)
Area of Afforestation (2000-2013)

单位：万公顷   (10 000 hectares)

年 份 Year	造林总面积 Total Afforestation Area	人工造林 Plantation Establishment	飞播造林 Aerial Seeding	无林地和疏 林地新封山育林 Area Without Forest or of Sparse Forest
2000	510.5	434.5	76.0	
2001	495.3	397.7	97.6	
2002	777.1	689.6	87.5	
2003	911.9	843.2	68.6	
2004	679.5	501.9	57.9	119.7
2005	540.4	323.2	41.6	175.6
2006	383.9	244.6	27.2	112.1
2007	390.8	273.9	11.9	105.1
2008	535.4	368.5	15.4	151.5
2009	626.2	415.6	22.6	188.0
2010	591.0	387.3	19.6	184.1
2011	599.7	406.6	19.7	173.4
2012	559.6	382.1	13.6	163.9
2013	610.0	421.0	15.4	173.6

8-2 各地区森林资源情况
Forest Resources by Region

地 区	Region	林业用地面积（万公顷）Area of Afforested Land (10 000 hectares)	森林面积（万公顷）Forest Aera (10 000 hectares)	#人工林 Artifical Forest	森林覆盖率（%）Forest Coverage Rate (%)	活立木总蓄积量（万立方米）Total Standing Forest Stock (10 000 cu.m)	森林蓄积量（万立方米）Stock Volume of Forest (10 000 cu.m)
全 国	National Total	31259.00	20768.73	6933.38	21.63	1643280.62	1513729.72
北 京	Beijing	101.35	58.81	37.15	35.84	1828.04	1425.33
天 津	Tianjin	15.62	11.16	10.56	9.87	453.98	374.03
河 北	Hebei	718.08	439.33	220.90	23.41	13082.23	10774.95
山 西	Shanxi	765.55	282.41	131.81	18.03	11039.38	9739.12
内蒙古	Inner Mongolia	4398.89	2487.90	331.65	21.03	148415.92	134530.48
辽 宁	Liaoning	699.89	557.31	307.08	38.24	25972.07	25046.29
吉 林	Jilin	856.19	763.87	160.56	40.38	96534.93	92257.37
黑龙江	Heilongjiang	2207.40	1962.13	246.53	43.16	177720.97	164487.01
上 海	Shanghai	7.73	6.81	6.81	10.74	380.25	186.35
江 苏	Jiangsu	178.70	162.10	156.82	15.80	8461.42	6470.00
浙 江	Zhejiang	660.74	601.36	258.53	59.07	24224.93	21679.75
安 徽	Anhui	443.18	380.42	225.07	27.53	21710.12	18074.85
福 建	Fujian	926.82	801.27	377.69	65.95	66674.62	60796.15
江 西	Jiangxi	1069.66	1001.81	338.60	60.01	47032.40	40840.62
山 东	Shandong	331.26	254.60	244.52	16.73	12360.74	8919.79
河 南	Henan	504.98	359.07	227.12	21.50	22880.68	17094.56
湖 北	Hubei	849.85	713.86	194.85	38.40	31324.69	28652.97
湖 南	Hunan	1252.78	1011.94	474.61	47.77	37311.50	33099.27
广 东	Guangdong	1076.44	906.13	557.89	51.26	37774.59	35682.71
广 西	Guangxi	1527.17	1342.70	634.52	56.51	55816.60	50936.80
海 南	Hainan	214.49	187.77	136.20	55.38	9774.49	8903.83
重 庆	Chongqing	406.28	316.44	92.55	38.43	17437.31	14651.76
四 川	Sichuan	2328.26	1703.74	449.26	35.22	177576.04	168000.04
贵 州	Guizhou	861.22	653.35	237.30	37.09	34384.40	30076.43
云 南	Yunnan	2501.04	1914.19	414.11	50.03	187514.27	169309.19
西 藏	Tibet	1783.64	1471.56	4.88	11.98	228812.16	226207.05
陕 西	Shaanxi	1228.47	853.24	236.97	41.42	42416.05	39592.52
甘 肃	Gansu	1042.65	507.45	102.97	11.28	24054.88	21453.97
青 海	Qinghai	808.04	406.39	7.44	5.63	4884.43	4331.21
宁 夏	Ningxia	180.10	61.80	14.43	11.89	872.56	660.33
新 疆	Xinjiang	1099.71	698.25	94.00	4.24	38679.57	33654.09

注：1.本表为第八次全国森林资源清查(2009-2013)资料。
　　2.全国总计数包括台湾省和香港、澳门特别行政区数据。
Notes: a) Data in the table are the figures of the Eighth National Forestry Survey (2009-2013).
　　b) Data of national total include forest resources in Taiwan Province and Hong Kong SAR and Macao SAR.

8-3 各地区造林情况(2013年)
Area of Afforestation by Region (2013)

单位: 公顷   (hectare)

地 区	Region	造 林 总面积 Total Afforestation Area	按造林方式分 By Approach		
			人工造林 Plantation Establishment	飞播造林 Aerial Seeding	无林地和疏 林地新封山育林 Area Without Forest or of Sparse Forest
全　国	**National Total**	**6100057**	**4209686**	**154400**	**1735971**
北　京	Beijing	45813	30871		14942
天　津	Tianjin	5792	5792		
河　北	Hebei	318737	238007	20001	60729
山　西	Shanxi	298796	240843	1732	56221
内蒙古	Inner Mongolia	805156	349624	78666	376866
辽　宁	Liaoning	237457	134459		102998
吉　林	Jilin	112446	48448		63998
黑龙江	Heilongjiang	124122	81512		42610
上　海	Shanghai	862	862		
江　苏	Jiangsu	65258	64925		333
浙　江	Zhejiang	42362	30310		12052
安　徽	Anhui	172086	162488		9598
福　建	Fujian	100185	100185		
江　西	Jiangxi	153368	141041		12327
山　东	Shandong	220473	219129		1344
河　南	Henan	253914	201208		52706
湖　北	Hubei	246858	165652		81206
湖　南	Hunan	349772	188680		161092
广　东	Guangdong	139058	119083		19975
广　西	Guangxi	149875	133510		16365
海　南	Hainan	12829	12829		
重　庆	Chongqing	227883	152832		75051
四　川	Sichuan	126191	67992		58199
贵　州	Guizhou	340000	256253		83747
云　南	Yunnan	524334	467658		56676
西　藏	Tibet	69629	30540		39089
陕　西	Shaanxi	343981	215732	54001	74248
甘　肃	Gansu	174470	108377		66093
青　海	Qinghai	152755	44397		108358
宁　夏	Ningxia	101145	60695		40450
新　疆	Xinjiang	164450	115752		48698

注: 全国合计造林面积中包括军事管理区20000公顷退耕还林工程荒山荒地造林。
资料来源: 国家林业局(以下各表同)。
Note:Total area of afforestation include 20000 hectares plantation of barren mountains and wasteland in the Conversion of Cropland to
　　Forest Program.
Source:State Forestry Administration (the same as in the following tables).

8-3 续表 continued

单位: 公顷 (hectare)

地 区	Region	按林种用途分 By Function of Forest				
		用材林 Timber Forests	经济林 By-product Forests	防护林 Protection Forests	薪炭林 Fuelwood Forests	特种用途林 Special Purpose Forests
全 国	National Total	1057558	1233676	3748409	24898	35516
北 京	Beijing		436	44737		640
天 津	Tianjin	618	1116	4058		
河 北	Hebei	31127	45852	240298		1460
山 西	Shanxi	2267	83995	202872	9662	
内蒙古	Inner Mongolia	8357	16489	777993		2317
辽 宁	Liaoning	16899	26565	193993		
吉 林	Jilin	8255	136	104055		
黑龙江	Heilongjiang	13491	1409	106778	4	2440
上 海	Shanghai		85	777		
江 苏	Jiangsu	7848	11446	43923		2041
浙 江	Zhejiang	3266	9690	28856	224	326
安 徽	Anhui	63164	40285	60790	716	7131
福 建	Fujian	72977	9055	15081	272	2800
江 西	Jiangxi	86665	37867	28207	140	489
山 东	Shandong	32569	63604	122536		1764
河 南	Henan	55701	41444	156769		
湖 北	Hubei	83439	58163	103083	112	2061
湖 南	Hunan	183884	36111	125879	2161	1737
广 东	Guangdong	29986	5143	102917		1012
广 西	Guangxi	89186	35510	24339		840
海 南	Hainan	1888	8192	2103		646
重 庆	Chongqing	60683	28605	133465	3447	1683
四 川	Sichuan	31306	23961	70791		133
贵 州	Guizhou	100000	144727	90000	4333	940
云 南	Yunnan	61336	352109	110010	879	
西 藏	Tibet		1426	68203		
陕 西	Shaanxi	8371	73744	261866		
甘 肃	Gansu		12514	156923		5033
青 海	Qinghai		6868	145887		
宁 夏	Ningxia		10118	91027		
新 疆	Xinjiang	4275	47011	110193	2948	23

8-4　各地区天然林资源保护情况(2013年)

Natural Forest Protection by Region (2013)

地　区　Region	木材产量 （立方米） Timber Output (cu.m)	林业投资 完 成 额 （万元） Investment Completed (10 000 yuan)	#国家投资 State Investment	森林管护 面　积 （公顷） Area of Management and Protection of Forests (hectare)	#国有林 State-owned forests
全　国　**National Total**	**9240417**	**2301529**	**2020503**	**114405827**	**71137248**
北　京　Beijing					
天　津　Tianjin					
河　北　Hebei					
山　西　Shanxi	39667	54277	54277	5163348	1635808
内蒙古　Inner Mongolia	1262711	345507	295801	19979317	13902835
辽　宁　Liaoning					
吉　林　Jilin	1485853	146224	126044	3963353	3963353
黑龙江　Heilongjiang	774313	549871	549781	8965060	8965060
上　海　Shanghai					
江　苏　Jiangsu					
浙　江　Zhejiang					
安　徽　Anhui					
福　建　Fujian					
江　西　Jiangxi					
山　东　Shandong					
河　南　Henan	118047	14938	13610	1689959	195367
湖　北　Hubei	335710	61677	52007	3329289	783810
湖　南　Hunan					
广　东　Guangdong					
广　西　Guangxi					
海　南　Hainan		13886	13886	459000	459000
重　庆　Chongqing	84217	70926	60561	3003334	388000
四　川　Sichuan	2368907	278390	258586	17710333	12168333
贵　州　Guizhou	1639217	59744	32892	4606458	318667
云　南　Yunnan	384899	145238	77222	10179032	4330366
西　藏　Tibet		22486	320	1276467	1276467
陕　西　Shaanxi	20278	154566	121315	12003178	3617897
甘　肃　Gansu	7048	103480	96163	4839863	3438583
青　海　Qinghai		42561	33494	3678178	2816978
宁　夏　Ningxia		16786	13821	1138265	455331
新　疆　Xinjiang	380	40745	40496	4336280	4336280
大兴安岭　Daxinganling	719170	180227	180227	8085113	8085113

8-4 续表 continued

单位: 公顷 (hectare)

地 区	Region	当年造林面积 Area of Afforestation in the Year	按造林方式分 by Approach		
			人工造林 Plantation Establishment	飞播造林 Aerial Seeding	无林地和疏林地 新封山育林 Area without Forest or of Sparse Forest
全 国	**National Total**	**460301**	**113387**	**67332**	**279582**
北 京	Beijing				
天 津	Tianjin				
河 北	Hebei				
山 西	Shanxi	39920	11890		28030
内蒙古	Inner Mongolia	88297	17964	34000	36333
辽 宁	Liaoning				
吉 林	Jilin				
黑龙江	Heilongjiang				
上 海	Shanghai				
江 苏	Jiangsu				
浙 江	Zhejiang				
安 徽	Anhui				
福 建	Fujian				
江 西	Jiangxi				
山 东	Shandong				
河 南	Henan	3332	3332		
湖 北	Hubei	29397	3463		25934
湖 南	Hunan				
广 东	Guangdong				
广 西	Guangxi				
海 南	Hainan				
重 庆	Chongqing	23668	7000		16668
四 川	Sichuan	52103	5774		46329
贵 州	Guizhou	19113	12446		6667
云 南	Yunnan	31711	18762		12949
西 藏	Tibet	2200	267		1933
陕 西	Shaanxi	89550	15081	33332	41137
甘 肃	Gansu	40340	12738		27602
青 海	Qinghai	21290	1290		20000
宁 夏	Ningxia	19380	3380		16000
新 疆	Xinjiang				
大兴安岭	Daxinganling				

8-5 各地区退耕还林情况(2013年)
The Conversion of Cropland to Forest Program by Region (2013)

地 区 Region	当 年 造林面积 (公顷) Area of Afforestation in the Year (hectare)	退 耕 地 造林面积 Area of Cropland Converted to Forest	荒山荒地 造林面积 Area of Plantation of Barren Mountains & Wasteland	无林地和 疏林地 新封山育林 Area without Forest or of Sparse Forest	林业投资 完成额 (万元) Investment Completed (10 000 yuan)	#国家投资 State Investment
全 国 **National Total**	**628929**		**432302**	**196627**	**1962668**	**1557260**
北 京 Beijing						
天 津 Tianjin						
河 北 Hebei	15818		9286	6532	51297	50993
山 西 Shanxi	46415		39748	6667	70875	70875
内蒙古 Inner Mongolia	42159		31158	11001	80859	65789
辽 宁 Liaoning	24336		11001	13335	58921	58921
吉 林 Jilin	19240		5907	13333	44261	43615
黑龙江 Heilongjiang	30494		10495	19999	56035	43774
上 海 Shanghai						
江 苏 Jiangsu						
浙 江 Zhejiang						
安 徽 Anhui	21741		14744	6997	58203	27302
福 建 Fujian						
江 西 Jiangxi	20665		10666	9999	48605	26782
山 东 Shandong						
河 南 Henan	27038		23371	3667	54467	34162
湖 北 Hubei	23070		14105	8965	97874	57367
湖 南 Hunan	15180		6176	9004	161419	86482
广 东 Guangdong						
广 西 Guangxi	16101		10740	5361	51517	25443
海 南 Hainan	1294		1294		5100	5100
重 庆 Chongqing	24335		11665	12670	154043	147397
四 川 Sichuan	20661		13661	7000	329455	317012
贵 州 Guizhou	12000		12000		10130	
云 南 Yunnan	117937		110601	7336	102610	59463
西 藏 Tibet	7332		2666	4666	6571	137
陕 西 Shaanxi	45385		30051	15334	192428	143216
甘 肃 Gansu	19634		9571	10063	164309	145705
青 海 Qinghai	16000		8666	7334	43159	34350
宁 夏 Ningxia	8000		6000	2000	60483	60209
新 疆 Xinjiang	34094		18730	15364	60047	53166
大兴安岭 Daxinganling						

注：全国合计造林面积中包括军事管理区20000公顷荒山荒地造林。
Note: Total area of afforestation include 20000 hectares plantation of barren mountains and wasteland.

8-6 三北、长江流域等重点防护林体系工程建设情况(2013年)
Key Shelterbelt Programs in North China and
Changjiang River Basin (2013)

单位: 公顷 (hectare)

地 区	Region	当年造林面积 Area of Afforestation in the Year	人工造林 Plantation Establishment	飞播造林 Aerial Seeding	无林地和疏林地新封山育林 Area without Forest or of Sparse Forest	林业投资完成额(万元) Investment Completed (10 000 yuan)	#国家投资 State Investment
全 国	National Total	853644	532902	3333	317409	569772	354732
北 京	Beijing	8212	8173		39	24858	12170
天 津	Tianjin	4992	4992			92314	83925
河 北	Hebei	47422	35488		11934	21170	13036
山 西	Shanxi	38702	22601		16101	13931	13931
内蒙古	Inner Mongolia	85592	47928	3333	34331	21742	15527
辽 宁	Liaoning	56200	28400		27800	15889	15711
吉 林	Jilin	32301	18301		14000	7434	7006
黑龙江	Heilongjiang	52619	30008		22611	25857	17731
上 海	Shanghai						
江 苏	Jiangsu	18647	18314		333	45110	5670
浙 江	Zhejiang	17748	10964		6784	16373	10842
安 徽	Anhui	15124	12523		2601	8458	5151
福 建	Fujian	6595	6595			5796	3124
江 西	Jiangxi	11896	11896			13126	5492
山 东	Shandong	40585	40341		244	30028	17855
河 南	Henan	25482	10668		14814	4701	4269
湖 北	Hubei	32690	12244		20446	7047	5606
湖 南	Hunan	20004	6870		13134	15143	8041
广 东	Guangdong	47295	29671		17624	19323	13000
广 西	Guangxi	13564	11561		2003	11144	5462
海 南	Hainan	1555	1555			380	210
重 庆	Chongqing						
四 川	Sichuan						
贵 州	Guizhou	4000	4000			1800	1800
云 南	Yunnan	8670	4997		3673	2070	1642
西 藏	Tibet	8828	3114		5714		
陕 西	Shaanxi	41363	25900		15463	17059	11852
甘 肃	Gansu	58661	30233		28428	12284	11450
青 海	Qinghai	41595	18528		23067	7854	4960
宁 夏	Ningxia	15600	12333		3267	5100	5100
新 疆	Xinjiang	97702	64704		32998	123781	54169

8-7 京津风沙源治理工程建设情况(2013年)

Desertification Control Program in the Vicinity of Beijing and Tianjin (2013)

单位: 公顷 (hectare)

地 区	Region	当年造林面积 Area of Afforestation in the Year	人工造林 Plantation Establishment	飞播造林 Aerial Seeding	无林地和疏林地 新封山育林 Area without Forest or of Sparse Forest
全 国	National Total	626078	258841	75066	292171
北 京	Beijing	20251	5348		14903
天 津	Tianjin	800	800		
河 北	Hebei	99548	76882	20001	2665
山 西	Shanxi	18272	11784	1732	4756
内蒙古	Inner Mongolia	468988	159788	41333	267867
陕 西	Shaanxi	18219	4239	12000	1980

8-7 续表 continued

单位: 公顷 (hectare)

地 区	Region	草地治 理面积 Improved Area of Grass Land	小 流 域 治理面积 Improved Area of Small Drainage Areas	水利设施 (处) Water Conservancy Facilities (unit)	投资完成额 (万元) Investment Completed (10000 yuan)	#国家投资 State Investment
全 国	National Total	25147	23099	11165	378669	357304
北 京	Beijing	800	2000		120179	108017
天 津	Tianjin				11575	11515
河 北	Hebei	14000	19425	1334	132811	127269
山 西	Shanxi	1480	507	9680	24463	24463
内蒙古	Inner Mongolia	8867	1167	151	85511	81910
陕 西	Shaanxi				4130	4130

8-8 各地区林业系统野生动植物保护及
自然保护区工程建设情况(2013年)
Wildlife Conservation and Nature Reserve
Program of Forestry Establishments by Region(2013)

单位: 个, 万公顷　　　　　　　　　　　　　　　　　　　　　(unit,10 000 hectares)

地 区	Region	自然保护区个数 Nature Reserves	#国家级 National Reserves	自然保护区面积 Nature Reserves Area	#国家级 National Reserves	禁猎(采)区个数 Number of Preserves	禁猎(采)区面积 Area of Preserves	野生动物种源繁育基地数 Breeding Base of Wild Fauna
全　国	National Total	2163	325	12446.6	7873.7	1869	5743.0	4403
北　京	Beijing	16	2	13.1	2.6	11	1.6	67
天　津	Tianjin	5	1	5.8	0.5			
河　北	Hebei	34	9	62.8	21.5	2	1.3	44
山　西	Shanxi	45	7	109.8	11.7			331
内蒙古	Inner Mongolia	140	22	1058.0	309.4	56	2929.9	150
辽　宁	Liaoning	74	10	116.5	17.9	14	51.9	26
吉　林	Jilin	38	13	247.7	97.6			33
黑龙江	Heilongjiang	119	25	395.6	179.9	7	29.0	2
上　海	Shanghai	1	1	2.4	2.4	2	8.1	1
江　苏	Jiangsu	23	1	36.9	7.8	5	14.7	16
浙　江	Zhejiang	19	6	10.0	7.4	45	7.8	869
安　徽	Anhui	59	5	41.0	9.5	20	5.2	118
福　建	Fujian	89	13	51.9	19.6			104
江　西	Jiangxi	233	13	118.6	22.0	27	8.4	319
山　东	Shandong	67	5	91.6	17.6			198
河　南	Henan	25	9	50.6	32.6	32	20.4	50
湖　北	Hubei	53	10	94.7	36.8	286	67.4	60
湖　南	Hunan	125	22	138.7	62.1	131	104.3	536
广　东	Guangdong	270	7	125.9	15.0	668	288.9	14
广　西	Guangxi	62	17	131.5	31.7	11	9.5	81
海　南	Hainan	32	6	24.0	8.7	1	340.0	109
重　庆	Chongqing	52	6	67.8	26.7	7	6.9	142
四　川	Sichuan	122	22	726.3	260.3	183	423.0	223
贵　州	Guizhou	105	7	90.1	23.1	292	0.3	36
云　南	Yunnan	132	18	263.9	140.3	1	383.2	705
西　藏	Tibet	61	8	4100.6	3701.4			4
陕　西	Shaanxi	48	19	107.5	58.4	10	12.3	97
甘　肃	Gansu	50	16	878.6	422.8	47	69.8	16
青　海	Qinghai	10	7	2164.7	2073.4		0.0	
宁　夏	Ningxia	6	5	47.4	45.0	2	26.1	8
新　疆	Xinjiang	28	8	915.2	136.0	8	97.9	43
大兴安岭	Daxinganling	20	5	157.1	72.0	1	835.1	1

8-8 续表 continued

地 区 Region	国际重要湿地 International Important Wetland 个数(个) Number (unit)	面积(万公顷) Area (10 000 hectares)	野生植物种源培育基地(个) Breeding Base of Rare Wild Flora (unit)	野生动物观赏展演单位(个) Number of Wild Animal Zoos (unit)	植物园(个) Arboretums (unit)	狩猎场(个) Hunting Fields (unit)	林业投资完成额(万元) Investment Completed (10 000 yuan)	#国家投资 State Investment
全 国 National Total	46	400.2	827	316	176	91	148874	88364
北 京 Beijing				2		1	32	
天 津 Tianjin							236	236
河 北 Hebei				1	1	2	2383	310
山 西 Shanxi				12	1	25	1248	1248
内蒙古 Inner Mongolia	2	74.8	3	3	2	1	1760	1598
辽 宁 Liaoning	2	14.0	7	14	3		1988	1354
吉 林 Jilin	2	24.9	16	8	3	2	2872	2103
黑龙江 Heilongjiang	7	71.5		1	2	6	3417	2387
上 海 Shanghai	2	3.6		1			2204	2204
江 苏 Jiangsu	2	53.1	1	4	1		10086	30
浙 江 Zhejiang	1	0.0	16	8	4	1	1172	1074
安 徽 Anhui			9	7	3	1	6337	2392
福 建 Fujian	1	0.2	208	19	2		6918	2528
江 西 Jiangxi	1	2.2	125	11	17	4	5598	1097
山 东 Shandong	1	9.6	1	39	7		1857	1045
河 南 Henan			4	81	4	4	1740	919
湖 北 Hubei	3	6.4	13	18	2	4	8270	4080
湖 南 Hunan	3	39.3	298	14	63	2	12908	6474
广 东 Guangdong	3	3.2	8	22	14	8	5272	2561
广 西 Guangxi	2	0.7	5	3	1		8567	6172
海 南 Hainan	1	0.5	55	7	10		2977	2442
重 庆 Chongqing			29	4	4	2	2719	2273
四 川 Sichuan	1	16.7	3	5	5	5	6433	5363
贵 州 Guizhou			5	4	4		1954	1700
云 南 Yunnan	4	1.4	10	13	10		9888	5812
西 藏 Tibet	2	11.7			2		6610	3514
陕 西 Shaanxi			5	8	2	7	8021	2471
甘 肃 Gansu	1	24.7	6	2	3	2	4070	3770
青 海 Qinghai	3	18.4					14677	14677
宁 夏 Ningxia				2			2190	2190
新 疆 Xinjiang				3	5	14	2700	2570
大兴安岭 Daxinganling	1	23.0				1	1770	1770

注：国际重要湿地个数中，全国合计包括香港特别行政区1处。
Note: Number of international important wetland includes one of Hong Kong SAR.

九、自然灾害及突发事件

Natural Disasters & Environmental Accidents

9-1　全国自然灾害情况(2000-2013年)

Natural Disasters (2000-2013)

年　份 Year	地质灾害　Geological Disasters			地震灾害　Earthquake Disasters		
	灾害起数 (处) Number of Geological Disasters (unit)	人员伤亡 (人) Casualties (person)	直接经济损失 (万元) Direct Economic Loss (10 000 yuan)	灾害次数 (次) Number of Earthquake Disasters (time)	人员伤亡 (人) Casualties (person)	直接经济损失 (万元) Direct Economic Loss (10 000 yuan)
2000	19653	27697	494201	10	2855	142244
2001	5793	1675	348699	12		
2002	40246	2759	509740	5	362	13100
2003	15489	1333	504325	21	7465	466040
2004	13555	1407	408828	11	696	94959
2005	17751	1223	357678	13	882	262811
2006	102804	1227	431590	10	229	79962
2007	25364	1123	247528	3	422	201922
2008	26580	1598	326936	17	446293	85949594
2009	10580	845	190109	8	407	273782
2010	30670	3445	638509	12	13795	2361077
2011	15804	410	413151	18	540	6020873
2012	14675	636	625253	12	1279	828757
2013	15374	929	1043568	14	15965	9953631

9-1　续表　continued

年　份 Year	海洋灾害　Marine Disasters			森林火灾　Geological Disasters		
	发生次数 (次) Number of Marine Disasters (time)	死亡、失踪人数 (人) Deaths and Missing People (person)	直接经济损失 (亿元) Direct Economic Loss (100 million yuan)	灾害次数 (次) Number of Forest Fires (time)	人员伤亡 (人) Casualties (person)	其他损失折款 (万元) Economic Loss (10 000 yuan)
2000		79	120.8	5934	178	3069
2001		401	100.1	4933	58	7409
2002	126	124	65.9	7527	98	3610
2003	172	128	80.5	10463	142	37000
2004	155	140	54.2	13466	252	20213
2005	176	371	332.4	11542	152	15029
2006	180	492	218.5	8170	102	5375
2007	163	161	88.4	9260	94	12416
2008	128	152	206.1	14144	174	12594
2009	132	95	100.2	8859	110	14511
2010		137	132.8	7723	108	11611
2011	114	76	62.1	5550	91	20173
2012	138	68	155.0	3966	21	10802
2013	115	121	163.5	3929	55	6062

9-2　各地区自然灾害损失情况(2013年)

Loss Caused by Natural Disasters by Region (2013)

单位: 千公顷　　　　　　　　　　　　　　　　　　　　　　　　　　　　　　　　　　　　　(1 000 hectares)

地　区	Region	合　计 Total		旱　灾 Drought	
		受灾 Area Affected	绝收 Total Crop Failure	受灾 Area Affected	绝收 Total Crop Failure
全　国	**National Total**	**31349.8**	**3844.4**	**14100.4**	**1416.1**
北　京	Beijing	26.9	3.7		
天　津	Tianjin	7.8	0.8		
河　北	Hebei	1106.5	94.5	250.3	7.4
山　西	Shanxi	1592.4	132.4	1001.7	33.9
内蒙古	Inner Mongolia	1733.1	232.6	582.6	24.3
辽　宁	Liaoning	450.5	82.1	23.9	4.3
吉　林	Jilin	623.2	67.5		
黑龙江	Heilongjiang	2734.1	828.8		
上　海	Shanghai	28.0	1.6		
江　苏	Jiangsu	487.1	25.1	223.1	11.7
浙　江	Zhejiang	1326.9	142.5	635.6	58.4
安　徽	Anhui	1769.7	138.2	1165.0	117.7
福　建	Fujian	276.8	24.3	31.9	0.8
江　西	Jiangxi	1049.1	84.8	576.1	68.7
山　东	Shandong	1461.7	145.1	206.7	
河　南	Henan	1179.9	93.7	848.1	72.0
湖　北	Hubei	2487.9	141.3	1861.9	110.0
湖　南	Hunan	3047.2	496.5	2075.9	424.7
广　东	Guangdong	1134.5	119.2	8.4	0.4
广　西	Guangxi	694.4	20.1	52.1	5.6
海　南	Hainan	164.7	57.4		
重　庆	Chongqing	455.3	38.1	309.1	26.5
四　川	Sichuan	1602.9	102.6	800.4	31.9
贵　州	Guizhou	1522.4	309.7	1175.0	271.4
云　南	Yunnan	1231.1	161.7	807.4	97.7
西　藏	Tibet	22.1	4.0		
陕　西	Shaanxi	813.4	90.7	400.0	10.0
甘　肃	Gansu	1282.9	66.3	694.9	19.2
青　海	Qinghai	171.2	8.3	41.7	
宁　夏	Ningxia	301.3	41.9	194.0	10.6
新　疆	Xinjiang	355.8	58.2	115.5	3.7
新疆兵团	Xinjiang Production & Construction Corps	209.0	30.7	19.1	5.2

资料来源: 民政部。
注: 死亡人口(含失踪)和直接经济损失含森林、海洋等灾害。
Source:Ministry of Civil Affairs.
Note: Deaths (including missing) and direct economic loss include forest disasters and sea disasters.

9-2 续表 1 continued 1

单位：千公顷 (1 000 hectares)

地 区	Region	洪涝、山体滑坡、泥石流和台风 Flood, Waterlogging, Landslides and Debris flow, Typhoon		风雹灾害 Wind and Hail	
		受灾 Area Affected	绝收 Total Crop Failure	受灾 Area Affected	绝收 Total Crop Failure
全 国	**National Total**	**11426.9**	**1828.9**	**3387.3**	**412.4**
北 京	Beijing	9.8	0.3	17.1	3.4
天 津	Tianjin			7.8	0.8
河 北	Hebei	311.3	41.9	386.3	29.1
山 西	Shanxi	145.1	18.8	161.4	20.5
内蒙古	Inner Mongolia	549.1	131.1	469.6	76.8
辽 宁	Liaoning	336.1	58.1	90.5	19.7
吉 林	Jilin	427.1	61.9	196.0	5.5
黑龙江	Heilongjiang	2654.0	815.1	66.2	13.1
上 海	Shanghai	28.0	1.6		
江 苏	Jiangsu	43.6	1.3	164.4	6.3
浙 江	Zhejiang	641.6	81.5	3.1	0.6
安 徽	Anhui	317.1	11.3	38.8	4.3
福 建	Fujian	217.2	19.7	20.0	3.5
江 西	Jiangxi	316.4	11.6	24.5	1.4
山 东	Shandong	900.5	141.7	111.6	1.1
河 南	Henan	61.3	0.2	198.7	20.7
湖 北	Hubei	455.7	22.5	70.0	6.6
湖 南	Hunan	623.2	46.4	180.8	17.1
广 东	Guangdong	1120.0	117.3	6.1	1.5
广 西	Guangxi	526.9	7.3	48.7	6.5
海 南	Hainan	159.4	57.0	5.3	0.4
重 庆	Chongqing	98.6	8.9	19.3	1.5
四 川	Sichuan	605.1	57.2	62.4	5.2
贵 州	Guizhou	123.3	13.3	169.2	23.9
云 南	Yunnan	126.1	16.9	185.2	37.0
西 藏	Tibet	12.6	1.2	7.8	2.7
陕 西	Shaanxi	199.0	49.0	115.5	6.6
甘 肃	Gansu	278.6	22.4	200.9	19.3
青 海	Qinghai	15.5	0.4	30.8	5.3
宁 夏	Ningxia	54.3	5.7	8.3	1.6
新 疆	Xinjiang	43.7	5.7	174.1	47.5
新疆兵团	Xinjiang Production & Construction Corps	26.7	1.6	146.9	22.9

9-2　续表 2　continued 2

地　区	Region	低温冷冻和雪灾(千公顷) Low-temperature, Freezing and Snow Disaster (1 000 hectares)		人口受灾 Population		直接经济损失 (亿元) Direct Economic Loss (100 million yuan)
		受灾 Area Affected	绝收 Total Crop Failure	受灾人口 (万人次) Population Affected (10 000 person-times)	死亡人口 (含失踪)(人) Deaths (including missing) (person)	
全　国	**National Total**	**2320.1**	**180.7**	**38818.7**	**2284**	**5808.4**
北　京	Beijing			21.1	1	4.8
天　津	Tianjin			8.6		1.0
河　北	Hebei	158.6	16.1	1709.6	19	113.3
山　西	Shanxi	284.2	59.2	1465.9	50	146.9
内蒙古	Inner Mongolia	131.8	0.4	565.6	75	128.9
辽　宁	Liaoning			322.0	168	125.2
吉　林	Jilin	0.1	0.1	675.4	23	133.3
黑龙江	Heilongjiang	13.9	0.6	666.9	23	325.2
上　海	Shanghai			12.1	3	3.7
江　苏	Jiangsu	56	5.8	590.7	11	32.7
浙　江	Zhejiang	46.6	2	1702.2	23	695.9
安　徽	Anhui	248.8	4.9	2855.9	36	206.4
福　建	Fujian	7.7	0.3	404.2	45	120.8
江　西	Jiangxi	132.1	3.1	1160.3	35	90.2
山　东	Shandong	242.9	2.3	1157.5	3	89.7
河　南	Henan	71.8	0.8	2587.8	20	109.6
湖　北	Hubei	100.3	2.2	2353.9	46	145.0
湖　南	Hunan	167.3	8.3	3344.0	50	282.7
广　东	Guangdong			2464.0	189	489.8
广　西	Guangxi	66.7	0.7	764.8	96	63.1
海　南	Hainan			366.3	90	37.5
重　庆	Chongqing	28.3	1.2	1085.2	30	51.1
四　川	Sichuan	25.5	2.4	4555.5	575	1202.6
贵　州	Guizhou	54.9	1.1	2278.1	66	129.0
云　南	Yunnan	112.4	10.1	1984.2	179	154.2
西　藏	Tibet	1.7	0.1	151.5	114	42.0
陕　西	Shaanxi	98.9	25.1	1471.9	90	231.7
甘　肃	Gansu	102.9	5	1540.2	165	542.7
青　海	Qinghai	83.2	2.6	167.5	36	13.6
宁　夏	Ningxia	44.7	24	188.7	9	15.4
新　疆	Xinjiang	22.5	1.3	153.1	12	44.0
新疆兵团	Xinjiang Production & Construction Corps	16.3	1	44.0	2	36.4

9-3 地质灾害及防治情况(2013年)
Occurrence and Prevention of Geological Disasters(2013)

地 区	Region	发生地质灾害起数(处) Geological Disasters (unit)	#滑 坡 Land-slide	#崩 塌 Collapse	#泥石流 Mud-rock Flow	#地面塌陷 Land Subside	直接经济损失(万元) Direct Economic Loss (10 000 yuan)
全 国	National Total	15374	3288	9832	1547	385	1043568
北 京	Beijing	40	32	3		5	44
天 津	Tianjin						
河 北	Hebei	19	8	6		4	113
山 西	Shanxi	38	24	9		4	769
内蒙古	Inner Mongolia	2	1	1			100
辽 宁	Liaoning	95	3	40	48	4	30913
吉 林	Jilin	76	16	34	22	4	1799
黑龙江	Heilongjiang	2	2				600
上 海	Shanghai	1					
江 苏	Jiangsu	11	2	7		2	1190
浙 江	Zhejiang	778	254	428	94	2	3830
安 徽	Anhui	261	108	147	3	3	2248
福 建	Fujian	175	109	65			1981
江 西	Jiangxi	281	52	199	6	24	1395
山 东	Shandong	29	12	7		10	19
河 南	Henan	29		2	1	25	135
湖 北	Hubei	311	46	228	7	30	6511
湖 南	Hunan	2140	184	1770	132	43	16322
广 东	Guangdong	2500	944	1463	22	42	20516
广 西	Guangxi	481	275	152	4	47	2918
海 南	Hainan	30	24	6			24
重 庆	Chongqing	347	52	268	2	24	6495
四 川	Sichuan	2758	442	1855	442	9	189587
贵 州	Guizhou	98	21	63		9	7704
云 南	Yunnan	424	83	245	69	9	51672
西 藏	Tibet	138	13	50	75		16611
陕 西	Shaanxi	345	149	168	12	12	9011
甘 肃	Gansu	3860	410	2562	583	69	667296
青 海	Qinghai	37	10	21	6		668
宁 夏	Ningxia	32	2	27		3	2800
新 疆	Xinjiang	36	10	6	19	1	298

资料来源：国土资源部。
Source:Ministry of Land and Resources.

9-3 续表 continued

地 区 Region	人员伤亡 （人） Casualties (person)	#死亡人数 Deaths	地质灾害 防治项目数 （个） Number of Projects of Prevention of Geological Disasters (unit)	地质灾害 防治投资 （万元） Investment in Projects of Prevention of Geological Disasters (10 000 yuan)
全 国 National Total	929	482	36984	1235363
北 京 Beijing			42	10000
天 津 Tianjin			6	701
河 北 Hebei	16	8	195	36188
山 西 Shanxi	29	27	68	28979
内蒙古 Inner Mongolia			4	4346
辽 宁 Liaoning	4	2	6	9000
吉 林 Jilin			23	19553
黑龙江 Heilongjiang			23	10860
上 海 Shanghai			2	4051
江 苏 Jiangsu			91	15804
浙 江 Zhejiang	9	7	1549	44167
安 徽 Anhui	2	1	624	29280
福 建 Fujian	6	4	1765	44967
江 西 Jiangxi	6	3	106	17080
山 东 Shandong			109	33734
河 南 Henan	1	1	27	9230
湖 北 Hubei	19	8	228	87346
湖 南 Hunan	29	15	422	56031
广 东 Guangdong	45	34	2283	81144
广 西 Guangxi	63	35	940	38546
海 南 Hainan			95	1319
重 庆 Chongqing	5	2	665	50498
四 川 Sichuan	266	79	24183	198007
贵 州 Guizhou	53	36	287	109372
云 南 Yunnan	105	69	2910	200001
西 藏 Tibet	83	66	6	4926
陕 西 Shaanxi	70	29	157	32957
甘 肃 Gansu	98	53	130	33622
青 海 Qinghai	16		21	19035
宁 夏 Ningxia			1	1697
新 疆 Xinjiang	4	3	16	2922

9-4　地震灾害情况(2013年)
Earthquake Disasters (2013)

地 区	Region	地震灾害次数(次) Number of Earth-quakes (time)	5.0级以下 Below 5.0 Richter Scale	5.0-5.9级 5.0-5.9 Richter Scale	6.0-6.9级 6.0-6.9 Richter Scale	7.0级以上 Over 7.0 Richter Scale	人员伤亡(人) Casualties (person)	#死亡人数 Deaths	经济损失(万元) Direct Economic Loss (10 000 yuan)
全 国	**National Total**	**14**	**10**	**3**	**1**	**15965**	**294**	**9953631**
内蒙古	Inner Mongolia	1	1			13		64720
吉 林	Jilin	1	1			25		202300
湖 北	Hubei	1	1			4		7531
四 川	Sichuan	2	1		1	13217	196	6714639
云 南	Yunnan	3	3			110	3	237178
西 藏	Tibet	1		1		87		270715
甘 肃	Gansu	1		1		2509	95	2441600
新 疆	Xinjiang	4	3	1				14948

资料来源：中国地震局。
Source: China Seismological Administration.

9-5　海洋灾害情况(2013年)
Marine Disasters (2013)

灾 种	Disaster Categories	发生次数(次) Number of Disasters (time)	死亡、失踪人数(人) Deaths and Missing People (person)	直接经济损失(亿元) Direct Economic Loss (100 million yuan)
合 计	**Total**	**115**	**121**	**163.48**
风暴潮	Stormy Tides	26		153.96
赤 潮	Red Tides	46		
海 浪	Sea Wave	43	121	6.30
海 冰	Sea Ice			3.22

资料来源：国家海洋局。
Source:State Oceanic Administration.

9-6　各地区森林火灾情况(2013年)

Forest Fires by Region(2013)

地　区　Region		森林火灾次数(次) Forest Fires (time)	一般火灾 Ordinary Fires	较大火灾 Major Fires	重大火灾 Severe Fires	特别重大火灾 Especially Severe Fires	火场总面积(公顷) Total Fire-affected Area (hectare)
全　国	**National Total**	**3929**	**2347**	**1582**			**42890**
北　京	Beijing	1		1			6
天　津	Tianjin	4	1	3			31
河　北	Hebei	52	43	9			422
山　西	Shanxi	32	15	17			2145
内蒙古	Inner Mongolia	78	34	44			826
辽　宁	Liaoning	25	19	6			143
吉　林	Jilin	11	9	2			63
黑龙江	Heilongjiang	14	13	1			106
上　海	Shanghai						
江　苏	Jiangsu	33	32	1			52
浙　江	Zhejiang	206	34	172			2540
安　徽	Anhui	67	38	29			314
福　建	Fujian	132	13	119			2224
江　西	Jiangxi	82	20	62			2039
山　东	Shandong	19	12	7			139
河　南	Henan	693	533	160			3048
湖　北	Hubei	286	247	39			1024
湖　南	Hunan	493	214	279			5019
广　东	Guangdong	158	71	87			1965
广　西	Guangxi	261	146	115			2806
海　南	Hainan	42	21	21			166
重　庆	Chongqing	34	21	13			249
四　川	Sichuan	447	370	77			2674
贵　州	Guizhou	208	156	52			1721
云　南	Yunnan	264	73	191			11634
西　藏	Tibet	1	1				1
陕　西	Shaanxi	187	118	69			1013
甘　肃	Gansu	16	13	3			32
青　海	Qinghai	7	6	1			116
宁　夏	Ningxia	45	45				307
新　疆	Xinjiang	31	29	2			65

资料来源：国家林业局(下表同)。

Source:State Forestry Administration (the same as in the following table).

9-6 续表 continued

地区 Region	受害森林面积（公顷）Destructed Forest Area (hectare)	#天然林 Natural Forest	#人工林 Artifical Forest	伤亡人数（人）Casualties (person)	#死亡人数 Deaths	其他损失折款（万元）Economic Loss (10 000 yuan)
全国 National Total	13724	820	11184	55	38	6061.6
北京 Beijing	6		6			
天津 Tianjin	31		31			
河北 Hebei	31	...	32	2	2	4.5
山西 Shanxi	422		422	3	2	439.0
内蒙古 Inner Mongolia	287		242			250.3
辽宁 Liaoning	31	20	11			1.1
吉林 Jilin	7		1			1.9
黑龙江 Heilongjiang	11	10	1			
上海 Shanghai						
江苏 Jiangsu	14		14			5.1
浙江 Zhejiang	1271		741	2	1	
安徽 Anhui	158	1	157			52.9
福建 Fujian	1376	119	1259	2	2	83.6
江西 Jiangxi	752	72	681	1	1	678.5
山东 Shandong	109		109			0.6
河南 Henan	619		619			92.3
湖北 Hubei	215	9	200	2	2	0.3
湖南 Hunan	2824	14	2810	5	1	1180.5
广东 Guangdong	679	36	624			231.0
广西 Guangxi	594	16	578	2	2	152.7
海南 Hainan	116	2	114	1		21.0
重庆 Chongqing	84	4	79	2	2	109.2
四川 Sichuan	811	233	577	12	6	543.6
贵州 Guizhou	411	66	345	2	2	175.0
云南 Yunnan	2401	124	1345			1851.6
西藏 Tibet						
陕西 Shaanxi	374	80	167	19	15	65.4
甘肃 Gansu	9	1	4			
青海 Qinghai	65	11	...			91.2
宁夏 Ningxia	7		7			22.3
新疆 Xinjiang	13	3	9			8.1

9-7 各地区林业有害生物防治情况(2013年)

Prevention of Forest Biological Disasters by Region (2013)

单位: 公顷, % (hectare, %)

地 区	Region	合 计 Total			森林病害 Forest Diseases		
		发生面积 Area of Occurrence	防治面积 Area of Prevention	防治率 Prevention Rate	发生面积 Area of Occurrence	防治面积 Area of Prevention	防治率 Prevention Rate
全 国	**National Total**	**11768988**	**7825928**	**66.5**	**1311633**	**842550**	**64.2**
北 京	Beijing	40259	40259	100.0	2400	2400	100.0
天 津	Tianjin	49582	49582	100.0	7094	7094	100.0
河 北	Hebei	536035	416275	77.7	29783	27184	91.3
山 西	Shanxi	239185	149727	62.6	3433	2232	65.0
内蒙古	Inner Mongolia	1203280	621517	51.7	145793	32422	22.2
辽 宁	Liaoning	666876	588469	88.2	64777	51348	79.3
吉 林	Jilin	263205	209080	79.4	19142	18286	95.5
黑龙江	Heilongjiang	437544	386516	88.3	43913	35862	81.7
上 海	Shanghai	5461	5354	98.0	892	878	98.4
江 苏	Jiangsu	116735	86600	74.2	10338	8823	85.3
浙 江	Zhejiang	63381	52681	83.1	12663	10806	85.3
安 徽	Anhui	388206	315839	81.4	52104	35622	68.4
福 建	Fujian	199023	105122	52.8	11338	8518	75.1
江 西	Jiangxi	305300	255771	83.8	56881	44327	77.9
山 东	Shandong	521381	476447	91.4	109131	95854	87.8
河 南	Henan	538355	447961	83.2	110470	94527	85.6
湖 北	Hubei	325197	211798	65.1	31643	21315	67.4
湖 南	Hunan	290025	146905	50.7	47505	14248	30.0
广 东	Guangdong	337265	129479	38.4	14312	11702	81.8
广 西	Guangxi	363132	55356	15.2	29254	1093	3.7
海 南	Hainan	9414	5578	59.3	40	26	65.0
重 庆	Chongqing	282418	178716	63.3	20974	20806	99.2
四 川	Sichuan	726973	558158	76.8	95933	58031	60.5
贵 州	Guizhou	208223	144578	69.4	16087	11633	72.3
云 南	Yunnan	299459	269196	89.9	42936	39794	92.7
西 藏	Tibet	273224	153753	56.3	76132	46373	60.9
陕 西	Shaanxi	413886	284566	68.8	34885	21005	60.2
甘 肃	Gansu	299656	145726	48.6	62292	40639	65.2
青 海	Qinghai	278673	163566	58.7	37618	13014	34.6
宁 夏	Ningxia	322805	123020	38.1	94		
新 疆	Xinjiang	1644384	1012578	61.6	101616	63828	62.8
大兴安岭	Daxinganling	120446	35755	29.7	20160	2860	14.2

9-7 续表 continued

单位: 公顷，% (hectare, %)

地　区	Region	森林虫害 Forest Pest Plague			森林鼠害 Forest Rat Plague			有害植物 Harmful Plants		
		发生面积 Area of Occurrence	防治面积 Area of Prevention	防治率 Prevention Rate	发生面积 Area of Occurrence	防治面积 Area of Prevention	防治率 Prevention Rate	发生面积 Area of Occurrence	防治面积 Area of Prevention	防治率 Prevention Rate
全　国	National Total	8474600	5895589	69.6	2242530	829662	37.0	121603	44271	36.4
北　京	Beijing	38706	38706	100.0						
天　津	Tianjin	42715	42715	100.0						
河　北	Hebei	488480	396017	81.1	24134	20809	86.2			
山　西	Shanxi	191242	106731	55.8	41912	16052	38.3	1100	620	56.4
内蒙古	Inner Mongolia	737957	395503	53.6	270555	158294	58.5			
辽　宁	Liaoning	584109	522886	89.5	3963	3419	86.3			
吉　林	Jilin	192695	155493	80.7	26261	21725	82.7			
黑龙江	Heilongjiang	274296	205142	74.8	203869	174203	85.4			
上　海	Shanghai	3879	3782	97.5						
江　苏	Jiangsu	109642	93220	85.0						
浙　江	Zhejiang	57418	55248	96.2						
安　徽	Anhui	362853	282945	78.0						
福　建	Fujian	236334	218452	92.4						
江　西	Jiangxi	219196	141811	64.7				3	3	100.0
山　东	Shandong	455306	437510	96.1						
河　南	Henan	480907	402384	83.7						
湖　北	Hubei	258821	174019	67.2	3753	3216	85.7	62957	22159	35.2
湖　南	Hunan	303994	258667	85.1						
广　东	Guangdong	269729	78900	29.3				23586	12286	52.1
广　西	Guangxi	322189	62798	19.5				356	355	99.8
海　南	Hainan	7426	3955	53.3				15912	728	4.6
重　庆	Chongqing	206073	121712	59.1	59587	16553	27.8			
四　川	Sichuan	621964	282911	45.5	51523	11639	22.6			
贵　州	Guizhou	216100	167980	77.7	6833	5907	86.4			
云　南	Yunnan	252629	237388	94.0	1510	1444	95.6	14392	5387	37.4
西　藏	Tibet	132643	112786	85.0	59260	50500	85.2			
陕　西	Shaanxi	308426	209546	67.9	97000	74760	77.1			
甘　肃	Gansu	118093	66447	56.3	114387	69713	60.9			
青　海	Qinghai	96997	15199	15.7	207374	77553	37.4			
宁　夏	Ningxia	98995	63168	63.8	127682	57541	45.1	3298	2733	82.9
新　疆	Xinjiang	750008	538012	71.7	869613	59971	6.9			
大兴安岭	Daxinganling	34776	3559	10.2	73315	6364	8.7			

9-8　各地区草原灾害情况(2013年)
Grassland Disasters by Region (2013)

单位：千公顷 　　　　　　　　　　　　　　　　　　　　　　　　　　　　　　　　　　　(1 000 hectares)

地　区	Region	草原鼠害 Rodent Pests in Grassland		草原虫害 Insect Pests in Grassland		草原火灾 受害面积 Area Affected by Fire
		危害面积 Area Harmed	治理面积 Area Treated	危害面积 Area Harmed	治理面积 Area Treated	
全　国	**National Total**	**36776.0**	**7585.3**	**15307.3**	**4641.3**	**35.3**
北　京	Beijing					
天　津	Tianjin					
河　北	Hebei	392.0	236.9	443.3	256.0	
山　西	Shanxi	412.7	114.7	434.7	100.0	
内蒙古	Inner Mongolia	4835.3	1310.2	6103.3	1522.7	30.7
辽　宁	Liaoning	277.3	193.0	296.0	143.3	
吉　林	Jilin	396.7	268.7	290.7	125.3	0.8
黑龙江	Heilongjiang	615.3	128.0	469.3	102.0	0.1
上　海	Shanghai					
江　苏	Jiangsu					
浙　江	Zhejiang					
安　徽	Anhui					
福　建	Fujian					
江　西	Jiangxi					
山　东	Shandong					0.4
河　南	Henan					
湖　北	Hubei					
湖　南	Hunan					
广　东	Guangdong					
广　西	Guangxi					
海　南	Hainan					
重　庆	Chongqing					
四　川	Sichuan	3016.0	935.0	868.7	382.0	
贵　州	Guizhou					
云　南	Yunnan					
西　藏	Tibet	7410.0	157.3	9.3	5.3	0.2
陕　西	Shaanxi	648.0	208.5	352.7	63.3	0.2
甘　肃	Gansu	4596.7	884.7	1390.7	302.7	1.7
青　海	Qinghai	8718.7	1129.3	1654.7	443.3	
宁　夏	Ningxia	335.3	589.1	446.0	118.0	0.8
新　疆	Xinjiang	4759.3	1188.0	2293.3	956.0	0.5
新疆兵团	Xinjiang Production & Construction Corps	362.7	241.9	254.7	121.3	

资料来源：农业部。
Source: Ministry of Agriculture.

9-9　各地区突发环境事件情况(2013年)

Environmental Emergencies by Region (2013)

单位: 次　　　　　　　　　　　　　　　　　　　　　　　　　　　　　　　　　(time)

地　区	Region	突发环境事件次数 Number of Environmental Emergencies	特别重大环境事件 Extraordinarily Serious Environmental Emergencies	重大环境事件 Serious Environmental Emergencies	较大环境事件 Comparatively Serious Environmental Emergencies	一般环境事件 Ordinary Environmental Emergencies
全　国	**National Total**	712		3	12	697
北　京	Beijing	16				16
天　津	Tianjin					
河　北	Hebei	3				3
山　西	Shanxi	13		1		12
内蒙古	Inner Mongolia	4				4
辽　宁	Liaoning	12			1	11
吉　林	Jilin	1				1
黑龙江	Heilongjiang					
上　海	Shanghai	251			1	250
江　苏	Jiangsu	125			1	124
浙　江	Zhejiang	26			1	25
安　徽	Anhui	6			1	5
福　建	Fujian	13				13
江　西	Jiangxi	5		1		4
山　东	Shandong	5			1	4
河　南	Henan	17				17
湖　北	Hubei	7			2	5
湖　南	Hunan	3			1	2
广　东	Guangdong	5			1	4
广　西	Guangxi	16		1	1	14
海　南	Hainan	4				4
重　庆	Chongqing	11				11
四　川	Sichuan	14				14
贵　州	Guizhou	9				9
云　南	Yunnan	2				2
西　藏	Tibet					
陕　西	Shaanxi	118				118
甘　肃	Gansu	11				11
青　海	Qinghai	2				2
宁　夏	Ningxia	3			1	2
新　疆	Xinjiang	10				10

资料来源: 环境保护部。
Source:Ministry of Environmental Protection.

十、环境投资

Environmental Investment

10-1 全国环境污染治理投资情况(2001-2013年)

Investment in the Treatment of Environmental Pollution (2001-2013)

单位: 亿元 (100 million yuan)

年 份 Year	环境污染治理投资总额 Total Investment in Treatment of Environmental Pollution	城镇环境基础设施建设投资 Investment in Urban Environment Infrastructure Facilities	燃气 Gas Supply	集中供热 Central Heating	排水 Sewerage Projects	园林绿化 Gardening & Greening	市容环境卫生 Sanitation
2001	1166.7	655.8	81.7	90.3	244.9	181.4	57.5
2002	1456.5	878.4	98.9	134.6	308.0	261.5	75.4
2003	1750.1	1194.8	147.4	164.3	419.8	352.4	110.9
2004	2057.5	1288.9	163.4	197.7	404.8	400.5	122.5
2005	2565.2	1466.9	164.3	250.0	431.5	456.3	164.8
2006	2779.5	1528.4	179.2	252.5	403.6	475.2	217.9
2007	3668.8	1749.0	187.0	272.4	517.1	601.6	171.0
2008	4937.0	2247.7	199.2	328.2	637.2	823.9	259.2
2009	5258.4	3245.1	219.2	441.5	1035.5	1137.6	411.2
2010	7612.2	5182.2	357.9	557.5	1172.7	2670.6	423.5
2011	7114.0	4557.2	444.1	593.3	971.6	1991.9	556.2
2012	8253.5	5062.7	551.8	798.1	934.1	2380.0	398.6
2013	9516.5	5223.0	607.9	819.5	1055.0	2234.9	505.7

10-1 续表 continued

单位: 亿元 (100 million yuan)

年 份 Year	工业污染源治理投资 Investment in Treatment of Industrial Pollution Sources	治理废水 Treatment of Waste water	治理废气 Treatment of Waste Gas	治理固体废物 Treatment of Solid Waste	治理噪声 Treatment of Noise Pollution	治理其他 Treatment of Other Pollution	当年完成环保验收项目环保投资 Environmental Protection Investment in the Environmental Protection Acceptance Projects in the Year	环境污染治理投资占GDP比重(%) Investment in Anti-pollution Projects as Percentage of GDP (%)
2001	174.5	72.9	65.8	18.7	0.6	16.5	336.4	1.06
2002	188.4	71.5	69.8	16.1	1.0	29.9	389.7	1.21
2003	221.8	87.4	92.1	16.2	1.0	25.1	333.5	1.29
2004	308.1	105.6	142.8	22.6	1.3	35.7	460.5	1.29
2005	458.2	133.7	213.0	27.4	3.1	81.0	640.1	1.39
2006	483.9	151.1	233.3	18.3	3.0	78.3	767.2	1.28
2007	552.4	196.1	275.3	18.3	1.8	60.7	1367.4	1.38
2008	542.6	194.6	265.7	19.7	2.8	59.8	2146.7	1.57
2009	442.6	149.5	232.5	21.9	1.4	37.4	1570.7	1.54
2010	397.0	129.6	188.2	14.3	1.4	62.0	2033.0	1.90
2011	444.4	157.7	211.7	31.4	2.2	41.4	2112.4	1.50
2012	500.5	140.3	257.7	24.7	1.2	76.5	2690.4	1.59
2013	867.7	124.9	640.9	14.0	1.8	86.1	3425.8	1.67

10-2 各地区环境污染治理投资情况(2013年)

Investment in the Treatment of Environmental Pollution by Region (2013)

单位: 亿元   (100 million yuan)

地 区 Region	环境污染治理投资总额 Total Investment in Treatment of Environmental Pollution	城镇环境基础设施建设投资 Investment in Urban Environment Infrastructure Facilities	工业污染源治理投资 Investment in Treatment of Industrial Pollution Sources	当年完成环保验收项目环保投资 Environmental Protection Investment in the Environmental Protection Acceptance Projects in the Year	环境污染治理投资占GDP比重(%) Investment in Anti-pollution Projects as Percentage of GDP (%)
全 国 National Total	**9516.5**	**5223.0**	**867.7**	**3425.8**	**1.67**
北 京 Beijing	433.5	404.5	4.3	24.8	2.22
天 津 Tianjin	191.3	90.9	14.8	85.6	1.33
河 北 Hebei	490.0	316.1	51.2	122.7	1.73
山 西 Shanxi	337.2	204.7	55.6	76.9	2.68
内蒙古 Inner Mongolia	506.8	324.5	62.7	119.6	3.01
辽 宁 Liaoning	347.6	206.6	27.7	113.3	1.28
吉 林 Jilin	105.4	55.7	9.4	40.3	0.81
黑龙江 Heilongjiang	298.5	200.0	20.7	77.8	2.08
上 海 Shanghai	187.6	77.0	5.2	105.4	0.87
江 苏 Jiangsu	881.0	509.9	59.4	311.7	1.49
浙 江 Zhejiang	390.4	156.5	57.7	176.2	1.04
安 徽 Anhui	506.0	319.8	41.3	144.9	2.66
福 建 Fujian	282.9	137.0	38.4	107.5	1.30
江 西 Jiangxi	239.6	182.3	15.5	41.8	1.67
山 东 Shandong	848.0	528.4	84.3	235.3	1.55
河 南 Henan	288.1	157.4	44.0	86.7	0.90
湖 北 Hubei	252.7	154.5	25.2	73.0	1.02
湖 南 Hunan	233.9	167.2	23.4	43.3	0.95
广 东 Guangdong	351.9	60.9	32.5	258.5	0.57
广 西 Guangxi	217.8	135.3	18.3	64.2	1.52
海 南 Hainan	26.6	12.5	3.5	10.6	0.85
重 庆 Chongqing	173.3	111.4	7.9	54.1	1.37
四 川 Sichuan	234.0	119.4	18.8	95.7	0.89
贵 州 Guizhou	109.7	66.8	19.6	23.3	1.37
云 南 Yunnan	197.1	35.7	23.9	137.5	1.68
西 藏 Tibet	28.3	1.5	1.0	25.8	3.50
陕 西 Shaanxi	221.7	141.1	41.8	38.8	1.38
甘 肃 Gansu	176.2	82.1	18.2	75.8	2.81
青 海 Qinghai	36.7	20.5	3.0	13.2	1.75
宁 夏 Ningxia	72.4	27.8	16.5	28.0	2.82
新 疆 Xinjiang	318.7	203.4	22.0	93.3	3.81

资料来源: 环境保护部、住房和城乡建设部。
注: 城镇环境基础设施建设投资统计范围包括设市城市和县城。
Source:Ministry of Environmental Protection，Ministry of Housing and Urban-Rural Development.
Note: Scope of Investment in Urban Environment Infrastructure Facilities included cities officially designated and county seats.

10-3　各地区城镇环境基础设施建设投资情况(2013年)

Investment in Urban Environment Infrastructure by Region (2013)

单位: 亿元 (100 million yuan)

地　区 Region		投资总额 Total Investment	燃气 Gas Supply	集中供热 Central Heating	排水 Sewerage Projects	#污水处理 Waste Water Treatment	园林绿化 Gardening & Greening	市容环 境卫生 Sanitation	#垃圾处理 Garbage Treatment
全　国	National Total	5222.99	607.90	819.48	1055.00	427.36	2234.86	505.75	170.05
北　京	Beijing	404.45	68.36	60.60	52.18	6.43	94.96	128.35	3.91
天　津	Tianjin	90.90	37.21	6.54	9.54		37.19	0.43	
河　北	Hebei	316.05	43.37	72.57	47.36	15.13	129.71	23.04	4.38
山　西	Shanxi	204.68	30.41	95.14	14.04	8.06	52.18	12.91	6.40
内蒙古	Inner Mongolia	324.53	17.37	88.20	57.96	21.52	137.51	23.49	14.09
辽　宁	Liaoning	206.55	20.18	84.88	31.07	15.58	66.89	3.54	1.65
吉　林	Jilin	55.73	4.56	20.80	7.99	3.06	20.59	1.79	0.59
黑龙江	Heilongjiang	200.04	11.67	109.41	27.72	14.06	33.84	17.41	10.44
上　海	Shanghai	77.01	23.62		15.02		32.25	6.13	3.41
江　苏	Jiangsu	509.94	35.08		126.43	55.56	311.06	37.37	31.79
浙　江	Zhejiang	156.49	21.05	0.89	42.99	17.44	82.25	9.31	4.25
安　徽	Anhui	319.83	37.75	2.78	79.95	23.88	180.59	18.76	11.12
福　建	Fujian	136.98	3.79		31.90	14.81	87.38	13.91	6.36
江　西	Jiangxi	182.29	35.95		32.22	15.27	103.99	10.12	3.23
山　东	Shandong	528.36	45.25	120.69	100.89	36.84	238.49	23.03	11.47
河　南	Henan	157.43	18.79	20.04	38.54	19.09	69.13	10.94	7.40
湖　北	Hubei	154.53	12.34	0.05	52.92	36.56	74.94	14.28	2.29
湖　南	Hunan	167.23	11.11		50.74	30.19	53.02	52.37	6.91
广　东	Guangdong	60.94	10.72		24.61	14.44	11.54	14.07	8.01
广　西	Guangxi	135.33	14.70		40.80	7.92	70.03	9.81	1.31
海　南	Hainan	12.53	0.53		9.24	3.13	1.63	1.13	0.11
重　庆	Chongqing	111.36	5.11		14.02	4.88	82.01	10.22	7.38
四　川	Sichuan	119.43	12.24	0.20	41.12	15.38	60.33	5.54	3.43
贵　州	Guizhou	66.81	10.13		22.52	9.56	28.67	5.49	1.92
云　南	Yunnan	35.70	5.90		10.61	6.91	14.95	4.24	2.81
西　藏	Tibet	1.54		0.02	0.74	0.59		0.78	0.73
陕　西	Shaanxi	141.11	16.07	24.84	28.43	11.58	64.66	7.12	1.05
甘　肃	Gansu	82.12	18.46	18.66	7.64	5.12	34.08	3.27	2.43
青　海	Qinghai	20.47	2.75	6.66	4.89	2.88	4.38	1.80	1.70
宁　夏	Ningxia	27.85	2.64	8.64	5.58	2.02	10.25	0.73	0.09
新　疆	Xinjiang	203.36	30.08	72.22	22.39	9.29	44.52	34.15	9.32

资料来源: 住房和城乡建设部。
Source: Ministry of Housing and Urban-Rural Development.

10-4 各地区工业污染治理投资完成情况(2013年)

Completed Investment in Treatment of
Industrial Pollution by Region (2013)

单位: 万元   (10 000 yuan)

地 区 Region	污染治理项目本年完成投资 Investment Completed in Pollution Treatment Projects	治理废水 Treatment of Waste water	治理废气 Treatment of Waste Gas	治理固体废物 Treatment of Solid Waste	治理噪声 Treatment of Noise Pollution	治理其他 Treatment of Other Pollution
全 国 National Total	8676647	1248822	6409109	140480	17628	860608
北 京 Beijing	42768	8428	31732		35	2573
天 津 Tianjin	148366	6436	74491		25	67414
河 北 Hebei	511769	59637	440113	513	130	11376
山 西 Shanxi	555609	43014	416619	22519	593	72863
内蒙古 Inner Mongolia	626746	53677	477779	27484	101	67706
辽 宁 Liaoning	276908	25596	237364	1426	549	11971
吉 林 Jilin	93731	9485	81643	988	8	1606
黑龙江 Heilongjiang	206988	17509	184619	1193		3668
上 海 Shanghai	52077	7809	19056	216	275	24720
江 苏 Jiangsu	593776	102501	456160	16534	461	18120
浙 江 Zhejiang	576645	150634	312508	547	1035	111921
安 徽 Anhui	413195	19127	204807	102	146	189013
福 建 Fujian	383964	139471	209778	7700	572	26443
江 西 Jiangxi	155192	32334	104202	462	25	18169
山 东 Shandong	843493	101281	701240	2775	5768	32430
河 南 Henan	439720	48112	349729	22011	185	19683
湖 北 Hubei	251745	15873	216673	1700	52	17447
湖 南 Hunan	233655	53022	143636	3764	56	33176
广 东 Guangdong	324634	43912	262342	2725	509	15146
广 西 Guangxi	183218	66235	110217	540	276	5950
海 南 Hainan	35094	572	28497			6025
重 庆 Chongqing	78880	6399	71856		44	581
四 川 Sichuan	188392	29791	148926	1407	2216	6052
贵 州 Guizhou	195562	22867	170472	198	543	1483
云 南 Yunnan	238930	35224	163633	8768	3115	28190
西 藏 Tibet	9889	8450	466	845	15	113
陕 西 Shaanxi	417562	60626	321029	2300	851	32755
甘 肃 Gansu	182144	21783	138315	400		21647
青 海 Qinghai	30456	2985	27174			297
宁 夏 Ningxia	165486	18947	138889	5176	6	2469
新 疆 Xinjiang	220054	37086	165143	8187	38	9600

10-5 各地区环保验收项目情况(2013年)
Environmental Protection Acceptance Projects by Region (2013)

地　区	Region	当年完成环保验收项目数(项) Number of Environmental Protection Acceptance Projects in the Year (unit)	当年完成环保验收项目总投资(亿元) Total Investment in the Environmental Protection Acceptance Projects in the Year (100 million yuan)	当年完成环保验收项目环保投资(亿元) Environmental Protection Investment in the Environmental Protection Acceptance Projects in the Year (100 million yuan)
全　国	National Total	150392	81810.0	3425.8
北　京	Beijing	3557	1097.8	24.8
天　津	Tianjin	1283	1713.2	85.6
河　北	Hebei	5448	2100.1	122.7
山　西	Shanxi	1789	1191.5	76.9
内蒙古	Inner Mongolia	2411	1720.4	119.6
辽　宁	Liaoning	7691	4007.9	113.3
吉　林	Jilin	4608	2086.0	40.3
黑龙江	Heilongjiang	4037	1469.3	77.8
上　海	Shanghai	4506	4798.0	105.4
江　苏	Jiangsu	9728	10256.3	311.7
浙　江	Zhejiang	10680	4302.8	176.2
安　徽	Anhui	5280	2565.4	144.9
福　建	Fujian	6407	3151.9	107.5
江　西	Jiangxi	1714	857.6	41.8
山　东	Shandong	11980	5514.5	235.3
河　南	Henan	4680	1444.4	86.7
湖　北	Hubei	3267	1880.1	73.0
湖　南	Hunan	3144	1046.7	43.3
广　东	Guangdong	17923	4334.4	258.5
广　西	Guangxi	5149	599.8	64.2
海　南	Hainan	706	301.2	10.6
重　庆	Chongqing	2117	1977.5	54.1
四　川	Sichuan	4724	1921.5	95.7
贵　州	Guizhou	5315	260.1	23.3
云　南	Yunnan	8788	1289.0	137.5
西　藏	Tibet	883	117.0	25.8
陕　西	Shaanxi	2635	1098.9	38.8
甘　肃	Gansu	1691	492.0	75.8
青　海	Qinghai	421	190.6	13.2
宁　夏	Ningxia	408	679.6	28.0
新　疆	Xinjiang	7138	1324.5	93.3

注：全国合计数据中包含环境保护部验收的项目情况。
Note: National total data included the Projects checked and accepted by Ministry of Environmental Protection.

10-6 各地区林业投资资金来源情况(2013年)
Source of Funds of Investment for Forestry by Region(2013)

单位: 万元 (10 000 yuan)

地 区	Region	合 计 Source of Funds	上年末 结余资金 Surplus Funds from last Year	本年资金 来 源 Source of Funds in the Year	国家预算 资 金 State Budgetary Appropriations	国内贷款 Domestic Loans
全 国	**National Total**	**37998294**	**689635**	**37308659**	**17263438**	**3855681**
北 京	Beijing	1714149	50643	1663506	1540554	
天 津	Tianjin	112535		112535	112535	
河 北	Hebei	676512	9310	667202	448108	101948
山 西	Shanxi	1101015		1101015	776415	
内蒙古	Inner Mongolia	1329341	2018	1327323	1236251	
辽 宁	Liaoning	1364450	4469	1359981	824360	
吉 林	Jilin	706286	69555	636731	446300	22100
黑龙江	Heilongjiang	1253997	4646	1249351	1119213	201
上 海	Shanghai	91043		91043	85376	
江 苏	Jiangsu	1271007	23663	1247344	349891	1420
浙 江	Zhejiang	932304	21678	910626	562716	158004
安 徽	Anhui	957981	1358	956623	292788	87370
福 建	Fujian	2648719	1078	2647641	287793	2119326
江 西	Jiangxi	793124	253	792871	504343	50859
山 东	Shandong	2631186	826	2630360	760060	31647
河 南	Henan	1019382		1019382	110350	310000
湖 北	Hubei	681950	7189	674761	390356	63685
湖 南	Hunan	1611826	8945	1602881	702522	215705
广 东	Guangdong	1037204	29681	1007523	893548	10211
广 西	Guangxi	8365736	22964	8342772	435157	376650
海 南	Hainan	194494	36267	158227	142691	
重 庆	Chongqing	457583		457583	441098	1998
四 川	Sichuan	1923299	27445	1895854	943066	54987
贵 州	Guizhou	390000		390000	390000	
云 南	Yunnan	965697	128078	837619	647937	37370
西 藏	Tibet	164920		164920	164920	
陕 西	Shaanxi	1027321	7694	1019627	912937	6460
甘 肃	Gansu	788001	4126	783875	594938	138764
青 海	Qinghai	252175	249	251926	233728	15320
宁 夏	Ningxia	196984	180	196804	152930	27893
新 疆	Xinjiang	751128	151430	599698	410652	23763
大兴安岭	Daxinganling	439177	12160	427017	284953	

注: 全国合计数包括国家林业局直属单位数据。
资料来源: 国家林业局(下表同)。
Note:Data of national total include the units directly under State Forestry Administration.
Source: State Forestry Administration (the same as in the following table).

10-6 续表 continued

单位: 万元

地 区	Region	债券 Bonds	利用外资 Foreign Capital	自筹资金 Enterprise Fundraising	其他资金 Other Funds
全 国	**National Total**	173	506374	13163683	2519310
北 京	Beijing			118543	4409
天 津	Tianjin				
河 北	Hebei		2719	87752	26675
山 西	Shanxi		740	323860	
内蒙古	Inner Mongolia	110	1631	70261	19070
辽 宁	Liaoning		2929	531068	1624
吉 林	Jilin		2450	113541	52340
黑龙江	Heilongjiang			117892	12045
上 海	Shanghai			147	5520
江 苏	Jiangsu		10384	867041	18608
浙 江	Zhejiang	60	6611	167388	15847
安 徽	Anhui		5478	543611	27376
福 建	Fujian	3	182100	45922	12497
江 西	Jiangxi		6474	135233	95962
山 东	Shandong		12808	1539725	286120
河 南	Henan		3800	430000	165232
湖 北	Hubei		1905	190668	28147
湖 南	Hunan		5465	625279	53910
广 东	Guangdong		5989	60152	37623
广 西	Guangxi		207269	6104349	1219347
海 南	Hainan			11351	4185
重 庆	Chongqing			8885	5602
四 川	Sichuan		22762	602184	272855
贵 州	Guizhou				
云 南	Yunnan			75211	77101
西 藏	Tibet				
陕 西	Shaanxi		3400	64070	32760
甘 肃	Gansu		16811	17219	16143
青 海	Qinghai		2878		
宁 夏	Ningxia			11535	4446
新 疆	Xinjiang		1771	157661	5851
大兴安岭	Daxinganling			142064	

10-7 各地区林业投资完成情况(2013年)

Completed Investment for Forestry by Region(2013)

单位: 万元   (10 000 yuan)

地 区	Region	本年完成投资 Completed Investment During the Year	#国家投资 State Investment	林业投资 Investment for Forestry				
				生态建设与保护 Ecological Construction and Protection	林业支撑与保障 Forestry Bracing and Indemnification	林业产业发展 Forestry Industry Development	林业民生工程 Livelihood Projects of Forestry	其他 Others
全 国	**National Total**	37822690	13942080	18705774	2216819	10776201	1868405	4255491
北 京	Beijing	2071603	731382	1811906	48073	54701	2807	154116
天 津	Tianjin	112535	112535	104396	2568	2000		3571
河 北	Hebei	676512	448108	393974	34694	129335	30594	87915
山 西	Shanxi	1101015	776415	952452	21694	9724	92212	24933
内蒙古	Inner Mongolia	1500005	1157814	1046212	61108	11528	190992	190165
辽 宁	Liaoning	1363756	797243	1207383	51640	53352	14951	36430
吉 林	Jilin	606084	382492	259454	91621	39674	132088	83247
黑龙江	Heilongjiang	1246000	1103379	696928	88295	8658	397123	54996
上 海	Shanghai	102636	61229	94445	4965	1037		2189
江 苏	Jiangsu	1255738	52357	973963	89121	173581	11074	7999
浙 江	Zhejiang	923541	463090	516116	76856	172096	51798	106675
安 徽	Anhui	983084	209833	729153	47348	143169	7603	55811
福 建	Fujian	2384170	104211	553252	132465	1455869		242584
江 西	Jiangxi	820201	301388	351801	76694	148577	67097	176032
山 东	Shandong	2700406	406089	1308604	416100	865460	26775	83467
河 南	Henan	1019382	65000	658534	32669	248036	3750	76393
湖 北	Hubei	674917	394179	330860	42950	176974	52548	71585
湖 南	Hunan	1603967	702468	675665	77559	619921	81435	149387
广 东	Guangdong	983675	557245	699232	73357	20871	35618	154597
广 西	Guangxi	8283917	444065	1250515	307564	5162743	218993	1344102
海 南	Hainan	153080	129859	92594	20724	7853	12806	19103
重 庆	Chongqing	474109	383841	355200	34204	11503	14471	58731
四 川	Sichuan	1901917	943066	712489	59752	838544	62951	228181
贵 州	Guizhou	390000	324000	345969	13425	900	3020	26686
云 南	Yunnan	854863	408287	493739	77968	58284	72798	152074
西 藏	Tibet	166755	42058	149535	6340	1454	2023	7403
陕 西	Shaanxi	1012633	890385	625860	29883	68122	63560	225208
甘 肃	Gansu	784173	442929	359383	42263	157491	47781	177255
青 海	Qinghai	268967	233728	201321	11519	28708	2263	25156
宁 夏	Ningxia	186810	122189	118161	7995	48964	2632	9058
新 疆	Xinjiang	695760	388551	424264	72392	50003	14386	134715
大兴安岭	Daxinganling	393445	251381	182059	6759	7001	152086	45540

注: 全国合计数包括国家林业局直属单位数据。
Note:Data of national total include the units directly under State Forestry Administration.

十一、 城市环境

Urban Environment

11-1 全国城市环境情况(2000-2013年)
Urban Environment (2000-2013)

年 份 Year	城市个数 (个) Number of Cities (unit)	城区面积 (万平方公里) Urban Area (10 000 sq.km)	建设用地面积 (万平方公里) Area of Land Used for Urban Construction (10 000 sq.km)	人均日生活用水量 (升) Daily Household Water Consumption per Capita (liter)	城市用水普及率 (%) Water Access Rate (%)	城市污水排放量 (亿立方米) Waste Water Discharged (100 million cu.m)	城市污水处理率 (%) Waste Water Treatment Rate (%)
2000	663	87.8	2.2	220.2	63.9	331.8	34.3
2001	662	60.8	2.4	216.0	72.3	328.6	36.4
2002	660	46.7	2.7	213.0	77.9	337.6	40.0
2003	660	39.9	2.9	210.9	86.2	349.2	42.1
2004	661	39.5	3.1	210.8	88.9	356.5	45.7
2005	661	41.3		204.1	91.1	359.5	52.0
2006	656	16.7	3.2	188.3	86.1	362.5	55.7
2007	655	17.6	3.6	178.4	93.8	361.0	62.9
2008	655	17.8	3.9	178.2	94.7	364.9	70.2
2009	655	17.5	3.9	176.6	96.1	371.2	75.3
2010	657	17.9	4.0	171.4	96.7	378.7	82.3
2011	657	18.4	4.2	170.9	97.0	403.7	83.6
2012	657	18.3	4.6	171.8	97.2	416.8	87.3
2013	658	18.3	4.7	173.5	97.6	427.5	89.3

注：2006年起住房和城乡建设部《城市建设统计制度》修订，统计范围、口径及部分指标计算方法都有所调整，故不能与2005年直接比较。

Note:Urban Construction Statistical System had been amended by Ministry of Housing and Urban-Rural Development in 2006. Scope, caliber and calculated method of some indicators are adjusted,so it can not be directly compared with data of 2005.

11-1 续表 continued

年 份 Year	城市燃气普及率 (%) Gas Access Rate (%)	城市生活垃圾清运量 (万吨) Volume of Garbage Disposal (10 000 tons)	城市生活垃圾无害化处理率 (%) Proportion of Harmless Treated Garbage (%)	供热面积 (万平方米) Heated Area (10 000 sq.m)	建成区绿化覆盖率 (%) Green Covered Area as % of Completed Area (%)	人均公园绿地面积 (平方米) Park Green Land per Capita (sq.m)
2000	45.4	11819		110766	28.2	3.7
2001	59.7	13470	58.2	146329	28.4	4.6
2002	67.2	13650	54.2	155567	29.8	5.4
2003	76.7	14857	50.8	188956	31.2	6.5
2004	81.5	15509	52.1	216266	31.7	7.4
2005	82.1	15577	51.7	252056	32.5	7.9
2006	79.1	14841	52.2	265853	35.1	8.3
2007	87.4	15215	62.0	300591	35.3	9.0
2008	89.6	15438	66.8	348948	37.4	9.7
2009	91.4	15734	71.4	379574	38.2	10.7
2010	92.0	15805	77.9	435668	38.6	11.2
2011	92.4	16395	79.7	473784	39.2	11.8
2012	93.2	17081	84.8	518368	39.6	12.3
2013	94.3	17239	89.3	571677	39.7	12.6

11-2 主要城市空气质量指标(2013年)

Ambient Air Quality in Major Cities (2013)

城 市　　　City	二氧化硫年平均浓度(微克/立方米) Annual Average Concentration of SO_2 ($\mu g/m^3$)	二氧化氮年平均浓度(微克/立方米) Annual Average Concentration of NO_2 ($\mu g/m^3$)	可吸入颗粒物(PM$_{10}$)年平均浓度(微克/立方米) Annual Average Concentration of PM_{10} ($\mu g/m^3$)	一氧化碳日均值第95百分位浓度(毫克/立方米) 95th Percentile Daily Average Concentration of CO (mg/m^3)	臭氧(O_3)最大8小时第90百分位浓度(微克/立方米) 90th Percentile Daily Maximum 8 Hours Average Concentration of O_3($\mu g/m^3$)	细颗粒物(PM$_{2.5}$)年平均浓度(微克/立方米) Annual Average Concentration of $PM_{2.5}$ ($\mu g/m^3$)	空气质量达到及好于二级的天数(天) Days of Air Quality Equal to or Above Grade Ⅱ (day)
北　京 Beijing	26	56	108	3.4	188	89	167
天　津 Tianjin	59	54	150	3.7	151	96	145
石 家 庄 Shijiazhuang	105	68	305	5.7	173	154	49
唐　山 Tangshan	114	69	184	5.4	159	115	109
秦 皇 岛 Qinhuangdao	60	47	124	4.1	142	65	234
邯　郸 Handan	95	58	237	4.9	175	139	54
邢　台 Xingtai	113	69	294	5.5	164	160	38
保　定 Baoding	69	56	220	5.5	113	135	94
张 家 口 Zhangjiakou	51	32	90	1.7	137	40	289
承　德 Chengde	37	35	104	2.1	141	49	268
沧　州 Cangzhou	54	31	130	3.5	151	102	130
廊　坊 Langfang	46	48	184	4.4	141	110	132
衡　水 Hengshui	68	46	217	3.8	181	122	69
太　原 Taiyuan	80	43	157	3.4	148	81	162
呼和浩特 Hohhot	56	40	146	4.1	104	57	213
沈　阳 Shenyang	90	43	129	3.2	139	78	215
大　连 Dalian	34	31	85	1.6	99	52	290
长　春 Changchun	44	44	130	2.1	127	73	230
哈 尔 滨 Harbin	44	56	119	2.2	72	81	239
上　海 Shanghai	24	48	84	1.6	158	62	246
南　京 Nanjing	37	55	137	2.1	138	78	198
无　锡 Wuxi	40	47	110	2.5	141	75	201
徐　州 Xuzhou	52	47	123	3.1	169	77	192
常　州 Changzhou	41	48	102	2.2	150	72	210
苏　州 Suzhou	31	53	97	1.8	159	70	186
南　通 Nantong	28	36	108	1.6	149	72	223
连 云 港 Lianyungang	34	35	119	2.3	141	67	242
淮　安 Huai'an	34	32	124	2.1	107	79	229
盐　城 Yancheng	28	29	103	1.6	141	65	248
扬　州 Yangzhou	35	43	112	1.8	134	70	227
镇　江 Zhenjiang	30	42	124	1.8	116	72	207
泰　州 Taizhou	26	26	116	2.1	123	77	218
宿　迁 Suqian	33	35	123	2.2	133	74	216
杭　州 Hangzhou	28	53	106	1.9	155	70	212
宁　波 Ningbo	22	44	86	1.7	137	54	277
温　州 Wenzhou	23	51	94	1.9	147	58	252
嘉　兴 Jiaxing	30	47	94	2.1	173	68	214
湖　州 Huzhou	29	52	111	1.8	180	74	192
绍　兴 Shaoxing	38	49	105	1.9	133	71	240

11-2　续表　continued

城　市　City	二氧化硫年平均浓度(微克/立方米) Annual Average Concentration of SO$_2$ (μg/m^3)	二氧化氮年平均浓度(微克/立方米) Annual Average Concentration of NO$_2$ (μg/m^3)	可吸入颗粒物(PM$_{10}$)年平均浓度(微克/立方米) Annual Average Concentration of PM$_{10}$ (μg/m^3)	一氧化碳日均值第95百分位浓度(毫克/立方米) 95th Percentile Daily Average Concentration of CO (mg/m^3)	臭氧(O$_3$)最大8小时第90百分位浓度(微克/立方米) 90th Percentile Daily Maximum 8 Hours Average Concentration of O$_3$(μg/m^3)	细颗粒物(PM$_{2.5}$)年平均浓度(微克/立方米) Annual Average Concentration of PM$_{2.5}$ (μg/m^3)	空气质量达到及好于二级的天数(天) Days of Air Quality Equal to or Above Grade Ⅱ (day)
金　华 Jinhua	34	41	99	1.9	164	70	195
衢　州 Quzhou	36	37	94	1.4	134	68	248
舟　山 Zhoushan	10	22	58	1.1	122	33	319
台　州 Taizhou	17	34	82	1.8	154	53	266
丽　水 Lishui	19	32	69	1.2	143	49	297
合　肥 Hefei	22	39	115	1.8	101	88	180
福　州 Fuzhou	11	43	64	1.2	73	36	343
厦　门 Xiamen	20	44	62	1.2	136	36	336
南　昌 Nanchang	40	40	116	1.8	122	69	230
济　南 Jinan	95	61	199	3.1	190	110	79
青　岛 Qingdao	58	43	106	2.0	115	67	259
郑　州 Zhengzhou	59	52	171	4.9	109	108	134
武　汉 Wuhan	33	60	124	2.1	161	94	161
长　沙 Changsha	33	46	94	2.3	134	83	196
广　州 Guangzhou	20	52	72	1.5	156	53	259
深　圳 Shenzhen	11	40	61	1.6	123	40	325
珠　海 Zhuhai	13	37	59	1.5	128	38	319
佛　山 Foshan	32	53	83	1.6	167	52	247
江　门 Jiangmen	27	33	77	2.1	164	51	261
肇　庆 Zhaoqing	28	38	85	2.1	167	54	249
惠　州 Huizhou	16	29	59	1.3	150	38	310
东　莞 Dongguan	23	45	65	1.4	172	47	263
中　山 Zhongshan	19	42	66	1.4	164	48	267
南　宁 Nanning	19	38	90	1.7	125	57	275
海　口 Haikou	7	17	47	1.0	106	27	342
重　庆 Chongqing	32	38	106	1.5	163	70	207
成　都 Chengdu	31	63	150	2.6	157	96	139
贵　阳 Guiyang	31	33	85	1.3	101	53	278
昆　明 Kunming	28	40	82	2.0	121	42	329
拉　萨 Lhasa	9	22	64	2.0	143	26	341
西　安 Xi'an	46	57	189	4.5	132	105	157
兰　州 Lanzhou	33	35	153	2.2	92	67	193
西　宁 Xining	48	41	163	3.3	102	70	216
银　川 Yinchuan	77	43	118	2.7	107	51	249
乌鲁木齐 Urumqi	29	61	146	5.9	116	88	184

资料来源：环境保护部。
Source:Ministry of Environmental Protection.

11-3　各地区城市面积和建设用地情况(2013年)

Basic Statistics on Urban Area
and Land Used for Construction by Region(2013)

单位:平方公里 (sq.km)

地　区	Region	城区面积 Urban Area	#建　成 区面积 Area of Built Districts	城市建设用地面积 Area of Land Used for Urban Construction			
				小　计 Sub-total	居住用地 Residential Area	公共管理与公共 服务设施用地 Area for Public Management & Service Facilities	商业服务业 设施用地 Area for Commercial Services Facilities
全　国	**National Total**	**183416.1**	**47855.3**	**47108.5**	**14691.4**	**4448.1**	**2956.4**
北　京	Beijing	12187.0	1306.5	1504.8			
天　津	Tianjin	2334.5	747.3	736.4	199.2	49.0	40.1
河　北	Hebei	6477.9	1787.2	1651.5	573.8	170.1	105.6
山　西	Shanxi	2998.8	1040.7	972.7	327.0	123.9	39.8
内蒙古	Inner Mongolia	8355.9	1206.2	1187.5	398.7	123.1	73.0
辽　宁	Liaoning	13973.9	2386.5	2407.6	817.0	183.2	165.8
吉　林	Jilin	3596.3	1344.0	1264.0	458.3	106.1	88.6
黑龙江	Heilongjiang	2765.7	1758.4	1763.7	632.8	177.4	86.6
上　海	Shanghai	6340.5	998.8	2915.6	1058.9	161.7	137.5
江　苏	Jiangsu	14307.6	3809.6	3874.5	1205.4	312.9	308.1
浙　江	Zhejiang	10991.7	2399.2	2413.2	677.8	209.0	198.0
安　徽	Anhui	5852.0	1777.3	1763.2	568.1	158.4	132.4
福　建	Fujian	4298.7	1263.2	1175.0	370.4	149.9	79.9
江　西	Jiangxi	2113.5	1151.4	1086.2	336.2	96.5	92.6
山　东	Shandong	21635.3	4187.5	3828.3	1139.3	407.1	258.0
河　南	Henan	4658.0	2289.1	2143.6	633.8	250.6	110.2
湖　北	Hubei	7348.7	2006.7	2062.1	648.4	237.5	123.3
湖　南	Hunan	4312.2	1505.0	1444.7	511.0	189.0	99.0
广　东	Guangdong	16136.5	5232.1	4000.6	1254.6	365.3	276.4
广　西	Guangxi	6103.6	1153.6	1099.4	333.6	123.4	61.9
海　南	Hainan	1265.0	296.0	288.1	98.8	40.2	10.4
重　庆	Chongqing	6133.9	1114.9	920.6	294.9	84.0	57.1
四　川	Sichuan	6432.9	2058.1	2003.7	639.4	219.0	108.6
贵　州	Guizhou	1828.3	695.4	600.7	190.9	73.7	34.2
云　南	Yunnan	3337.3	935.8	790.7	292.7	95.6	48.8
西　藏	Tibet	339.0	120.3	111.1	46.0	11.4	11.7
陕　西	Shaanxi	1555.0	915.0	885.0	234.7	98.3	64.2
甘　肃	Gansu	1450.1	726.7	657.8	189.4	73.4	45.2
青　海	Qinghai	559.8	157.4	149.4	68.6	11.8	7.0
宁　夏	Ningxia	2106.2	420.7	356.7	118.9	50.8	18.1
新　疆	Xinjiang	1620.2	1064.9	1050.5	372.9	95.8	74.4

资料来源: 住房和城乡建设部(以下各表同)。
Source: Ministry of Housing and Urban-Rural Development(the same as in the following tables).

11-3 续表 continued

单位:平方公里 (sq.km)

地 区	Region	城市建设用地面积 Area of Land Used for Urban Construction					本年征用土地面积 Area of Land Requisition of the Year	#耕地 Arable Land
		工业用地 Area for Industrial	物流仓储用地 Area for Logistics & Storage	道路交通设施用地 Area for Road Traffic Facilities	公共设施用地 Area for Public Facilities	绿地与广场用地 Green Land & Square Land		
全 国	National Total	9149.6	1415.2	5786.6	2093.5	5063.0	1831.6	782.9
北 京	Beijing						34.9	8.5
天 津	Tianjin	168.8	55.0	119.6	21.5	83.2	41.1	19.6
河 北	Hebei	235.4	70.0	210.3	86.0	200.4	28.9	11.2
山 西	Shanxi	178.3	37.0	84.9	81.2	100.5	25.9	12.1
内蒙古	Inner Mongolia	193.2	38.2	129.3	74.3	157.7	16.6	5.0
辽 宁	Liaoning	560.9	79.9	271.1	69.8	259.9	105.4	59.8
吉 林	Jilin	260.9	36.1	150.0	64.0	99.9	40.3	27.0
黑龙江	Heilongjiang	330.9	81.8	209.5	71.3	173.4	19.9	6.9
上 海	Shanghai	733.1	85.5	418.9	130.3	189.6	35.5	21.0
江 苏	Jiangsu	883.6	112.1	450.4	150.7	451.2	175.2	70.2
浙 江	Zhejiang	574.6	54.5	336.7	112.5	250.2	140.5	67.8
安 徽	Anhui	347.6	51.3	224.8	66.5	214.0	137.4	67.7
福 建	Fujian	242.2	31.9	124.6	51.3	124.8	86.9	38.5
江 西	Jiangxi	201.7	30.8	142.3	55.0	131.1	97.6	33.4
山 东	Shandong	807.9	105.0	493.2	172.5	445.3	100.1	41.8
河 南	Henan	343.2	71.8	334.2	90.3	309.6	41.4	17.9
湖 北	Hubei	508.8	67.1	194.6	105.2	177.3	108.3	44.8
湖 南	Hunan	198.1	43.3	164.2	88.6	151.4	64.4	14.7
广 东	Guangdong	969.5	95.8	512.7	156.0	370.4	84.7	20.8
广 西	Guangxi	169.0	42.4	200.9	47.3	121.0	102.0	36.1
海 南	Hainan	20.4	4.3	51.7	13.5	48.7	5.1	0.6
重 庆	Chongqing	195.6	19.3	152.8	25.6	91.4	81.5	43.9
四 川	Sichuan	409.0	44.5	230.6	137.8	214.8	75.9	22.3
贵 州	Guizhou	93.6	15.8	63.5	29.5	99.5	12.5	3.0
云 南	Yunnan	93.4	28.4	87.6	30.9	113.4	66.5	33.1
西 藏	Tibet	11.2	1.5	8.4	7.9	12.9		
陕 西	Shaanxi	114.0	18.5	143.8	33.7	177.8	21.5	8.2
甘 肃	Gansu	103.8	23.4	79.3	31.5	111.8	36.3	16.9
青 海	Qinghai	11.9	16.0	14.5	5.2	14.4	7.1	5.0
宁 夏	Ningxia	34.4	12.6	55.8	16.7	49.4	6.8	3.7
新 疆	Xinjiang	154.6	41.5	126.4	66.8	118.2	31.8	21.2

11-4 各地区城市市政设施情况(2013年)
Urban Municipal Facilities by Region (2013)

地 区	Region	道路长度 (公里) Length of Roads (km)	道路面积 (万平方米) Area of Roads (10 000 sq.m)	桥梁 (座) Number of Bridges (unit)	#立交桥 Inter-section Bridges	道路照明灯 (千盏) Number of Road Lamps (1 000 unit)	排水管道长度 (公里) Length of Drainage Pipes (km)	#污水管道 Sewers
全 国	**National Total**	**336304**	**644155**	**59530**	**4326**	**21995.5**	**464878**	**191364**
北 京	Beijing	7931	13884	2200	425	241.7	13505	6363
天 津	Tianjin	6933	12440	809	103	293.9	18644	8984
河 北	Hebei	12632	29304	1361	162	672.7	15869	6733
山 西	Shanxi	6649	13614	587	124	467.0	6676	2027
内蒙古	Inner Mongolia	8223	17418	369	108	855.1	11208	6184
辽 宁	Liaoning	16244	28091	1682	269	1557.7	16420	3514
吉 林	Jilin	8388	15344	717	146	611.9	9607	3540
黑龙江	Heilongjiang	12102	17899	1029	206	585.5	9583	3180
上 海	Shanghai	4865	9932	2335	54	509.8	18809	7033
江 苏	Jiangsu	36975	66970	13357	340	2876.6	62194	30505
浙 江	Zhejiang	18777	35633	9508	159	1343.2	33501	15879
安 徽	Anhui	12287	27070	1390	185	766.2	21891	8508
福 建	Fujian	7808	14799	1777	78	650.2	12289	6355
江 西	Jiangxi	6865	14652	607	51	574.1	10573	4528
山 东	Shandong	37821	74646	4769	271	1687.5	46025	17676
河 南	Henan	11236	26843	1250	126	796.1	18297	6922
湖 北	Hubei	17502	29180	1875	153	562.3	20030	5574
湖 南	Hunan	10911	19735	743	79	621.7	12050	5224
广 东	Guangdong	36762	64864	6018	393	1927.3	36098	11090
广 西	Guangxi	7342	14631	677	88	592.1	8309	2263
海 南	Hainan	2144	4608	154	9	165.2	3357	1365
重 庆	Chongqing	6221	12723	1244	264	324.7	9497	4948
四 川	Sichuan	11866	24700	2123	232	881.8	19519	8631
贵 州	Guizhou	3118	5967	537	36	367.7	5260	2453
云 南	Yunnan	5229	9906	665	49	386.8	6064	2618
西 藏	Tibet	407	814	10	1	19.8	546	80
陕 西	Shaanxi	5802	12698	643	121	604.2	6767	3125
甘 肃	Gansu	3796	7958	393	32	243.0	3881	1576
青 海	Qinghai	902	1785	126	4	113.8	1391	735
宁 夏	Ningxia	2040	4964	151	6	211.5	1362	281
新 疆	Xinjiang	6527	11086	424	52	484.3	5660	3468

11-5 各地区城市供水和用水情况(2013年)

Urban Water Supply and Use by Region (2013)

单位: 万立方米 (10 000 cu.m)

地 区	Region	供水总量 Total Water Supply	售水量按用途分 Water for Sale Classify by Purpose				
			合 计 Total	生产运营用水 Production & Operation	公共服务用水 Public Service	居民家庭用水 Household Use	其他用水 Other
全 国	**National Total**	**5373022**	**4543749**	**1617412**	**739629**	**1924450**	**262258**
北 京	Beijing	187477	167441	27806	55137	75875	8623
天 津	Tianjin	78631	69388	30794	10141	24338	4114
河 北	Hebei	170173	152295	63945	24078	49549	14724
山 西	Shanxi	84037	75908	30754	6759	35226	3169
内蒙古	Inner Mongolia	71578	62136	28153	10003	20279	3701
辽 宁	Liaoning	278710	214013	98206	40280	67266	8260
吉 林	Jilin	107419	79059	30392	16591	29277	2800
黑龙江	Heilongjiang	145192	119738	58701	15818	40473	4747
上 海	Shanghai	319072	249215	54228	66872	102382	25733
江 苏	Jiangsu	489286	429091	194884	57228	159928	17050
浙 江	Zhejiang	304982	265929	115966	31152	109006	9804
安 徽	Anhui	161140	136516	49071	20859	61328	5257
福 建	Fujian	159302	133244	47974	15279	57012	12979
江 西	Jiangxi	103480	81384	16066	16565	42596	6157
山 东	Shandong	331898	294475	140888	45150	99142	9294
河 南	Henan	188711	162900	73100	19327	62247	8226
湖 北	Hubei	261815	214149	61030	35261	106229	11628
湖 南	Hunan	190166	152382	39456	20514	85753	6659
广 东	Guangdong	815410	693024	208926	123207	302254	58638
广 西	Guangxi	161657	141603	61948	16594	61507	1554
海 南	Hainan	40835	32821	6983	2660	17030	6148
重 庆	Chongqing	104996	91345	25977	10517	50626	4224
四 川	Sichuan	195829	167113	40645	26142	94534	5792
贵 州	Guizhou	51339	41647	7315	6514	25242	2576
云 南	Yunnan	72147	56855	15477	5510	31798	4070
西 藏	Tibet	11953	9566	1726	2609	4597	634
陕 西	Shaanxi	88990	78464	20432	15620	38834	3579
甘 肃	Gansu	55059	50535	20790	7007	20579	2159
青 海	Qinghai	24564	21266	9467	1713	8473	1612
宁 夏	Ningxia	29174	26556	11541	3863	9404	1749
新 疆	Xinjiang	87999	73691	24772	10658	31664	6598

11-5 续表 continued

地 区	Region	用水人口 （万人） Population with Access to Water Supply (10 000 persons)	人均日生活用水量 （升） Daily Household Water Consumption per Capita (liter)	用水普及率 (%) Water Access Rate (%)
全 国	**National Total**	**42261.4**	**173.5**	**97.6**
北 京	Beijing	1825.1	196.9	100.0
天 津	Tianjin	663.7	142.3	100.0
河 北	Hebei	1606.3	125.8	99.9
山 西	Shanxi	1037.8	111.2	98.1
内蒙古	Inner Mongolia	851.2	97.5	96.2
辽 宁	Liaoning	2295.0	128.7	98.8
吉 林	Jilin	1058.2	119.3	93.8
黑龙江	Heilongjiang	1299.4	119.3	95.5
上 海	Shanghai	2415.2	192.0	100.0
江 苏	Jiangsu	2875.2	209.8	99.7
浙 江	Zhejiang	1997.4	192.3	100.0
安 徽	Anhui	1358.5	166.2	98.4
福 建	Fujian	1098.4	180.9	99.4
江 西	Jiangxi	938.1	174.0	97.7
山 东	Shandong	2940.8	134.9	99.9
河 南	Henan	2138.6	105.4	92.2
湖 北	Hubei	1807.3	214.8	98.2
湖 南	Hunan	1385.3	215.0	96.9
广 东	Guangdong	4822.0	242.0	97.5
广 西	Guangxi	903.4	239.9	95.9
海 南	Hainan	242.1	222.9	98.4
重 庆	Chongqing	1090.5	154.0	96.3
四 川	Sichuan	1711.8	193.5	91.8
贵 州	Guizhou	578.2	152.4	92.9
云 南	Yunnan	789.1	130.0	97.9
西 藏	Tibet	59.8	330.0	97.0
陕 西	Shaanxi	831.6	179.5	96.5
甘 肃	Gansu	531.9	142.2	93.7
青 海	Qinghai	162.2	179.6	99.1
宁 夏	Ningxia	254.7	144.7	96.5
新 疆	Xinjiang	693.0	168.7	98.1

11-6 各地区城市节约用水情况(2013年)

Urban Water Saving by Region (2013)

地 区	Region	实际用水量(万立方米) Actual Quantity of Water Used (10 000 cu.m)					
		合 计 Total	#工业 Industry	新水取用量 New Water Source Used	#工业 Industry	重复利用量 Recycled Use	#工业 Industry
全 国	**National Total**	**8912594**	**7415053**	**1876372**	**888536**	**7036222**	**6526517**
北 京	Beijing	261378	39740	181092	22958	80286	16782
天 津	Tianjin	483633	471226	38622	26218	445011	445008
河 北	Hebei	663395	485966	45496	30804	617899	455162
山 西	Shanxi	181192	156357	28115	11751	153077	144606
内蒙古	Inner Mongolia	193553	180771	32550	21995	161003	158776
辽 宁	Liaoning	1106149	1004295	169446	97305	936703	906990
吉 林	Jilin	166026	143452	54954	32958	111072	110494
黑龙江	Heilongjiang	258697	223397	116377	93404	142320	129993
上 海	Shanghai	89987	37360	89987	37360		
江 苏	Jiangsu	1362249	1180966	252028	160341	1110221	1020625
浙 江	Zhejiang	226335	195560	65307	42212	161028	153348
安 徽	Anhui	334703	312402	32829	13998	301874	298404
福 建	Fujian	124007	66991	64708	8859	59299	58132
江 西	Jiangxi	28438	14122	16714	7046	11724	7076
山 东	Shandong	1203732	1040162	194128	93777	1009604	946385
河 南	Henan	470478	435757	54950	28398	415528	407359
湖 北	Hubei	367782	317760	82019	41146	285763	276614
湖 南	Hunan	42508	29515	29686	17154	12822	12361
广 东	Guangdong	207964	152717	70397	15150	137567	137567
广 西	Guangxi	408105	354400	75106	24161	332999	330239
海 南	Hainan	327	242	156	96	171	146
重 庆	Chongqing	740	130	550	90	190	40
四 川	Sichuan	104542	64650	45277	11905	59265	52745
贵 州	Guizhou	34133	26458	11911	5110	22222	21348
云 南	Yunnan	15864	1695	15202	1046	662	649
西 藏	Tibet	30		30			
陕 西	Shaanxi	201743	170297	46511	18012	155232	152285
甘 肃	Gansu	214433	203348	20230	10645	194203	192703
青 海	Qinghai	3162	1001	1722	519	1440	482
宁 夏	Ningxia	134415	97580	19667	8049	114748	89531
新 疆	Xinjiang	22894	6736	20605	6069	2289	667

11-6　续表　continued

地　区 Region		节约用水量 （万立方米） Water Saved (10 000 cu.m)	#工　业 Industry	重复利用率 （%） Reuse Rate (%)	#工业用水 重复利用率 Reuse Rate for Industrial Purpose
全　国	National Total	382760	274321	79.0	88.0
北　京	Beijing	11321	2432	30.7	42.2
天　津	Tianjin	309	209	92.0	94.4
河　北	Hebei	20322	19228	93.1	93.7
山　西	Shanxi	12347	8462	84.5	92.5
内蒙古	Inner Mongolia	2735	2355	83.2	87.8
辽　宁	Liaoning	37082	26270	84.7	90.3
吉　林	Jilin	16686	14631	66.9	77.0
黑龙江	Heilongjiang	9197	8045	55.0	58.2
上　海	Shanghai	16313	13040		
江　苏	Jiangsu	49946	39926	81.5	86.4
浙　江	Zhejiang	13444	8423	71.2	78.4
安　徽	Anhui	23567	19405	90.2	95.5
福　建	Fujian	5489	3198	47.8	86.8
江　西	Jiangxi	1665	999	41.2	50.1
山　东	Shandong	70023	59333	83.9	91.0
河　南	Henan	12230	7816	88.3	93.5
湖　北	Hubei	9966	6032	77.7	87.1
湖　南	Hunan	5483	4232	30.2	41.9
广　东	Guangdong	11890	2322	66.2	90.1
广　西	Guangxi	5972	4000	81.6	93.2
海　南	Hainan	560	348	52.3	60.3
重　庆	Chongqing	145	25	25.7	30.8
四　川	Sichuan	7618	3699	56.7	81.6
贵　州	Guizhou	1590	1058	65.1	80.7
云　南	Yunnan	1376	60	4.2	38.3
西　藏	Tibet	45			
陕　西	Shaanxi	17392	12758	77.0	89.4
甘　肃	Gansu	7660	3095	90.6	94.8
青　海	Qinghai	207	207	45.5	48.2
宁　夏	Ningxia	3385	1947	85.4	91.8
新　疆	Xinjiang	6795	766	10.0	9.9

11-7 各地区城市污水排放和处理情况(2013年)

Urban Waste Water Discharged and Treated by Region (2013)

地 区	Region	城市污水排放量(万立方米) Waste Water Discharged (10 000 cu.m)	污水处理厂(座) Waste Water Treatment Plants (unit)	#二、三级处理 Secondary & Tertiary Treatment	污水处理厂污水处理能力(万立方米/日) Treatment Capacity (10 000 cu.m/day)	#二、三级处理 Secondary & Tertiary Treatment	污水处理厂污水处理量(万立方米) Volume of Waste Water Treated (10 000 cu.m)
全 国	National Total	4274525	1736	1491	12454.2	10786.8	3613058
北 京	Beijing	155317	42	39	388.5	381.5	128749
天 津	Tianjin	78694	39	39	259.0	259.0	70195
河 北	Hebei	149382	73	44	505.5	246.9	140510
山 西	Shanxi	63359	32	20	173.9	121.4	54452
内蒙古	Inner Mongolia	52789	38	33	171.4	159.9	46563
辽 宁	Liaoning	225766	86	73	748.2	656.7	196031
吉 林	Jilin	84289	38	20	257.6	204.8	70400
黑龙江	Heilongjiang	119785	49	33	308.2	174.0	74072
上 海	Shanghai	233600	49	49	784.6	784.6	203523
江 苏	Jiangsu	393453	190	172	1087.4	1011.5	298567
浙 江	Zhejiang	235798	74	70	746.7	669.2	202770
安 徽	Anhui	135346	60	44	401.8	334.5	119703
福 建	Fujian	113550	49	49	307.6	307.6	94839
江 西	Jiangxi	78247	33	33	212.4	212.4	64048
山 东	Shandong	281135	145	145	863.7	863.7	264569
河 南	Henan	167742	64	48	525.3	377.2	149735
湖 北	Hubei	177323	74	57	511.1	410.8	154880
湖 南	Hunan	152006	56	54	382.4	371.4	119029
广 东	Guangdong	636504	211	196	1754.5	1463.9	585609
广 西	Guangxi	125443	32	25	262.0	243.0	74443
海 南	Hainan	27194	20	17	86.4	80.4	20381
重 庆	Chongqing	82991	41	39	249.5	244.5	77097
四 川	Sichuan	164898	73	68	379.9	360.4	122658
贵 州	Guizhou	41984	28	20	139.5	109.5	38232
云 南	Yunnan	69978	31	22	224.4	186.0	63191
西 藏	Tibet	9393	1		5.0		6
陕 西	Shaanxi	77504	31	22	250.2	200.5	69007
甘 肃	Gansu	39928	22	18	137.2	124.7	27982
青 海	Qinghai	17198	8	8	34.2	34.2	10600
宁 夏	Ningxia	25765	10	8	64.5	45.5	20769
新 疆	Xinjiang	58164	37	26	231.6	142.1	50448

11-7　续表　continued

地　区　　Region	其他污水处理设施 Other Waste Water Treatment Equipments		污水处理总能力（万立方米／日）Total Treatment Capacity (10 000 cu.m/day)	污　水处理总量（万吨）Total Volume of Waste Water Treated (10 000 tons)	污　水再生利用量（万吨）Total Volume of Waste Water Recycled & Reused (10 000 tons)	城市污水处理率（%）Waste Water Treatment Rate (%)	#污水处理厂集中处理率 Waste Water Treatment Concentration Rate
	处理能力（万立方米／日）Treatment Capacity (10 000 cu.m/day)	处理量（万吨）Volume of Treatment (10 000 tons)					
全　国　**National Total**	2198.5	205890	14652.7	3818948	354181	89.3	84.5
北　京　Beijing	12.5	2656	401.0	131405	80108	84.6	82.9
天　津　Tianjin	2.6	657	261.6	70852	2292	90.0	89.2
河　北　Hebei	11.3	760	516.8	141270	33163	94.6	94.1
山　西　Shanxi	5.9	1536	179.8	55988	6907	88.4	85.9
内蒙古　Inner Mongolia			171.4	46563	6852	88.2	88.2
辽　宁　Liaoning	76.9	7256	825.1	203287	21281	90.0	86.8
吉　林　Jilin	4.5	579	262.1	70979	640	84.2	83.5
黑龙江　Heilongjiang	368.0	16582	676.2	90654	4873	75.7	61.8
上　海　Shanghai			784.6	203523		87.1	87.1
江　苏　Jiangsu	519.1	63969	1606.5	362536	58653	92.1	75.9
浙　江　Zhejiang	55.9	7759	802.6	210529	8301	89.3	86.0
安　徽　Anhui	198.4	10526	600.2	130229	1364	96.2	88.4
福　建　Fujian	153.9	4306	461.5	99145	93	87.3	83.5
江　西　Jiangxi	18.0	976	230.4	65024	796	83.1	81.9
山　东　Shandong	8.5	2319	872.2	266888	40932	94.9	94.1
河　南　Henan	12.5	2638	537.8	152373	7067	90.8	89.3
湖　北　Hubei	70.8	7527	581.9	162407	15068	91.6	87.3
湖　南　Hunan	116.8	15281	499.2	134310	708	88.4	78.3
广　东　Guangdong	6.0	910	1760.5	586519	120	92.2	92.0
广　西　Guangxi	380.2	33127	642.2	107570		85.8	59.3
海　南　Hainan			86.4	20381	555	75.0	75.0
重　庆　Chongqing	4.3	871	253.8	77968	658	94.0	92.9
四　川　Sichuan	64.1	14580	444.0	137238	1566	83.2	74.4
贵　州　Guizhou	49.0	1221	188.5	39453	17716	94.0	91.1
云　南　Yunnan	9.3	1224	233.7	64415	24848	92.1	90.3
西　藏　Tibet			5.0	6		0.1	0.1
陕　西　Shaanxi			250.2	69007	7230	89.0	89.0
甘　肃　Gansu	29.3	4458	166.5	32440	1456	81.3	70.1
青　海　Qinghai			34.2	10600	710	61.6	61.6
宁　夏　Ningxia	19.0	3562	83.5	24331	1617	94.4	80.6
新　疆　Xinjiang	1.7	610	233.3	51058	8607	87.8	86.7

11-8　各地区城市市容环境卫生情况（2013年）
Urban Environmental Sanitation by Region (2013)

地　区　Region	道路清扫保洁面积（万平方米）Area under Cleaning Program (10 000 sq.m)	生活垃圾清运量（万吨）Volume of Garbage Disposal (10 000 tons)	无害化处理厂（座）Number of Harmless Treatment Plants/Grounds (unit)	卫生填埋 Sanitary Landfill	焚烧 Incineration	其他 Others
全　国　**National Total**	**646014**	**17238.6**	**765**	**580**	**166**	**19**
北　京　Beijing	14234	671.7	24	17	4	3
天　津　Tianjin	10098	200.0	10	6	4	
河　北　Hebei	24614	585.3	30	25	3	2
山　西　Shanxi	14659	394.6	21	15	5	1
内蒙古　Inner Mongolia	17171	350.1	24	23	1	
辽　宁　Liaoning	35713	927.1	27	24	2	1
吉　林　Jilin	13831	485.4	16	13	3	
黑龙江　Heilongjiang	20283	581.9	20	16	2	2
上　海　Shanghai	17385	735.0	13	5	4	4
江　苏　Jiangsu	52029	1202.7	49	27	22	
浙　江　Zhejiang	34699	1123.3	59	27	30	2
安　徽　Anhui	24081	455.9	25	20	5	
福　建　Fujian	15585	551.8	26	12	13	1
江　西　Jiangxi	11721	339.0	17	17		
山　东　Shandong	82996	1007.4	58	44	13	1
河　南　Henan	25540	805.6	43	39	4	
湖　北　Hubei	23456	745.8	36	26	10	
湖　南　Hunan	17296	616.8	31	30	1	
广　东　Guangdong	75126	2092.1	61	40	21	
广　西　Guangxi	12927	302.3	20	18	2	
海　南　Hainan	6535	125.3	9	6	3	
重　庆　Chongqing	10989	349.8	14	12	2	
四　川　Sichuan	21020	750.7	40	34	6	
贵　州　Guizhou	5300	248.4	13	13		
云　南　Yunnan	13713	324.1	20	14	6	
西　藏　Tibet	1739	24.1				
陕　西　Shaanxi	14515	437.3	16	15		1
甘　肃　Gansu	7298	272.8	12	12		
青　海　Qinghai	2430	74.1	4	4		
宁　夏　Ningxia	6716	106.0	7	7		
新　疆　Xinjiang	12315	352.3	20	19		1

11-8　续表 1　continued 1

单位: 万吨　　(10 000 tons)

地　区　Region		无害化 处理量 Amount of Harmless Treated	卫生填埋 Sanitary Landfill	焚烧 Incineration	其他 Others	市容环卫专用 车辆设备(台) City Sanitation Special Vehicles (unit)
全　国	**National Total**	**15394.0**	**10492.7**	**4633.7**	**267.6**	**126552**
北　京	Beijing	667.0	489.9	97.8	79.2	9797
天　津	Tianjin	193.6	112.2	81.3		2482
河　北	Hebei	487.4	367.1	95.2	25.1	4331
山　西	Shanxi	346.8	204.9	135.5	6.5	4141
内蒙古	Inner Mongolia	327.5	304.5	23.0		2568
辽　宁	Liaoning	812.2	726.8	63.5	21.9	5743
吉　林	Jilin	295.3	207.6	87.7		4878
黑龙江	Heilongjiang	316.6	296.0	9.7	10.9	5633
上　海	Shanghai	665.8	419.0	170.0	76.7	5237
江　苏	Jiangsu	1171.0	432.6	738.3		9865
浙　江	Zhejiang	1117.0	471.0	646.0		6167
安　徽	Anhui	450.5	346.9	103.6		2765
福　建	Fujian	541.7	192.8	335.8	13.1	2505
江　西	Jiangxi	316.2	316.2			1157
山　东	Shandong	1002.0	546.8	435.5	19.7	9645
河　南	Henan	725.4	607.8	117.6		3777
湖　北	Hubei	636.9	294.8	342.1		6423
湖　南	Hunan	592.3	569.3	23.1		3151
广　东	Guangdong	1770.3	1200.4	569.9		10975
广　西	Guangxi	291.5	281.7	9.8		3097
海　南	Hainan	125.2	61.8	63.4		869
重　庆	Chongqing	347.8	234.4	113.4		1915
四　川	Sichuan	713.0	512.2	200.8		3970
贵　州	Guizhou	229.1	229.1			1987
云　南	Yunnan	284.0	113.3	170.8		3731
西　藏	Tibet					156
陕　西	Shaanxi	421.8	417.1		4.7	2515
甘　肃	Gansu	115.4	115.4			1531
青　海	Qinghai	57.6	57.6			424
宁　夏	Ningxia	98.0	98.0			1051
新　疆	Xinjiang	275.1	265.4		9.8	4066

11-8 续表 2 continued 2

地 区	Region	无 害 化处理能力（吨／日）Harmless Treatment Capacity (ton/day)	卫生填埋 Sanitary Landfill	焚烧 Incineration	其他 Others	生活垃圾无害化处理率（%）Proportion of Harmless Treated Garbage (%)
全 国	**National Total**	**492300**	**322782**	**158488**	**11030**	**89.3**
北 京	Beijing	21971	12371	5800	3800	99.3
天 津	Tianjin	10500	6200	4300		96.8
河 北	Hebei	12345	9185	2600	560	83.3
山 西	Shanxi	10140	6630	3280	230	87.9
内蒙古	Inner Mongolia	11333	9833	1500		93.6
辽 宁	Liaoning	20446	18066	1780	600	87.6
吉 林	Jilin	10123	7283	2840		60.9
黑龙江	Heilongjiang	11849	10709	500	640	54.4
上 海	Shanghai	20530	11230	6300	3000	90.6
江 苏	Jiangsu	40723	17253	23470		97.4
浙 江	Zhejiang	42932	15779	26803	350	99.4
安 徽	Anhui	14202	10252	3950		98.8
福 建	Fujian	16480	4780	11200	500	98.2
江 西	Jiangxi	9085	9085			93.3
山 东	Shandong	32237	19837	11800	600	99.5
河 南	Henan	23277	19327	3950		90.0
湖 北	Hubei	22539	12539	10000		85.4
湖 南	Hunan	17368	16768	600		96.0
广 东	Guangdong	59189	37844	21345		84.6
广 西	Guangxi	8891	8291	600		96.4
海 南	Hainan	3880	2230	1650		99.9
重 庆	Chongqing	8174	4574	3600		99.4
四 川	Sichuan	19498	14278	5220		95.0
贵 州	Guizhou	7393	7393			92.2
云 南	Yunnan	8316	2916	5400		87.6
西 藏	Tibet					
陕 西	Shaanxi	13136	12986		150	96.4
甘 肃	Gansu	3155	3155			42.3
青 海	Qinghai	1470	1470			77.8
宁 夏	Ningxia	2780	2780			92.5
新 疆	Xinjiang	8338	7738		600	78.1

11-8 续表 3 continued 3

地 区	Region	粪便(万吨) Night Soil (10 000 tons)		公厕数 (座) Number of Public Lavatories (unit)	#三类以上 Better than Grade Ⅲ	每 万 人 拥有公厕 (座) Number of Public Lavatories per 10 000 Population (unit)
		清运量 Amount Disposed	无害化 处理量 Amount Harmless Treated			
全 国	**National Total**	**1682.4**	**677.8**	**122541**	**90138**	**2.83**
北 京	Beijing	220.7	195.5	5563	5563	3.05
天 津	Tianjin	30.9	14.2	1193	757	1.80
河 北	Hebei	81.7	16.3	6540	3895	4.07
山 西	Shanxi	76.3	0.7	3370	1464	3.19
内蒙古	Inner Mongolia	82.8	13.1	4291	1596	4.85
辽 宁	Liaoning	98.1	17.0	5500	1810	2.37
吉 林	Jilin	66.8	37.2	3959	979	3.51
黑龙江	Heilongjiang	153.2	27.5	6455	2017	4.74
上 海	Shanghai	222.0	63.8	6223	4470	2.58
江 苏	Jiangsu	81.7	42.3	10438	8597	3.62
浙 江	Zhejiang	69.4	58.5	7962	6316	3.98
安 徽	Anhui	24.8	4.6	3122	2579	2.26
福 建	Fujian	3.9	2.8	3078	3058	2.79
江 西	Jiangxi	12.9	6.3	1905	1456	1.98
山 东	Shandong	136.3	59.1	5733	4876	1.95
河 南	Henan	48.3	12.1	7089	6383	3.06
湖 北	Hubei	19.4	8.1	4759	3818	2.59
湖 南	Hunan	3.4	0.2	3312	2827	2.32
广 东	Guangdong	94.4	46.9	9631	9255	1.95
广 西	Guangxi	10.0	2.5	2156	2052	2.29
海 南	Hainan	0.9		457	419	1.86
重 庆	Chongqing	64.6	26.2	2093	1747	1.85
四 川	Sichuan	20.2	4.6	5404	4381	2.90
贵 州	Guizhou	4.1		1280	1046	2.05
云 南	Yunnan	15.9	5.7	2534	2065	3.14
西 藏	Tibet			285	160	4.62
陕 西	Shaanxi	15.6	6.2	3285	3173	3.81
甘 肃	Gansu	19.4	4.7	1367	1097	2.41
青 海	Qinghai	2.0		651	280	3.98
宁 夏	Ningxia	2.7	1.6	671	587	2.54
新 疆	Xinjiang	0.3	0.3	2235	1415	3.16

11-9 各地区城市燃气情况(2013年)

Basic Statistics on Supply of Gas in Cities by Region (2013)

地 区	Region	人工煤气 Coal Gas				
		生产能力 (万立方米／日) Production Capacity (10 000 cu.m/day)	管道长度 (公里) Length of Pipeline (km)	供气总量 (万立方米) Total Gas Supply (10 000 cu.m)	#家庭用量 Domestic Consumption	用气人口 (万人) Population Covered (10 000 persons)
全 国	**National Total**	**2284.2**	**30467**	**627989**	**167886**	**1943.0**
北 京	Beijing					
天 津	Tianjin					
河 北	Hebei	88.1	3216	71058	14135	180.9
山 西	Shanxi	51.7	4355	56556	7930	101.8
内蒙古	Inner Mongolia	164.0	507	3500	2944	40.2
辽 宁	Liaoning	335.6	5567	59264	40405	573.6
吉 林	Jilin	80.0	1858	16575	9554	179.0
黑龙江	Heilongjiang	122.8	772	8443	4669	89.5
上 海	Shanghai	347.4	2962	59346	26001	112.4
江 苏	Jiangsu	38.0	270	3940	2270	9.0
浙 江	Zhejiang	1.8	112	500	475	4.3
安 徽	Anhui					
福 建	Fujian	8.0	310	2927	2374	19.9
江 西	Jiangxi	117.3	1180	36049	4086	32.2
山 东	Shandong	12.9	345	9210	4237	28.0
河 南	Henan	226.1	1051	60052	3374	43.1
湖 北	Hubei					
湖 南	Hunan		440	2765	2206	32.0
广 东	Guangdong					
广 西	Guangxi	10.6	450	4533	3970	46.8
海 南	Hainan					
重 庆	Chongqing					
四 川	Sichuan	511.0	564	165003	5803	50.0
贵 州	Guizhou	102.0	2948	23788	12177	126.6
云 南	Yunnan	10.0	3048	40535	17485	247.7
西 藏	Tibet					
陕 西	Shaanxi					
甘 肃	Gansu	10.8	400	1722	1598	17.8
青 海	Qinghai					
宁 夏	Ningxia		42	132	102	3.2
新 疆	Xinjiang	46.0	71	2090	2090	5.0

11-9 续表 1 continued 1

地 区	Region	管道长度 （公里） Length of Pipeline (km)	天然气 Natural Gas		用气人口 （万人） Population Covered (10 000 persons)
			供气总量 （万立方米） Total Gas Supply (10 000 cu.m)	#家庭用量 Domestic Consumption	
全　国	**National Total**	388473	9009904	1854107	23783.4
北　京	Beijing	19650	989484	119406	1398.6
天　津	Tianjin	14963	281885	43884	651.0
河　北	Hebei	11767	244012	56248	1059.0
山　西	Shanxi	6064	233051	50050	768.7
内蒙古	Inner Mongolia	5990	104732	19651	458.7
辽　宁	Liaoning	12426	97745	48062	1021.2
吉　林	Jilin	5872	85834	21524	423.9
黑龙江	Heilongjiang	7213	111136	25733	672.6
上　海	Shanghai	23156	690885	109947	1447.3
江　苏	Jiangsu	50187	765869	140471	1906.6
浙　江	Zhejiang	22813	230091	49079	840.1
安　徽	Anhui	15380	199095	57921	975.9
福　建	Fujian	7008	112446	9481	346.9
江　西	Jiangxi	7115	56127	16208	429.8
山　东	Shandong	36672	610755	123514	2085.8
河　南	Henan	16591	288625	94826	1307.5
湖　北	Hubei	17815	285324	66788	1106.2
湖　南	Hunan	10167	199746	44022	639.8
广　东	Guangdong	21778	1231702	83344	1380.3
广　西	Guangxi	2859	22234	9496	241.8
海　南	Hainan	1952	25280	11056	110.8
重　庆	Chongqing	13501	324336	110899	955.2
四　川	Sichuan	28368	590236	196111	1492.1
贵　州	Guizhou	854	16078	2800	129.4
云　南	Yunnan	828	2286	999	37.8
西　藏	Tibet	552	127500	127500	5.0
陕　西	Shaanxi	9335	238667	63617	712.9
甘　肃	Gansu	1900	134044	24014	275.7
青　海	Qinghai	1035	118969	18067	123.1
宁　夏	Ningxia	3674	210854	33450	177.7
新　疆	Xinjiang	10986	380880	75940	602.1

11-9 续表 2 continued 2

| 地 区 | Region | 液化石油气 Liquefied Petroleum Gas | | | | 燃气普及率 (%) |
		管道长度 (公里) Length of Pipeline (km)	供气总量 (吨) Total Gas Supply (ton)	#家庭用量 Domestic Consumption	用气人口 (万人) Population Covered (10 000 persons)	Gas Access Rate (%)
全 国	**National Total**	**13437**	**11097298**	**6130639**	**15102.0**	**94.3**
北 京	Beijing	414	472980	202468	426.5	100.0
天 津	Tianjin	184	49490	22734	12.7	100.0
河 北	Hebei	326	183591	110540	342.2	98.4
山 西	Shanxi	386	74399	45958	145.6	96.1
内蒙古	Inner Mongolia	217	69174	60932	278.9	87.9
辽 宁	Liaoning	670	495244	231198	639.4	96.2
吉 林	Jilin	88	181420	114194	428.1	91.4
黑龙江	Heilongjiang	22	218023	116994	402.8	85.6
上 海	Shanghai	516	397314	235092	855.5	100.0
江 苏	Jiangsu	906	700765	458823	956.6	99.6
浙 江	Zhejiang	3106	821658	532847	1149.6	99.8
安 徽	Anhui	259	619620	135713	351.5	96.1
福 建	Fujian	198	277846	166891	725.4	98.9
江 西	Jiangxi	160	223399	178590	450.9	95.1
山 东	Shandong	759	484287	310663	819.1	99.6
河 南	Henan	19	227208	190222	551.8	82.0
湖 北	Hubei	267	361641	202459	644.0	95.1
湖 南	Hunan		195167	175306	643.1	91.9
广 东	Guangdong	4309	3889033	1863314	3412.9	96.9
广 西	Guangxi	85	309475	242840	592.8	93.6
海 南	Hainan	18	91151	80923	122.0	94.6
重 庆	Chongqing		87922	29541	99.5	93.1
四 川	Sichuan	201	183581	102507	130.8	89.7
贵 州	Guizhou	135	71027	65701	210.1	74.9
云 南	Yunnan	111	196004	77689	290.9	71.5
西 藏	Tibet	…	20394	17322	18.9	38.6
陕 西	Shaanxi		32732	24450	94.9	93.8
甘 肃	Gansu		73971	66515	162.0	80.2
青 海	Qinghai		5366	5346	15.6	84.8
宁 夏	Ningxia		18444	10608	54.2	89.1
新 疆	Xinjiang	81	64973	52259	73.8	96.4

11-10　各地区城市集中供热情况(2013年)

Basic Statistics on Central Heating in Cities by Region (2013)

地　区 Region		供热能力 Heating Capacity		供热总量 Total Heating Supply	
		蒸　汽 (吨/小时) Steam (ton/hour)	热　水 (兆瓦) Hot Water (megawatts)	蒸　汽 (万吉焦) Steam (10 000 gigajoules)	热　水 (万吉焦) Hot Water (10 000 gigajoules)
全　国	**National Total**	**84362**	**403542**	**53242**	**266462**
北　京	Beijing	300	38585	168	33960
天　津	Tianjin	3717	21572	1827	11284
河　北	Hebei	6975	27441	5599	17730
山　西	Shanxi	1291	23068	942	16699
内蒙古	Inner Mongolia	767	33729	671	22367
辽　宁	Liaoning	12787	68631	6521	43494
吉　林	Jilin	1536	40576	387	21660
黑龙江	Heilongjiang	4874	42296	2433	32978
上　海	Shanghai				
江　苏	Jiangsu				
浙　江	Zhejiang	8039	85	9648	1
安　徽	Anhui	4305	182	3071	40
福　建	Fujian				
江　西	Jiangxi				
山　东	Shandong	25211	39722	14441	25459
河　南	Henan	6008	8568	3010	3843
湖　北	Hubei	1874	278	963	49
湖　南	Hunan				
广　东	Guangdong				
广　西	Guangxi				
海　南	Hainan				
重　庆	Chongqing				
四　川	Sichuan				
贵　州	Guizhou		239		130
云　南	Yunnan				
西　藏	Tibet				
陕　西	Shaanxi	4118	8902	2142	4643
甘　肃	Gansu	224	14069	245	12205
青　海	Qinghai		348		290
宁　夏	Ningxia	396	8252	153	4322
新　疆	Xinjiang	1940	26997	1021	15308

11-10 续表 continued

地 区	Region	管道长度(公里) Length of Pipelines (km)		供热面积 (万平方米) Heated Area (10 000 sq.m)	#住 宅 Housing
		蒸 汽 Steam	热 水 Hot Water		
全 国	**National Total**	**12259**	**165877**	**571677**	**420886**
北 京	Beijing	44	11192	54591	36806
天 津	Tianjin	566	17423	32897	25248
河 北	Hebei	1052	10002	50220	37438
山 西	Shanxi	56	7424	39826	29846
内蒙古	Inner Mongolia	164	8401	39020	26564
辽 宁	Liaoning	1357	30493	92109	71057
吉 林	Jilin	231	16425	42823	31363
黑龙江	Heilongjiang	423	16384	53804	37019
上 海	Shanghai				
江 苏	Jiangsu				
浙 江	Zhejiang	1195	…	7710	66
安 徽	Anhui	563	15	2329	987
福 建	Fujian				
江 西	Jiangxi				
山 东	Shandong	4107	28042	75721	61236
河 南	Henan	1444	3239	15152	12224
湖 北	Hubei	221	10	1745	1165
湖 南	Hunan				
广 东	Guangdong				
广 西	Guangxi				
海 南	Hainan				
重 庆	Chongqing				
四 川	Sichuan				
贵 州	Guizhou		36	190	33
云 南	Yunnan				
西 藏	Tibet				
陕 西	Shaanxi	550	1210	15963	14260
甘 肃	Gansu	112	4260	15437	11765
青 海	Qinghai		179	451	340
宁 夏	Ningxia	26	3052	8236	6554
新 疆	Xinjiang	150	8087	23452	16913

11-11 各地区城市园林绿化情况(2013年)

Area of Parks & Green Land in Cities by Region (2013)

单位: 公顷 (hectare)

地 区	Region	绿化覆盖面积 Green Covered Area	#建成区 Completed Area	绿 地 面 积 Area of Green Land	#建成区 Completed Area	公园绿地面积 Park Green Land
全 国	**National Total**	**2808936**	**1907490**	**2427221**	**1719361**	**547356**
北 京	Beijing	70111	70111	68438	68438	23223
天 津	Tianjin	26101	26101	23196	23196	7279
河 北	Hebei	86731	73635	76045	66634	22609
山 西	Shanxi	43271	41645	36347	35326	11821
内蒙古	Inner Mongolia	52511	43653	49333	40180	14951
辽 宁	Liaoning	194503	95869	120514	89206	25708
吉 林	Jilin	43430	42201	38390	37788	13284
黑龙江	Heilongjiang	84344	63290	75064	57708	16478
上 海	Shanghai	134904	38312	124295	33807	17142
江 苏	Jiangsu	287465	161671	256263	148592	40413
浙 江	Zhejiang	144481	96604	127927	87218	24852
安 徽	Anhui	101449	70815	83910	62868	17223
福 建	Fujian	65159	54025	57613	49199	13891
江 西	Jiangxi	53185	51921	49239	48433	13553
山 东	Shandong	217366	178529	193647	159970	49518
河 南	Henan	92732	86076	80753	75387	22226
湖 北	Hubei	94677	76498	71622	65315	19936
湖 南	Hunan	61879	56633	53483	51527	12857
广 东	Guangdong	474212	217110	411978	194645	78857
广 西	Guangxi	75674	43435	69870	38115	10812
海 南	Hainan	16549	12450	14423	10913	3068
重 庆	Chongqing	52996	46452	48123	42898	20436
四 川	Sichuan	98537	79054	88894	70591	20908
贵 州	Guizhou	40286	23964	34026	21565	7104
云 南	Yunnan	38866	35332	34906	31516	8514
西 藏	Tibet	4263	2172	3649	1506	557
陕 西	Shaanxi	41067	36772	33853	31001	10138
甘 肃	Gansu	25912	23301	21166	20437	6677
青 海	Qinghai	5107	4909	4772	4603	1581
宁 夏	Ningxia	23765	16193	21919	15509	4621
新 疆	Xinjiang	57402	38757	53562	35269	7119

注: 公园绿地面积包括综合公园、社区公园、专类公园、带状公园和街旁绿地。

Note: Area of park green areas includes comprehensive park, community park, topic park, belt-shaped park and green area nearby street.

11-11 续表 continued

地 区	Region	人均公园绿地面积（平方米）Park Green Land per Capita (sq.m)	建成区绿化覆盖率（%）Green Covered Area as % of Completed Area	建成区绿地率（%）Parks & Green Land as % of Completed Area	公园个数（个）Number of Parks (unit)	公园面积（公顷）Area of Parks (hectare)
全 国	**National Total**	**12.6**	**39.7**	**35.8**	**12401**	**329841**
北 京	Beijing	15.7	47.1	45.6	245	13294
天 津	Tianjin	11.0	34.9	31.0	91	2030
河 北	Hebei	14.1	41.2	37.3	476	15602
山 西	Shanxi	11.2	40.0	34.0	204	8159
内蒙古	Inner Mongolia	16.9	36.2	33.3	220	11539
辽 宁	Liaoning	11.1	40.2	37.4	347	12877
吉 林	Jilin	11.8	31.4	28.1	173	5280
黑龙江	Heilongjiang	12.1	36.0	32.8	321	9516
上 海	Shanghai	7.1	38.4	33.9	158	2222
江 苏	Jiangsu	14.0	42.4	39.0	842	18707
浙 江	Zhejiang	12.4	40.3	36.4	1068	15165
安 徽	Anhui	12.5	39.9	35.4	312	10843
福 建	Fujian	12.6	42.8	39.0	529	10906
江 西	Jiangxi	14.1	45.1	42.1	297	8378
山 东	Shandong	16.8	42.6	38.2	733	29466
河 南	Henan	9.6	37.6	32.9	290	11443
湖 北	Hubei	10.8	38.1	32.6	317	10680
湖 南	Hunan	9.0	37.6	34.2	209	9038
广 东	Guangdong	15.9	41.5	37.2	3258	66775
广 西	Guangxi	11.5	37.7	33.0	183	7626
海 南	Hainan	12.5	42.1	36.9	48	1824
重 庆	Chongqing	18.0	41.7	38.5	278	10123
四 川	Sichuan	11.2	38.4	34.3	524	12204
贵 州	Guizhou	11.4	34.5	31.0	63	4528
云 南	Yunnan	10.6	37.8	33.7	626	6166
西 藏	Tibet	9.0	18.1	12.5	64	640
陕 西	Shaanxi	11.8	40.2	33.9	173	4320
甘 肃	Gansu	11.8	32.1	28.1	104	3649
青 海	Qinghai	9.7	31.2	29.3	29	949
宁 夏	Ningxia	17.5	38.5	36.9	69	2114
新 疆	Xinjiang	10.1	36.4	33.1	150	3778

11-12 各地区城市公共交通情况(2013年)

Urban Public Transportation by Region (2013)

地 区 Region	年末公共交通运营数(辆) Number of Public Transport Vehicles (year-end figure,unit)	公共汽、电车 Buses & Trolleybus	轨道交通 Subways, Light Rail, Streetcar	标准运营车数(标台) Standard Operating Motor Vehicles (standard unit)	运营线路总长度(公里) Length of Operating Routes (km)	出 租汽车数(辆) Number of Taxies (unit)
全 国 National Total	460970	446604	14366	553478	577581	1053580
北 京 Beijing	27590	23592	3998	44507	20153	67046
天 津 Tianjin	10296	9670	626	12603	13603	31940
河 北 Hebei	17498	17498		20303	19647	49792
山 西 Shanxi	8957	8957		10469	14655	34906
内蒙古 Inner Mongolia	6721	6721		7579	11123	38120
辽 宁 Liaoning	21387	20929	458	26006	22215	79607
吉 林 Jilin	11253	10873	380	11514	12910	55096
黑龙江 Heilongjiang	15591	15525	66	17177	14999	62699
上 海 Shanghai	20207	16717	3490	29242	24391	50612
江 苏 Jiangsu	33380	32710	670	40816	50876	49501
浙 江 Zhejiang	25518	25230	288	29259	43797	35449
安 徽 Anhui	13023	13023		15171	11068	37833
福 建 Fujian	12414	12414		13978	17030	19391
江 西 Jiangxi	7733	7733		8781	11291	12854
山 东 Shandong	35031	35031		39877	51412	59080
河 南 Henan	18920	18770	150	21051	18171	45483
湖 北 Hubei	17536	17134	402	21269	16427	34394
湖 南 Hunan	14010	14010		15448	13764	24973
广 东 Guangdong	54659	52189	2470	64704	89133	65315
广 西 Guangxi	7611	7611		8871	9733	15249
海 南 Hainan	2670	2670		2825	4022	5594
重 庆 Chongqing	11382	10680	702	13106	17142	17096
四 川 Sichuan	22127	21815	312	27217	19975	33142
贵 州 Guizhou	5454	5454		5977	5300	15266
云 南 Yunnan	8605	8533	72	9359	15126	17580
西 藏 Tibet	382	382		475	963	1354
陕 西 Shaanxi	11750	11468	282	14022	8783	22684
甘 肃 Gansu	5359	5359		5882	4969	20687
青 海 Qinghai	2083	2083		2368	1979	7119
宁 夏 Ningxia	3192	3192		3482	5342	13189
新 疆 Xinjiang	8631	8631		10141	7583	30529

资料来源：交通运输部。

Source: Ministry of Transport.

11-12 续表 continued

地 区	Region	客运总量			每万人拥有公交车辆	轮 渡 Ferry	
		（万人次） Volume of Passenger Transport (10 000 persontimes)	公共汽、电车 Buses & Trolleybus	轨道交通 Subways, Light Rail, Streetcar	（标台） Motor Vehicles for Public Transport per 10 000 Population (standard unit)	运营船数 （艘） Number of Operating Vessels (unit)	客运总量 （万人次） Volume of Passengers Transport (10 000 persontimes)
全 国	National Total	8254548	7162676	1091872	12.8	375	10161
北 京	Beijing	804775	484306	320469	24.4		
天 津	Tianjin	160927	136490	24437	19.0		
河 北	Hebei	202727	202727		12.6		
山 西	Shanxi	156364	156364		9.9		
内蒙古	Inner Mongolia	108685	108685		8.6		
辽 宁	Liaoning	435633	403782	31851	11.2		
吉 林	Jilin	171378	164143	7235	10.2		
黑龙江	Heilongjiang	238156	236759	1397	12.6	119	355
上 海	Shanghai	521676	271048	250628	12.1	54	1620
江 苏	Jiangsu	489637	439512	50125	14.2	13	630
浙 江	Zhejiang	330597	321359	9238	14.6	6	368
安 徽	Anhui	211012	211012		11.0		
福 建	Fujian	227004	227004		12.7	31	2849
江 西	Jiangxi	130511	130511		9.1		
山 东	Shandong	411311	411311		13.5	3	87
河 南	Henan	266157	266092	65	9.1		
湖 北	Hubei	356217	328874	27343	11.6	56	1339
湖 南	Hunan	271882	271882		10.8	15	126
广 东	Guangdong	1040821	743710	297111	13.1	70	2567
广 西	Guangxi	138161	138161		9.4		
海 南	Hainan	43756	43756		11.5		
重 庆	Chongqing	261391	221342	40049	11.6	8	218
四 川	Sichuan	380254	360895	19359	14.6		
贵 州	Guizhou	139265	139265		9.6		
云 南	Yunnan	150294	149918	376	11.6		
西 藏	Tibet	8001	8001		7.7		
陕 西	Shaanxi	250732	238542	12190	16.3		
甘 肃	Gansu	110711	110711		10.4		
青 海	Qinghai	41760	41760		14.5		
宁 夏	Ningxia	41664	41664		13.2		
新 疆	Xinjiang	153091	153091		14.4		

11-13 环保重点城市道路交通噪声监测情况(2013年)
Monitoring of Urban Road Traffic Noise in Main
Environmental Protection Cities (2013)

城　市　City	路段总长度 (米) Total Length of Roads (m)	超标路段 (米) Roads with Excess Noise (m)	路段超标率 (%) Percentage of Roads with Excess Noise (%)	路段平均路宽 (米) Average Width of Roads (m)	平均车流量 (辆/小时) Average Traffic Volume (car/hour)	等效声级 dB(A) Average Noise Value dB(A)
北　京　Beijing	968	395	40.8	36.5	4806	69.1
天　津　Tianjin	505	74	14.7	32.6	2583	67.6
石家庄　Shijiazhuang	388	50	12.9	20.2	2097	67.8
唐　山　Tangshan	112			32.8	2504	65.0
秦皇岛　Qinhuangdao	100			32.0	1879	66.8
邯　郸　Handan	136	45	33.2	29.4	1073	68.6
保　定　Baoding	202	61	30.0	48.2	1839	67.9
太　原　Taiyuan	127	34	26.6	22.5	2963	68.0
大　同　Datong	67	3	4.9	28.5	751	65.6
阳　泉　Yangquan	54			23.2	904	65.9
长　治　Changzhi	48	2	3.7	26.3	2109	67.1
临　汾　Linfen	54	10	17.7	22.4	1435	67.6
呼和浩特　Hohhot	234	94	40.0	36.5	2131	69.3
包　头　Baotou	151	2	1.0	24.7	2502	66.5
赤　峰　Chifeng	81	19	23.9	25.7	415	67.7
沈　阳　Shenyang	146	59	40.6	33.8	3048	69.8
大　连　Dalian	463	180	38.9	24.7	1868	67.7
鞍　山　Anshan	133	3	2.3	28.1	1771	66.4
抚　顺　Fushun	165	46	27.8	21.8	1357	67.7
本　溪　Benxi	80	2	3.0	18.1	920	63.2
锦　州　Jinzhou	136	12	8.8	18.7	1753	67.5
长　春　Changchun	280	89	32.0	30.8	3088	68.9
吉　林　Jilin	135	41	30.5	35.4	2333	69.0
哈尔滨　Harbin	120	18	15.3	16.8	3659	67.8
齐齐哈尔　Qiqihar	73	14	18.7	41.3	1120	67.8
牡丹江　Mudanjiang	92	5	5.5	21.7	1061	65.8
上　海　Shanghai	243	103	42.4	28.2	1860	68.4
南　京　Nanjing	279	44	15.9	33.6	1603	68.0
无　锡　Wuxi	146	36	24.9	25.4	1401	67.9
徐　州　Xuzhou	227	72	31.6	35.3	1119	67.5
常　州　Changzhou	426	72	17.0	40.4	1402	67.7
苏　州　Suzhou	414	25	6.1	33.9	1394	63.5
南　通　Nantong	210	58	27.6	42.8	1433	68.4
连云港　Lianyungang	104			58.4	1770	67.2
扬　州　Yangzhou	132	8	6.4	39.4	2682	66.3
镇　江　Zhenjiang	325	71	21.7	42.4	1123	67.3
杭　州　Hangzhou	485	206	42.5	34.3	1863	69.3
宁　波　Ningbo	120	40	33.6		1107	68.4

资料来源：环境保护部(以下各表同)。
Source:Ministry of Environmental Protection (the same as in the following tables).

11-13 续表 1 continued 1

城　　市	City	路段总长度 (米) Total Length of Roads (m)	超标路段 (米) Roads with Excess Noise (m)	路段超标率 (%) Percentage of Roads with Excess Noise (%)	路段平均路宽 (米) Average Width of Roads (m)	平均车流量 (辆/小时) Average Traffic Volume (car/hour)	等效声级 dB(A) Average Noise Value dB(A)
温　州	Wenzhou	245	66	27.0	41.5	2034	68.1
湖　州	Huzhou	208	86	41.2	28.3	1429	69.2
绍　兴	Shaoxing	213	12	5.8	41.0	1836	67.7
合　肥	Hefei	592	81	13.7	53.7	1535	67.8
芜　湖	Wuhu	405	47	11.5	51.2	1411	64.0
马鞍山	Maanshan	99	22	22.0	42.7	1302	67.5
福　州	Fuzhou	186	64	34.3	29.6	2569	69.2
厦　门	Xiamen	309	18	5.7	57.2	2002	65.6
泉　州	Quanzhou	516	103	19.9	23.8	575	68.2
南　昌	Nanchang	252	54	21.5	38.6	1880	67.3
九　江	Jiujiang	97			33.2	2526	65.7
济　南	Jinan	160	48	30.3	52.5	2884	69.3
青　岛	Qingdao	507	219	43.2	30.1	1668	68.9
淄　博	Zibo	166	8	4.8	29.6	1819	67.0
枣　庄	Zaozhuang	22	8	36.7	20.4	911	68.7
烟　台	Yantai	134	34	25.0	27.2	2043	68.6
潍　坊	Weifang	146	15	10.5	45.6	2026	66.2
济　宁	Jinin	52			35.3	1920	66.5
泰　安	Taian	269	73	27.2	25.8	1438	68.0
日　照	Rizhao	186			32.1	2239	63.2
郑　州	Zhengzhou	131	39	29.9	41.3	2586	67.6
开　封	Kaifeng	74	6	8.7	26.5	1357	67.9
洛　阳	Luoyang	163	14	8.6	48.9	1931	67.1
平顶山	Pingdingshan	46	9	18.8	36.7	3172	67.3
安　阳	Anyang	69	2	3.2	54.1	1886	67.7
焦　作	Jiaozuo	58	5	8.5	51.4	1350	67.7
三门峡	Sanmenxia	46	6	13.5	19.1	1583	69.0
武　汉	Wuhan	224	72	32.1	21.9	2640	69.0
宜　昌	Yichang	70	12	16.5	18.8	1364	67.1
荆　州	Jingzhou	59	7	12.2	35.6	1670	67.2
长　沙	Changsha	103	25	24.4	37.9	3503	69.3
株　洲	Zhuzhou	78	14	18.0	33.1	2396	65.8
湘　潭	Xiangtan	133	40	30.0	29.2	1996	68.0
岳　阳	Yueyang	76	29	38.1	20.2	1525	68.9
常　德	Changde	47	10	21.5	28.8	1660	68.4
张家界	Zhangjiajie	59	30	51.4	31.9	407	69.4
广　州	Guangzhou	998	210	21.1	29.3	834	67.6
韶　关	Shaoguan	92	5	5.1	20.7	1687	64.7

11-13　续表　2　continued 2

城　市　City	路段总长度 （米） Total Length of Roads (m)	超标路段 （米） Roads with Excess Noise (m)	路段超标率 （%） Percentage of Roads with Excess Noise (%)	路段平均路宽 （米） Average Width of Roads (m)	平均车流量 （辆／小时） Average Traffic Volume (car/hour)	等效声级 dB(A) Average Noise Value dB(A)
深　圳　Shenzhen	395	109	27.6	58.6	3903	68.9
珠　海　Zhuhai	229			33.2	452	67.3
汕　头　Shantou	293	37	12.7	40.9	830	67.6
湛　江　Zhanjiang	187	22	11.6	45.6	2082	67.5
南　宁　Nanning	139	65	46.4	40.0	2756	69.8
柳　州　Liuzhou	212	38	17.8	31.0	623	67.1
桂　林　Guilin	105	39	37.0	17.7	1723	69.5
北　海　Beihai	49	7	13.4	50.7	1425	65.7
海　口　Haikou	149	34	22.6	40.6	3000	68.0
重　庆　Chongqing	656	158	24.1	28.0	1731	67.4
成　都　Chengdu	429	125	29.1	42.9	3705	69.2
自　贡　Zigong	50	5	10.9	19.2	1468	66.1
攀枝花　Panzhihua	0	0	6.7	13.9	1166	67.9
泸　州　Luzhou	25	4	14.2	36.1	1561	68.0
德　阳　Deyang	33			34.6	1641	62.0
绵　阳　Mianyang	79			41.5	2675	67.9
南　充　Nanchong	50	10	21.0	32.9	1395	68.2
宜　宾　Yibin	125	21	16.6	25.0	1110	67.8
贵　阳　Guiyang	70	5	7.5	35.0	4378	66.6
遵　义　Zunyi	67	5	8.1	24.1	1573	67.5
昆　明　Kunming	296	15	5.1	37.2	5028	67.9
曲　靖　Qujing	72	13	17.4	45.8	1272	66.0
玉　溪　Yuxi	35			33.2	1012	65.9
拉　萨　Lhasa	58	12	20.2	19.9	612	67.0
西　安　Xi'an	204	68	33.5	31.3	2753	68.2
铜　川　Tongchuan	103			14.1	1096	63.6
宝　鸡　Baoji	89			16.3	1121	67.7
咸　阳　Xianyang	110	7	6.4	29.8	539	66.3
渭　南　Weinan	48			18.7	899	65.8
延　安　Yan'an	8			10.8	2114	66.4
兰　州　Lanzhou	125	22	17.6	19.7	2636	68.6
金　昌　Jinchang	40	3	7.6	22.4	240	66.8
西　宁　Xining	86	15	17.0	17.1	275	69.0
银　川　Yinchuan	235	31	13.1	34.2	1821	66.9
石嘴山　Shizuishan	93	2	2.2	15.3	920	64.2
乌鲁木齐　Urumqi	365	69	19.0	44.3	3032	67.5
克拉玛依　Karamay	131			17.1	770	64.4

11-14 环保重点城市区域环境噪声监测情况(2013年)

Monitoring of Urban Area Environmental Noise in Main Environmental Protection Cities (2013)

城 市	City	等效声级 dB(A) Average Noise Value dB(A)	城 市	City	等效声级 dB(A) Average Noise Value dB(A)	城 市	City	等效声级 dB(A) Average Noise Value dB(A)
北 京	Beijing	53.8	温 州	Wenzhou	54.8	深 圳	Shenzhen	56.6
天 津	Tianjin	54.0	湖 州	Huzhou	54.4	珠 海	Zhuhai	53.7
石 家 庄	Shijiazhuang	52.2	绍 兴	Shaoxing	54.8	汕 头	Shantou	55.5
唐 山	Tangshan	52.0	合 肥	Hefei	54.8	湛 江	Zhanjiang	54.2
秦 皇 岛	Qinhuangdao	54.7	芜 湖	Wuhu	54.6	南 宁	Nanning	53.4
邯 郸	Handan	53.3	马 鞍 山	Maanshan	55.4	柳 州	Liuzhou	55.1
保 定	Baoding	55.4	福 州	Fuzhou	57.4	桂 林	Guilin	53.6
太 原	Taiyuan	53.0	厦 门	Xiamen	55.6	北 海	Beihai	56.0
大 同	Datong	53.5	泉 州	Quanzhou	54.6	海 口	Haikou	54.7
阳 泉	Yangquan	53.5	南 昌	Nanchang	53.6	重 庆	Chongqing	53.4
长 治	Changzhi	52.2	九 江	Jiujiang	53.9	成 都	Chengdu	54.4
临 汾	Linfen	51.9	济 南	Jinan	52.6	自 贡	Zigong	53.2
呼 和 浩 特	Hohhot	54.0	青 岛	Qingdao	57.6	攀 枝 花	Panzhihua	51.6
包 头	Baotou	54.2	淄 博	Zibo	53.0	泸 州	Luzhou	54.1
赤 峰	Chifeng	54.9	枣 庄	Zaozhuang	56.1	德 阳	Deyang	49.7
沈 阳	Shenyang	54.3	烟 台	Yantai	53.9	绵 阳	Mianyang	54.3
大 连	Dalian	53.7	潍 坊	Weifang	53.3	南 充	Nanchong	55.4
鞍 山	Anshan	53.3	济 宁	Jinin	51.5	宜 宾	Yibin	54.7
抚 顺	Fushun	52.6	泰 安	Taian	55.8	贵 阳	Guiyang	55.4
本 溪	Benxi	54.9	日 照	Rizhao	52.4	遵 义	Zunyi	55.4
锦 州	Jinzhou	53.2	郑 州	Zhengzhou	54.7	昆 明	Kunming	53.7
长 春	Changchun	55.3	开 封	Kaifeng	51.5	曲 靖	Qujing	50.8
吉 林	Jilin	52.4	洛 阳	Luoyang	53.5	玉 溪	Yuxi	55.0
哈 尔 滨	Harbin	55.9	平 顶 山	Pingdingshan	54.0	拉 萨	Lhasa	47.7
齐 齐 哈 尔	Qiqihar	51.8	安 阳	Anyang	54.8	西 安	Xi'an	55.3
牡 丹 江	Mudanjiang	55.0	焦 作	Jiaozuo	54.2	铜 川	Tongchuan	55.4
上 海	Shanghai	55.5	三 门 峡	Sanmenxia	54.6	宝 鸡	Baoji	53.7
南 京	Nanjing	54.0	武 汉	Wuhan	55.1	咸 阳	Xianyang	56.6
无 锡	Wuxi	56.7	宜 昌	Yichang	55.6	渭 南	Weinan	53.7
徐 州	Xuzhou	53.5	荆 州	Jingzhou	54.3	延 安	Yan'an	56.2
常 州	Changzhou	53.9	长 沙	Changsha	54.8	兰 州	Lanzhou	54.6
苏 州	Suzhou	54.3	株 洲	Zhuzhou	53.6	金 昌	Jinchang	53.5
南 通	Nantong	57.8	湘 潭	Xiangtan	53.8	西 宁	Xining	54.3
连 云 港	Lianyungang	53.7	岳 阳	Yueyang	51.2	银 川	Yinchuan	53.1
扬 州	Yangzhou	54.5	常 德	Changde	53.7	石 嘴 山	Shizuishan	51.0
镇 江	Zhenjiang	55.9	张 家 界	Zhangjiajie	52.4	乌 鲁 木 齐	Urumqi	54.8
杭 州	Hangzhou	56.3	广 州	Guangzhou	54.9	克 拉 玛 依	Karamay	51.7
宁 波	Ningbo	58.7	韶 关	Shaoguan	55.5			

11-15 主要城市区域环境噪声声源构成情况(2013年)

Composition of Environmental Noises by Sources in Major Cities (2013)

单位: %, dB(A)   (%,dB(A))

城　　市　　City		交通噪声 Traffic Noise		工业噪声 Industry Noise	
		所占比例 Percentage of Total	平均声级 Average Noise Value	所占比例 Percentage of Total	平均声级 Average Noise Value
北　京	Beijing	20.9	55.6	7.0	57.0
天　津	Tianjin	8.8	59.1	8.8	54.1
石　家　庄	Shijiazhuang	69.1	52.1	11.7	52.3
太　原	Taiyuan	32.8	55.0	3.0	54.0
呼和浩特	Hohhot	13.6	58.8	1.5	64.6
沈　阳	Shenyang	12.5	56.1	6.3	54.0
长　春	Changchun	26.4	62.1	3.2	56.9
哈　尔　滨	Harbin	16.7	56.0	2.3	54.6
上　海	Shanghai	7.2	58.0	18.5	57.3
南　京	Nanjing	25.8	54.0	18.2	55.1
杭　州	Hangzhou	22.8	58.3	1.3	57.2
合　肥	Hefei	20.3	55.5	23.6	55.2
福　州	Fuzhou	15.1	62.0	5.6	60.3
南　昌	Nanchang	23.0	55.6	9.2	55.4
济　南	Jinan	20.6	52.0	7.5	52.1
郑　州	Zhengzhou	13.1	54.7	1.8	55.3
武　汉	Wuhan	12.4	62.0	8.6	55.5
长　沙	Changsha	8.1	52.1	66.1	55.0
广　州	Guangzhou	6.2	53.1	81.1	54.3
南　宁	Nanning	14.5	56.4	2.3	52.9
海　口	Haikou	23.8	57.6	62.4	53.3
重　庆	Chongqing	15.3	57.4	8.8	55.5
成　都	Chengdu	16.3	57.6	5.0	54.6
贵　阳	Guiyang	13.6	55.3	12.3	55.5
昆　明	Kunming	33.3	55.3	3.5	51.3
拉　萨	Lhasa				
西　安	Xi'an	13.0	59.6	1.0	62.8
兰　州	Lanzhou	25.8	55.5	3.8	57.2
西　宁	Xining	12.1	53.1	0.4	45.7
银　川	Yinchuan	38.3	53.6	11.2	55.0
乌鲁木齐	Urumqi	25.0	57.4	9.8	55.9

11-15 续表 continued

单位: %，dB(A)   (%,dB(A))

城　　市　City	施工噪声 Construction Noise		生活噪声 Household Noise		其他噪声 Other Noise	
	所占比例 Percentage of Total	平均声级 Average Noise Value	所占比例 Percentage of Total	平均声级 Average Noise Value	所占比例 Percentage of Total	平均声级 Average Noise Value
北　京　Beijing	3.2	54.1	68.4	53.0	0.5	47.6
天　津　Tianjin	1.5	53.8	80.9	53.4		
石 家 庄　Shijiazhuang	4.5	52.3	13.2	52.3	1.5	52.0
太　原　Taiyuan			59.9	51.7	4.3	54.9
呼和浩特　Hohhot	10.6	54.6	74.2	52.8		
沈　阳　Shenyang	6.7	56.0	74.6	53.9		
长　春　Changchun	4.8	58.7	65.6	52.2		
哈 尔 滨　Harbin	1.4	58.3	55.1	55.6	24.5	56.4
上　海　Shanghai			67.9	54.7	6.4	55.8
南　京　Nanjing	0.9	57.8	55.2	53.5		
杭　州　Hangzhou	1.3	59.6	74.5	55.7		
合　肥　Hefei	3.5	55.1	52.0	54.4	0.5	60.1
福　州　Fuzhou	1.3	64.0	78.0	56.2		
南　昌　Nanchang	3.7	51.6	64.1	52.7		
济　南　Jinan			72.0	52.8		
郑　州　Zhengzhou	3.6	52.0	60.9	54.8	20.6	54.8
武　汉　Wuhan	1.9	55.6	77.1	53.9		
长　沙　Changsha	25.8	55.1				
广　州　Guangzhou	5.3	57.5	7.5	60.7		
南　宁　Nanning	14.1	52.6	60.0	53.1	9.1	52.4
海　口　Haikou	2.9	55.8	5.7	53.4	5.2	58.8
重　庆　Chongqing	1.3	56.4	74.6	52.3		
成　都　Chengdu			78.6	53.7		
贵　阳　Guiyang	1.4	57.2	72.7	55.4		
昆　明　Kunming	4.8	54.1	53.9	52.9	4.4	53.2
拉　萨　Lhasa					100.0	47.7
西　安　Xi'an	0.5	56.4	82.0	54.3	3.5	59.3
兰　州　Lanzhou	0.5	56.4	42.7	53.5	27.2	55.2
西　宁　Xining	1.3	52.4	86.2	54.6		
银　川　Yinchuan	4.2	52.9	46.3	52.3		
乌鲁木齐　Urumqi	2.2	60.0	61.6	53.4	1.3	52.9

十二、农村环境

Rural Environment

12-1　全国农村环境情况(2000-2013年)
Rural Environment (2000-2013)

年 份 Year	农村改水 累计受益人口 （万人） Accumulative Benefiting Population from Drinking Water Improvement Projects (10 000 persons)	农村改水 累计受益率 (%) Proportion of Benefiting Population from Drinking Water Improvement (%)	累计使用卫生 厕所户数 （万户） Households with Access to Sanitation Lavatory (10 000 households)	卫生厕所 普及率 (%) Sanitation Lavatory Access Rate (%)	农村沼气池 产气量 (亿立方米) Production of Methane in Rural Areas (100 million cu.m)	太阳能 热水器 (万平方米) Water Heaters Using Solar Energy (10 000 sq.m)	太阳灶 （台） Solar Kitchen Ranges (unit)
2000	88112	92.4	9572	44.8	25.9	1107.8	332390
2001	86113	91.0	11405	46.1	29.8	1319.4	388599
2002	86833	91.7	12062	48.7	37.0	1621.7	478426
2003	87387	92.7	12624	50.9	47.5	2464.8	526177
2004	88616	93.8	13192	53.1	55.7	2845.9	577625
2005	88893	94.1	13740	55.3	72.9	3205.6	685552
2006	86629	91.1	13873	55.0	83.6	3941.0	865238
2007	87859	92.1	14442	57.0	101.7	4286.4	1118763
2008	89447	93.6	15166	59.7	118.4	4758.7	1356755
2009	90251	94.3	16056	63.2	130.8	4997.1	1484271
2010	90834	94.9	17138	67.4	139.6	5488.9	1617233
2011	89971	94.2	18019	69.2	152.8	6231.9	2139454
2012	91208	95.3	18628	71.7	157.6	6801.8	2207246
2013	89938	95.6	19401	74.1	157.8	7294.6	2264356

12-2 各地区农村改水、改厕情况(2013年)

Drinking Water and Sanitation Lavatory Improvement in Rural Area by Region(2013)

单位: 万人 (10 000 persons)

地 区	Region	农村总人口 Rural Population	累计已改水受益人口 Population of Benefiting from Drinking Water Improvement	农村改水 Access to Drinking Water Improvement		
				自来水 Tap Water		
				厂、站 (个) Factory Station (unit)	累计受益人口 Accumulative Benefiting Population	占农村总人口比重 (%) % of all Rural Population
全 国	**National Total**	**94040.04**	**89938.30**	**743988**	**71865.93**	**76.42**
北 京	Beijing	268.30	268.30	3278	267.10	99.56
天 津	Tianjin	378.70	378.70	3567	374.56	98.91
河 北	Hebei	5444.32	5368.37	36078	4751.61	87.28
山 西	Shanxi	2410.78	2168.73	15562	1926.97	79.93
内蒙古	Inner Mongolia	1464.73	1385.93	10465	896.94	61.24
辽 宁	Liaoning	2226.69	2165.77	11013	1649.91	74.10
吉 林	Jilin	1542.12	1542.12	16548	1317.64	85.44
黑龙江	Heilongjiang	2105.64	2096.10	14670	1448.63	68.80
上 海	Shanghai	289.70	289.67	30	289.67	99.99
江 苏	Jiangsu	4918.03	4845.08	4303	4845.08	98.52
浙 江	Zhejiang	3593.82	3548.10	22071	3438.52	95.68
安 徽	Anhui	5392.96	5232.52	12190	3158.00	58.56
福 建	Fujian	2659.88	2631.75	16871	2443.62	91.87
江 西	Jiangxi	3383.02	3364.68	20027	2327.86	68.81
山 东	Shandong	6927.20	6913.80	23164	6482.52	93.58
河 南	Henan	7187.25	6672.46	32094	4436.37	61.73
湖 北	Hubei	4486.78	4465.58	4224	3379.01	75.31
湖 南	Hunan	5368.47	4837.84	53961	3766.10	70.15
广 东	Guangdong	6014.70	5954.67	26284	5316.04	88.38
广 西	Guangxi	4318.29	3676.40	42328	2948.37	68.28
海 南	Hainan	575.19	554.27	19884	468.50	81.45
重 庆	Chongqing	2570.86	2542.61	19825	2340.51	91.04
四 川	Sichuan	6874.36	6487.27	50582	4328.93	62.97
贵 州	Guizhou	3302.13	2894.66	28874	2421.82	73.34
云 南	Yunnan	3708.92	3465.93	219918	2594.43	69.95
西 藏	Tibet					
陕 西	Shaanxi	2361.00	2154.00	27800	949.62	40.22
甘 肃	Gansu	2099.32	2038.32	3953	1388.64	66.15
青 海	Qinghai	387.70	341.72	1752	304.92	78.65
宁 夏	Ningxia	409.77	392.13	527	345.37	84.29
新 疆	Xinjiang	1168.89	1065.63	1124	1065.63	91.17
新疆兵团	Xinjiang Production & Construction Corps	200.52	195.19	1021	193.04	96.27

资料来源:国家卫生和计划生育委员会(下表同)。

Source: National Health and Family Planning Commission (the same as in the following table).

12-2 续表 1   continued 1

单位: 万人   (10 000 persons)

| 地 区 / Region | 农村改水 Access to Drinking Water Improvement | | | | | |
| | 手压机井 Manually Operated Motor-pumped Wells | | | 雨水收集 Rain Collection | | |
	数 量（万台）Number (10 000 units)	累计受益人口 Accumulative Benefiting Population	占农村总人口(%) % of all Rural Population	水 窖（个）Water Cellars (unit)	累计受益人口 Accumulative Benefiting Population	占农村总人口(%) % of all Rural Population
全 国 National Total	8148.12	11596.52	12.33	2603432	1506.43	1.60
北 京 Beijing						
天 津 Tianjin	2.53	4.14	1.09			
河 北 Hebei	511.31	564.85	10.38	18050	17.04	0.31
山 西 Shanxi	51.44	60.26	2.50	130980	88.28	3.66
内蒙古 Inner Mongolia	108.26	346.17	23.63	42846	7.46	0.51
辽 宁 Liaoning	90.73	244.89	11.00	1963	0.74	0.03
吉 林 Jilin	60.66	231.21	14.99			
黑龙江 Heilongjiang	166.85	630.43	29.94			
上 海 Shanghai						
江 苏 Jiangsu						
浙 江 Zhejiang	11.77	42.01	1.17	6656	3.68	0.10
安 徽 Anhui	532.42	1946.19	36.09		2.61	0.05
福 建 Fujian	3946.84	56.58	2.13			
江 西 Jiangxi	154.45	662.66	19.59	10	0.15	
山 东 Shandong	275.21	403.92	5.83		18.16	0.26
河 南 Henan	556.54	2166.44	30.14	254756	24.12	0.34
湖 北 Hubei	111.20	611.40	13.63	150628	67.69	1.51
湖 南 Hunan	122.36	585.53	10.91	4	3.22	0.06
广 东 Guangdong	297.68	533.09	8.86	80	0.78	0.01
广 西 Guangxi	98.01	481.53	11.15	151827	125.39	2.90
海 南 Hainan	373.34	70.10	12.19			
重 庆 Chongqing	13.65	72.68	2.83	2014	13.18	0.51
四 川 Sichuan	281.77	1142.79	16.62	66155	87.85	1.28
贵 州 Guizhou	189.61	12.91	0.39	115792	171.34	5.19
云 南 Yunnan	9.21	78.69	2.12	460829	282.00	7.60
西 藏 Tibet						
陕 西 Shaanxi	153.70	460.26	19.49	63434	222.83	9.44
甘 肃 Gansu	19.68	162.32	7.73	1008793	324.23	15.44
青 海 Qinghai	4.57	10.57	2.73	35175	14.40	3.71
宁 夏 Ningxia	4.28	13.56	3.31	93440	31.09	7.59
新 疆 Xinjiang						
新疆兵团 Xinjiang Production & Construction Corps	0.06	1.36	0.68		0.18	0.09

12-2 续表 2 continued 2

地 区	Region	农村改水 Access to Drinking Water Improvement		农村改厕（万户） Access to Sanitation Lavatory Improvement (10 000 households)				
		其他 Other		农 村 总户数	累计使用 卫生厕所 户 数	累计使用 卫生公厕 户 数	卫生厕所 普 及 率 (%)	无害化卫 生厕所普 及率 (%)
		累计受 益人口 （万人） Accumulative Benefiting Population (10 000 persons)	占农村 总人口 (%) % of all Rural Population	Total Rural Households	Accumulative Households Sanitary Toilets	Accumulative Households Using Sanitary Public Lavatories	Access Rate to Sanitary Toilets (%)	Access Rate to Harmless Sanitary Toilets (%)
全 国	**National Total**	**89938.30**	**95.64**	**26185.94**	**19400.55**	**3165.08**	**74.09**	**52.40**
北 京	Beijing	268.30	100.00	118.84	115.26	18.65	96.98	96.64
天 津	Tianjin	378.70	100.00	123.44	115.29	14.06	93.40	93.40
河 北	Hebei	5368.37	98.60	1503.59	852.84	53.41	56.72	30.85
山 西	Shanxi	2168.73	89.96	679.02	361.46	140.99	53.23	28.13
内蒙古	Inner Mongolia	1385.93	94.62	395.13	197.41	67.24	49.96	23.85
辽 宁	Liaoning	2165.77	97.26	682.87	456.96	28.30	66.92	32.03
吉 林	Jilin	1542.12	100.00	440.33	334.90	16.76	76.06	15.72
黑龙江	Heilongjiang	2096.10	99.55	624.58	454.32	111.50	72.74	14.74
上 海	Shanghai	289.67	99.99	116.87	115.51	43.66	98.84	98.68
江 苏	Jiangsu	4845.08	98.52	1571.33	1462.56	72.37	93.08	79.19
浙 江	Zhejiang	3548.10	98.73	1205.12	1122.79	159.41	93.17	83.43
安 徽	Anhui	5232.52	97.03	1434.76	897.75	148.15	62.57	34.03
福 建	Fujian	2631.75	98.94	797.29	722.90	83.60	90.67	88.88
江 西	Jiangxi	3364.68	99.46	841.28	731.25	148.14	86.92	62.07
山 东	Shandong	6913.80	99.81	2099.09	1890.82	127.06	90.08	54.06
河 南	Henan	6672.46	92.84	2088.23	1552.60	140.67	74.35	54.11
湖 北	Hubei	4465.58	99.53	1055.72	869.83	0.62	82.39	53.39
湖 南	Hunan	4837.84	90.12	1483.41	975.12	84.65	65.73	39.34
广 东	Guangdong	5954.67	99.00	1473.02	1326.11	131.15	90.03	83.24
广 西	Guangxi	3676.40	85.14	1053.78	826.13	92.62	78.40	71.42
海 南	Hainan	554.27	96.36	128.51	101.21	19.59	78.76	77.59
重 庆	Chongqing	2542.61	98.90	726.86	457.69		62.97	62.97
四 川	Sichuan	6487.27	94.37	2051.22	1456.20	930.41	70.99	54.15
贵 州	Guizhou	2894.66	87.66	835.18	398.72	62..95	47.74	30.28
云 南	Yunnan	3465.93	93.45	966.15	587.27	147.52	60.79	33.94
西 藏	Tibet							
陕 西	Shaanxi	2154.00	91.23	711.67	361.19	100.69	50.75	42.88
甘 肃	Gansu	2038.32	97.09	491.66	328.70	77.47	66.85	28.52
青 海	Qinghai	341.72	88.14	92.91	60.33	8.44	64.94	8.93
宁 夏	Ningxia	392.13	95.70	104.74	64.61	23.93	61.68	50.66
新 疆	Xinjiang	1065.63	91.17	220.00	153.71	153.72	69.87	37.72
新疆兵团	Xinjiang Production & Construction Corps	195.19	97.34	69.34	49.11	20.30	70.82	69.73

12-3 各地区农村改水、改厕投资情况(2013年)

Investment of Drinking Water and Sanitation Lavatory Improvement
in Rural Area by Region(2013)

单位: 万元   (10 000 yuan)

地 区 Region		农村改水 Access to Drinking Water Improvement			农村改厕 Access to Sanitation Lavatory Improvement		
		农村改水 投 资 Investment of Water Drinking Improvement	#国家投资 State Investment	国家投资占 总投资比重 (%) Proportion of State Investment in Total (%)	农村改厕 投 资 Investment of Sanitation Lavatory Improvement	#国家投资 State Investment	国家投资占 总投资比重 (%) Proportion of State Investment in Total (%)
全 国	National Total	2921257.5	2167678.9	74.2	346897.3	74883.1	21.6
北 京	Beijing	10601.2	8079.0	76.2	34.0		
天 津	Tianjin	10071.1	9065.6	90.0	215.0	28.6	13.3
河 北	Hebei	40889.2	32567.2	79.6	19179.2	7818.7	40.8
山 西	Shanxi	22505.2	19403.7	86.2	20249.9	12043.1	59.5
内蒙古	Inner Mongolia	43872.4	38252.4	87.2	9360.5	6147.1	65.7
辽 宁	Liaoning	44286.7	35110.4	79.3	13110.5	7132.5	54.4
吉 林	Jilin	62190.0	38704.0	62.2	3920.0	2250.0	57.4
黑龙江	Heilongjiang	15432.3	9536.0	61.8	8935.8	3994.2	44.7
上 海	Shanghai	79549.0	53542.0	67.3	4912.5	726.7	14.8
江 苏	Jiangsu	197815.1	140026.1	70.8	55285.6	41681.4	75.4
浙 江	Zhejiang	113478.2	66609.3	58.7	54700.8	12779.9	23.4
安 徽	Anhui	142903.0	126249.7	88.3	36207.2	19323.1	53.4
福 建	Fujian	112625.0	84496.4	75.0	39656.7	3823.3	9.6
江 西	Jiangxi	65042.5	48397.1	74.4	35348.6	18955.4	53.6
山 东	Shandong	220386.9	104649.4	47.5	41068.8	11027.2	26.9
河 南	Henan	156132.0	125135.7	80.1	28849.4	9731.7	33.7
湖 北	Hubei	169584.0	121659.0	71.7	28049.9	13540.5	48.3
湖 南	Hunan	116621.0	86212.1	73.9	16276.2	8414.5	51.7
广 东	Guangdong	98731.6	58851.8	59.6	54893.8	7479.8	13.6
广 西	Guangxi	209714.0	168293.5	80.2	110661.3	23178.4	20.9
海 南	Hainan	24821.3	21443.9	86.4	16263.4	3376.0	20.8
重 庆	Chongqing	94661.9	85473.6	90.3	14069.6	11998.9	85.3
四 川	Sichuan	180793.2	145719.7	80.6	129231.2	65920.8	51.0
贵 州	Guizhou	193346.5	174334.7	90.2	45301.0	14898.1	32.9
云 南	Yunnan	126684.5	103262.9	81.5	23203.1	10750.3	46.3
西 藏	Tibet						
陕 西	Shaanxi	168482.0	108615.0	64.5	23813.8	13567.4	57.0
甘 肃	Gansu	84390.4	69252.2	82.1	8979.3	2274.4	25.3
青 海	Qinghai	27754.4	20202.7	72.8	3656.7	2457.2	67.2
宁 夏	Ningxia	18852.1	15101.3	80.1	3824.5	2705.4	70.7
新 疆	Xinjiang	53867.0	36806.0	68.3	9931.7	6422.9	64.7
新疆兵团	Xinjiang Production & Construction Corps	15174.1	12626.6	83.2	8931.2	2450.0	27.4

12-4 各地区农村可再生能源利用情况(2013年)

Use of Renewable Energy in Rural Area by Region (2013)

地 区 Region	沼 气 池 产气总量 （万立方米） Total Production of Methane (10 000 cu.m)	#处理农业废弃物沼气工程 Methane Generating Projects of Disposing Agricultural Wastes	太阳能 热水器 （万平方米） Water Heaters Using Solar Energy (10 000 sq.m)	太阳房 （万平方米） Solar Energy Houses (10 000 sq.m)	太阳灶 （台） Solar Kitchen Ranges (unit)	生活污水 净化沼气池 （个） Household Waste Water Purification and Methane Generating Tanks(unit)
全 国 **National Total**	**1577652.2**	**183669.3**	**7294.6**	**2445.6**	**2264356**	**208551**
北 京 Beijing	2524.1	2479.9	74.4	115.3	1197	
天 津 Tianjin	3705.2	1121.4	35.3	0.8		8
河 北 Hebei	90856.4	8075.3	605.6	139.6	42247	159
山 西 Shanxi	18991.0	2170.3	407.7	0.2	35836	28
内 蒙 Inner Mongolia	13766.8	3379.6	62.3	93.6	52592	5
辽 宁 Liaoning	16131.6	2446.9	127.9	531.5	986	
吉 林 Jilin	4351.1	545.7	64.3	289.4	821	3
黑龙江 Heilongjiang	9464.6	4339.3	58.3	485.1	511	
上 海 Shanghai	1564.6	1564.6	80.6	5.0		
江 苏 Jiangsu	30459.4	10500.9	776.0	6.6		34866
浙 江 Zhejiang	18508.6	12028.3	595.0		40	75403
安 徽 Anhui	27993.2	3061.8	525.0			1505
福 建 Fujian	30425.0	9725.0	41.2			1111
江 西 Jiangxi	65075.8	8183.1	174.1	0.5		1947
山 东 Shandong	95258.0	15338.1	1119.0	16.9	6508	159
河 南 Henan	139215.3	13011.3	488.3	2.0		649
湖 北 Hubei	105928.8	6935.2	313.5			1287
湖 南 Hunan	99017.0	7722.9	183.0	13.7		2045
广 东 Guangdong	35399.2	15682.5	29.9			6445
广 西 Guangxi	158687.1	2642.5	78.4			354
海 南 Hainan	33730.5	9273.0	389.7			
重 庆 Chongqing	44304.9	2719.3	43.6			17186
四 川 Sichuan	235456.6	29818.0	152.3	2.7	121714	64756
贵 州 Guizhou	67220.6	3125.1	54.6			332
云 南 Yunnan	130797.7	235.6	303.1		264	139
西 藏 Tibet	5476.7	21.3	147.1		381556	
陕 西 Shaanxi	31044.8	1789.8	155.6	0.8	240929	123
甘 肃 Gansu	40579.6	1532.0	99.3	266.2	737941	34
青 海 Qinghai	3187.5	168.0	7.2	450.5	242168	
宁 夏 Ningxia	4298.3	1355.2	35.2	16.0	385052	7
新 疆 Xinjiang	12864.9	1574.7	51.9	9.4	13994	
新疆兵团 Xinjiang Production & Construction Corps	809.4	558.3	0.2			

资料来源：农业部。
Source: Ministry of Agriculture.

12-5 各地区农业有效灌溉和农用化肥施用情况(2013年)
Agriculture Irrigated Area and Use of Chemical Fertilizers by Region (2013)

地 区	Region	有效灌溉面积 (千公顷) Area Irrigated (1 000 hectares)	化肥施用量 (万吨) Use of Chemical Fertilizers (10 000 tons)	氮 肥 Nitrogenous Fertilizer	磷 肥 Phosphate Fertilizer	钾 肥 Potash Fertilizer	复合肥 Compound Fertilizer
全 国	**National Total**	**63473.3**	**5911.9**	**2394.2**	**830.6**	**627.4**	**2057.5**
北 京	Beijing	153.0	12.8	5.9	0.7	0.7	5.4
天 津	Tianjin	308.9	24.3	11.2	3.8	1.8	7.6
河 北	Hebei	4349.0	331.0	150.7	46.6	27.9	106.0
山 西	Shanxi	1382.8	121.0	38.4	18.7	9.9	54.1
内蒙古	Inner Mongolia	2957.8	202.4	88.7	35.0	16.6	62.1
辽 宁	Liaoning	1407.8	151.8	70.1	12.2	13.5	56.0
吉 林	Jilin	1510.1	216.8	71.5	7.1	14.6	123.6
黑龙江	Heilongjiang	5342.1	245.0	86.8	50.9	37.0	70.4
上 海	Shanghai	184.1	10.8	5.3	0.8	0.5	4.2
江 苏	Jiangsu	3785.3	326.8	165.7	44.7	19.9	96.6
浙 江	Zhejiang	1409.4	92.4	50.5	11.4	7.3	23.2
安 徽	Anhui	4305.5	338.4	113.5	35.6	31.4	157.9
福 建	Fujian	1122.4	120.6	46.9	16.8	24.5	32.4
江 西	Jiangxi	1995.6	141.6	42.7	22.1	20.9	55.8
山 东	Shandong	4729.0	472.7	158.2	48.8	44.1	221.6
河 南	Henan	4969.1	696.4	243.5	121.2	63.9	267.9
湖 北	Hubei	2791.4	351.9	152.8	64.6	31.3	103.2
湖 南	Hunan	3084.3	248.2	109.7	27.9	43.5	67.0
广 东	Guangdong	1770.8	243.9	100.5	21.9	48.4	73.1
广 西	Guangxi	1586.4	255.7	74.2	30.9	57.3	93.3
海 南	Hainan	260.9	47.6	14.4	3.4	8.2	21.6
重 庆	Chongqing	675.2	96.6	49.7	17.9	5.4	23.6
四 川	Sichuan	2616.5	251.1	126.1	50.3	17.7	55.0
贵 州	Guizhou	926.9	97.4	51.3	11.2	9.2	25.7
云 南	Yunnan	1660.3	219.0	110.5	32.1	23.3	53.1
西 藏	Tibet	239.3	5.7	2.0	1.2	0.6	1.9
陕 西	Shaanxi	1209.9	241.7	98.7	18.4	23.3	101.3
甘 肃	Gansu	1284.1	94.7	40.3	17.5	8.2	28.7
青 海	Qinghai	186.9	9.8	3.9	1.5	0.3	4.2
宁 夏	Ningxia	498.6	40.4	18.5	4.5	2.4	15.1
新 疆	Xinjiang	4769.9	203.2	92.4	51.0	14.1	45.8

资料来源：国家统计局(下表同)。
Source: National Bureau of Statistics (the same as in the following table).

12-6　各地区农用塑料薄膜和农药使用量情况(2013年)

Use of Agricultural Plastic Film and Pesticide by Region (2013)

地　区　Region	塑料薄膜使用量 (吨) Use of Agricultural Plastic Film (ton)	地膜使用量 (吨) Use of Plastic Film for Covering Plants (ton)	地膜覆盖面积 (公顷) Area Covered by Plastic Film (hectare)	农药使用量 (吨) Use of Pesticide (ton)
全　国　National Total	2493183	1361788	17656986	1801862
北　京　Beijing	12356	3345	18431	3864
天　津　Tianjin	12901	4877	77499	3639
河　北　Hebei	136006	67776	1119703	86720
山　西　Shanxi	46399	32612	584376	30534
内蒙古　Inner Mongolia	80822	61110	1153627	31332
辽　宁　Liaoning	146068	43188	325194	60035
吉　林　Jilin	58485	28310	176599	51011
黑龙江　Heilongjiang	85378	33055	340163	84016
上　海　Shanghai	19436	5566	21961	5019
江　苏　Jiangsu	116846	45344	598391	81157
浙　江　Zhejiang	64663	28940	165559	62198
安　徽　Anhui	94882	42261	440011	117774
福　建　Fujian	59154	29335	138015	57804
江　西　Jiangxi	51401	29320	162399	99922
山　东　Shandong	318727	136830	2381218	158384
河　南　Henan	167794	74055	1072889	130058
湖　北　Hubei	66310	38162	394230	127152
湖　南　Hunan	82407	55396	710475	124298
广　东　Guangdong	45781	23955	128198	110090
广　西　Guangxi	41479	31987	409754	69037
海　南　Hainan	23333	12014	35132	43478
重　庆　Chongqing	42860	22210	230515	18354
四　川　Sichuan	127854	88310	996933	59954
贵　州　Guizhou	47495	32692	273229	13480
云　南　Yunnan	106606	85783	990845	54782
西　藏　Tibet	1336	1144	3425	1031
陕　西　Shaanxi	40847	21377	450626	12998
甘　肃　Gansu	165791	91228	1349000	77760
青　海　Qinghai	6472	5415	59912	1997
宁　夏　Ningxia	16627	10400	194360	2699
新　疆　Xinjiang	206666	175790	2654319	21285

附录一、人口资源环境
主要统计指标

APPENDIX I.
Main Indicators of Population,
Resource & Environment Statistics

附录1　人口资源环境主要统计指标
Main Indicators of Population, Resources & Environment Statistics

指　标	Indicator		2011	2012	2013
1.人口构成	**Population Structure**				
总人口　（万人）	Population	(10 000 persons)	134735	135404	136072
＃城镇	Urban		69079	71182	73111
乡村	Rural		65656	64222	62961
2.土地资源	**Land Resource**				
耕地面积　（万公顷）	Cultivated Land	(10 000 hectares)	12172	12172	12172
人均耕地面积　（亩）	Cultivated Land per Capita	(mu)	1.37	1.37	1.37
3.水资源	**Water Resource**				
水资源总量（亿立方米）	Water Resources	(100 million cu.m)	23256.7	29528.8	27957.9
人均水资源量（立方米/人）	Per Capita Water Resources	(cu.m/person)	1730.2	2186.2	2059.7
用水总量（亿立方米）	Water Use	(100 million cu.m)	6107.2	6131.2	6183.4
＃工业用水量	Industry		1461.8	1380.7	1406.4
人均用水量（立方米/人）	Per Capita Water Use	(cu.m/person)	454.4	453.9	455.5
单位GDP用水量（立方米/万元）	Water Use /GDP	(cu.m/10 000 yuan)	139.2	129.8	121.6
单位工业增加值用水量（立方米/万元）	Water Use/Value Added of Industry (cu.m/10 000 yuan)		82.4	72.3	68.4
4.森林资源	**Forest Resource**				
森林面积（万公顷）	Forest Area	(10 000 hectares)	20768.7	20768.7	20768.7
森林覆盖率（%）	Forest Coverage Rate	(%)	21.63	21.63	21.63
活立木总蓄积量（亿立方米）	Standing Forest Stock	(100 million cu.m)	164.3	164.3	164.3
森林蓄积量（亿立方米）	Stock Volume of Forest	(100 million cu.m)	151.4	151.4	151.4
人均森林面积（公顷/人）	Per Capita Forest Area	(hectare/person)	0.15	0.15	0.15

注：耕地面积为2008年底数据。
Note: Culitivated Land is the data at the end of 2008.

附录1　续表　continued

指　　　标	Indicator		2011	2012	2013
5.污染物排放	**Pollutant Discharge**				
废水排放量　　　　(亿吨)	Waste Water Discharge	(100 million tons)	659.2	684.8	695.4
化学需氧量排放量　(万吨)	COD Discharge	(10 000 tons)	2499.9	2423.7	2352.7
氨氮排放量　　　　(万吨)	Ammonia Nitrogen Discharge	(10 000 tons)	260.4	253.6	245.7
二氧化硫排放量　　(万吨)	Sulphur Dioxide Emission	(10 000 tons)	2217.9	2117.6	2043.9
氮氧化物排放量　　(万吨)	Nitrogen Oxides Emission	(10 000 tons)	2404.3	2337.8	2227.4
一般工业固体废物倾倒丢弃量　　　　　　　(万吨)	Common Industry Solid Wastes Discharged　(10 000 tons)		433.3	144.2	129.3
单位国内生产总值废水排放量　　　　(吨/万元)	Waste Water Discharge/GDP　(ton/10 000 yuan)		15.0	14.5	13.7
单位国内生产总值化学需氧量排放量　(千克/万元)	COD Discharge/GDP　(kg/10 000 yuan)		5.7	5.1	4.6
单位国内生产总值氨氮排放量　　　　(千克/万元)	Ammonia Nitrogen Discharge/GDP　(kg/10 000 yuan)		0.6	0.5	0.5
单位国内生产总值二氧化硫排放量　(千克/万元)	Emission of SO2/GDP　(kg/10 000 yuan)		5.1	4.5	4.0
单位国内生产总值氮氧化物排放量　(千克/万元)	Emission of Nitrogen Oxides/GDP　(kg/10 000 yuan)		5.5	4.9	4.4
城市生活垃圾清运量　(万吨)	Urban Garbage Disposal　(10 000 tons)		16395	17081	17239
6.污染治理投入	**Investment in Treatment of Environmental Pollution**				
环境污染治理投资　(亿元)	Investment in Anti-pollution Projects　(100 milliom yuan)		7114	8253	9516
环境污染治理投资占GDP比重　　　　　　(%)	Investment in Anti-pollution Projects as Percentage of GDP　(%)		1.50	1.59	1.67

附录二、"十二五"时期主要环境保护指标

APPENDIX II.
Main Environmental Indicators in the 12thFive-year Plan

附录2-1 "十二五"时期资源环境主要指标
Indicators on Resources & Environment in the 12th Five-year Plan

指 标	Item	2010	2015	年均增长(%) Annual Growth Rate (%)	属 性 Attribute
耕地保有量 （亿亩）	Total Cultivated Land （100 million mu）	18.18	18.18	[0]	约束性 Obligatory
单位工业增加值用水量降低 （%）	Reduction of Water Consumption per unit Industrial Added Value （%）			[30]	约束性 Obligatory
农业灌溉用水有效利用系数	Efficient Utilization Coefficient of Agricultural Irrigation Water	0.50	0.53	[0.03]	预期性 Anticipated
非化石能源占一次能源消费比重 （%）	Proportion of Consumption on Non-fossil Energy to Primary Energy （%）	8.3	11.4	[3.1]	约束性 Obligatory
单位国内生产总值能源消耗降低 （%）	Reduction of Energy Consumption per unit GDP （%）			[16]	约束性 Obligatory
单位国内生产总值二氧化碳排放降低 （%）	Reduction of CO_2 Emission per unit GDP （%）			[17]	约束性 Obligatory
主要污染物排放总量减少（%） Reduction of Total Major Pollutants Emission Volume （%）	化学需氧量 COD			[8]	
	二氧化硫 SO$_2$			[8]	约束性
	氨氮 Ammonia Nitrogen			[10]	Obligatory
	氮氧化物 NO$_x$			[10]	
森林增长 Increase of Forest	森林覆盖率(%) Forest Coverage Rate (%)	20.36	21.66	[1.3]	约束性 Obligatory
	森林蓄积量 Stock Volume of Forest （亿立方米） （100 million cu.m）	137	143	[6]	

注：国内生产总值按可比价格计算；[ ]内为五年累计数。

Note:Figures of GDP is of 2010 price; those in [ ] are accumulative figures in five years.

附录2-2 "十二五"时期环境保护主要指标
Indicators on Environmental Protection in the 12th Five-year Plan

指　　标	Item	2010	2015	2015年比2010年增长(%) Increase in 2015 over 2010(%)
化学需氧量排放总量（万吨）	Discharge of COD (10 000 tons)	2551.7	2347.6	-8%
氨氮排放总量（万吨）	Discharge of Ammonia Nitrogen (10 000 tons)	264.4	238.0	-10%
二氧化硫排放总量（万吨）	Emission of Sulphur Dioxide (10 000 tons)	2267.8	2086.4	-8%
氮氧化物排放总量（万吨）	Emission of Nitrogen Oxides (10 000 tons)	2273.6	2046.2	-10%
地表水国控断面劣Ⅴ类水质的比例 (%)	Proportion of Water Quality Worse than Grade Ⅴ in Surface Water Monitored Section (%)	17.7	<15	-2.7 percentage points
七大水系国控断面水质好于Ⅲ类的比例 (%)	Proportion of Water Quality better than Grade Ⅲ in Main Water System Monitored Section (%)	55	>60	5.0 percentage points
地级以上城市空气质量达到二级标准以上的比例 (%)	Proportion of Air Quality Equal above Grade Ⅱ in Prefecture level city (%)	72	≥80	8.0 percentage points

附录三、东中西部地区
主要环境指标

APPENDIX III .
Main Environmental Indicators
by Eastern, Central & Western

附录3-1 东中西部地区水资源情况(2013年)

Water Resources by Eastern,Central & Western (2013)

单位: 亿立方米 (100 million cu.m)

区 域 Area	地 区 Region	水资源 总 量 Total Amount of Water Resources	地表水 Surface Water Resources	地下水 Ground Water Resources	地表水与 地下水 重复量 Duplicated Measurement of Surface Water and Groundwater	降水量 Precipi- tation	人均水 资源量 per Capita Water Resources
	全 国 National Total	27957.9	26839.5	8081.1	6962.7	62674.4	2059.7
	东部小计 Eastern Total	5667.1	5331.4	1637.3	1301.6	11467.2	1097.4
	北 京 Beijing	24.8	9.4	18.7	3.4	82.2	118.6
	天 津 Tianjin	14.6	10.8	5.0	1.2	55.1	101.5
	河 北 Hebei	175.9	76.8	138.8	39.8	997.0	240.6
东 部	上 海 Shanghai	28.0	22.8	8.2	3.0	64.7	116.9
	江 苏 Jiangsu	283.5	202.3	97.2	16.0	849.6	357.6
Eastern	浙 江 Zhejiang	931.3	917.3	207.3	193.3	1649.1	1697.2
	福 建 Fujian	1151.9	1150.7	337.6	336.3	2014.0	3062.7
	山 东 Shandong	291.7	191.1	172.3	71.7	1068.1	300.4
	广 东 Guangdong	2263.2	2253.7	532.5	523.1	3869.9	2131.2
	海 南 Hainan	502.1	496.5	119.5	113.9	817.5	5636.8
	中部小计 Central Total	4721.3	4465.9	1400.3	1144.8	10541.0	1311.3
	山 西 Shanxi	126.6	81.0	96.9	51.4	919.3	349.6
中 部	安 徽 Anhui	585.6	525.4	144.5	84.3	1427.4	974.5
	江 西 Jiangxi	1424.0	1405.3	378.4	359.7	2444.5	3155.3
Central	河 南 Heinan	213.1	123.1	147.1	57.2	954.4	226.4
	湖 北 Hubei	790.1	756.6	251.3	217.8	1927.0	1364.9
	湖 南 Hunan	1582.0	1574.3	382.1	374.5	2868.4	2373.6
	西部小计 Western Total	15079.3	14833.4	4362.5	4116.6	34871.8	4127.7
	内 蒙 古 Inner Mongolia	959.8	813.5	249.3	103.0	3649.7	3848.6
	广 西 Guangxi	2057.3	2056.3	478.1	477.1	4014.3	4376.8
	重 庆 Chongqing	474.3	474.3	96.4	96.4	876.4	1603.9
	四 川 Sichuan	2470.3	2469.1	607.5	606.4	5044.1	3052.9
西 部	贵 州 Guizhou	759.4	759.4	235.6	235.6	1729.9	2174.2
	云 南 Yunnan	1706.7	1706.7	573.3	573.3	4560.6	3652.2
Western	西 藏 Tibet	4415.7	4415.7	991.7	991.7	6908.6	142530.6
	陕 西 Shaanxi	353.8	331.5	118.5	96.2	1456.9	941.3
	甘 肃 Gansu	268.9	262.2	138.9	132.2	1291.2	1042.3
	青 海 Qinghai	645.6	629.5	290.8	274.7	2134.4	11216.6
	宁 夏 Ningxia	11.4	9.5	22.1	20.2	165.1	175.3
	新 疆 Xinjiang	956.0	905.6	560.2	509.8	3040.7	4251.9
	东北小计 Northeast Total	2490.1	2208.8	681.1	399.7	5794.3	2269.0
东 北	辽 宁 Liaoning	463.2	420.3	139.4	96.5	1092.9	1055.2
Northeast	吉 林 Jilin	607.4	535.2	160.2	88.0	1484.0	2208.2
	黑 龙 江 Heilongjiang	1419.6	1253.3	381.5	215.2	3217.4	3702.1

资料来源: 水利部。

Source:Ministry of Water Resource.

附录3-2　东中西部地区废水排放情况(2013年)

Discharge of Waste Water by Eastern, Central & Western (2013)

单位: 万吨 (10 000 tons)

区　域 Area	地　区 Region	废水排放 总量 Total Volume of Waste Water Discharged	工业废水 Industrial Waste Water	城镇生活污水 Household Waste Water	集中式污染 治理设施 Centralized Pollution Control Facilities
	全　国 National Total	**6954433**	**2098398**	**4851058**	**4977**
	东部小计 **Eastern Total**	**3428448**	**1030757**	**2395172**	**2519**
	北　京 Beijing	144580	9486	134991	103
	天　津 Tianjin	84210	18692	65469	50
	河　北 Hebei	310921	109876	200953	92
	上　海 Shanghai	222963	45426	177210	327
东　部	江　苏 Jiangsu	594359	220559	373526	274
Eastern	浙　江 Zhejiang	419120	163674	254972	474
	福　建 Fujian	259098	104658	154258	182
	山　东 Shandong	494570	181179	313124	267
	广　东 Guangdong	862471	170463	691295	713
	海　南 Hainan	36156	6744	29374	38
	中部小计 **Central Total**	**1625265**	**495090**	**1128908**	**1267**
	山　西 Shanxi	138030	47795	90203	33
	安　徽 Anhui	266234	70972	195091	171
中　部	江　西 Jiangxi	207138	68230	138617	290
Central	河　南 Heinan	412582	130789	281650	143
	湖　北 Hubei	294054	84993	208836	224
	湖　南 Hunan	307227	92311	214510	407
	西部小计 **Western Total**	**1395419**	**403813**	**990647**	**959**
	内 蒙 古 Inner Mongolia	106920	36986	69900	34
	广　西 Guangxi	225303	89508	135641	153
	重　庆 Chongqing	142535	33451	108937	148
	四　川 Sichuan	307648	64864	242574	210
	贵　州 Guizhou	93085	22898	70112	75
西　部	云　南 Yunnan	156583	41844	114635	104
Western	西　藏 Tibet	5005	400	4604	1
	陕　西 Shaanxi	132169	34871	97166	133
	甘　肃 Gansu	64969	20171	44769	29
	青　海 Qinghai	21953	8395	13550	8
	宁　夏 Ningxia	38528	15708	22810	11
	新　疆 Xinjiang	100720	34718	65949	53
	东北小计 **Northeast Total**	**505300**	**168738**	**336330**	**232**
东　北	辽　宁 Liaoning	234508	78286	156106	116
Northeast	吉　林 Jilin	117703	42656	74980	66
	黑 龙 江 Heilongjiang	153090	47796	105244	50

资料来源: 环境保护部(以下各表同)。

Source:Ministry of Environmental Protection (the same as in the following tables).

附录3-2 续表 1 continued 1

单位: 吨 (ton)

区 域 Area	地 区 Region	化学需氧量 排放总量 COD Discharged	工业 Industry	农业 Agriculture	生活 Household	集中式污染 治理设施 Centralized Pollution Control Facilities
	全 国 National Total	23527201	3194670	11257575	8898128	176829
	东部小计 Eastern Total	8262513	1076173	3870210	3258209	57921
	北 京 Beijing	178475	6055	74717	89868	7835
	天 津 Tianjin	221515	26215	109934	84886	481
	河 北 Hebei	1309947	174439	894825	233276	7407
	上 海 Shanghai	235624	25503	31112	173181	5828
东 部 Eastern	江 苏 Jiangsu	1148888	209175	376111	558698	4904
	浙 江 Zhejiang	755113	174083	197659	376253	7118
	福 建 Fujian	638996	81169	208054	345647	4125
	山 东 Shandong	1845706	132727	1294985	413286	4708
	广 东 Guangdong	1733870	234281	581323	903799	14467
	海 南 Hainan	194380	12526	101489	79316	1049
	中部小计 Central Total	5759924	698667	2577706	2429532	54019
	山 西 Shanxi	461311	78807	174570	205357	2578
	安 徽 Anhui	902684	87135	370704	436388	8457
中 部 Central	江 西 Jiangxi	734470	93266	232479	399003	9721
	河 南 Heinan	1354232	170683	781510	394775	7264
	湖 北 Hubei	1058215	128088	461417	455112	13599
	湖 南 Hunan	1249012	140689	557025	538897	12401
	西部小计 Western Total	6043613	1173726	2428502	2396256	45129
	内 蒙 古 Inner Mongolia	863212	91977	608634	160290	2311
	广 西 Guangxi	759383	175417	210770	369299	3897
	重 庆 Chongqing	391813	51534	121034	218601	645
	四 川 Sichuan	1231965	106492	528814	591206	5453
	贵 州 Guizhou	328155	63214	61542	198069	5330
西 部 Western	云 南 Yunnan	547227	167522	72356	294369	12980
	西 藏 Tibet	25773	620	4051	20948	154
	陕 西 Shaanxi	519261	95400	192494	226166	5201
	甘 肃 Gansu	379126	90481	141636	145378	1631
	青 海 Qinghai	103390	42071	22066	37056	2197
	宁 夏 Ningxia	221925	103083	101232	16783	827
	新 疆 Xinjiang	672383	185915	363875	118091	4503
	东北小计 Northeast Total	3461150	246103	2381156	814131	19760
东 北 Northeast	辽 宁 Liaoning	1252627	84692	849828	312225	5882
	吉 林 Jilin	761206	65288	491501	192439	11978
	黑 龙 江 Heilongjiang	1447318	96123	1039828	309467	1900

附录3-2 续表 2 continued 2

单位: 吨 (ton)

区 域 Area	地 区 Region	氨氮 排放总量 Ammona Nitrogen Discharged	工业 Industry	农业 Agriculture	生活 Household	集中式污染 治理设施 Centralized Pollution Control Facilities
	全 国 National Total	**2456553**	**245845**	**779199**	**1413567**	**17942**
	东部小计 **Eastern Total**	**943585**				
	北 京 Beijing	19704	330	4504	14189	681
	天 津 Tianjin	24681	3339	5633	15671	39
	河 北 Hebei	107067	14271	43060	49177	559
	上 海 Shanghai	45755	1934	3204	40322	296
东 部	江 苏 Jiangsu	147429	14393	38204	94253	579
Eastern	浙 江 Zhejiang	107489	11052	25906	69924	607
	福 建 Fujian	90929	6150	32035	52345	399
	山 东 Shandong	161517	10224	71038	79757	498
	广 东 Guangdong	216386	14599	55381	144901	1505
	海 南 Hainan	22627	913	8656	12960	97
	中部小计 **Central Total**	**674275**	**73212**	**245209**	**350465**	**5389**
	山 西 Shanxi	55331	7618	12145	35321	247
	安 徽 Anhui	103328	7652	36828	58060	789
中 部	江 西 Jiangxi	88827	8987	28698	50358	784
Central	河 南 Heinan	144229	12299	61065	69981	885
	湖 北 Hubei	124856	13609	45167	64560	1520
	湖 南 Hunan	157704	23047	61306	72187	1165
	西部小计 **Western Total**	**592887**	**78095**	**162497**	**347439**	**4855**
	内 蒙 古 Inner Mongolia	51199	11383	12024	27601	190
	广 西 Guangxi	80996	7221	26079	47388	307
	重 庆 Chongqing	52160	3266	12517	36211	167
	四 川 Sichuan	137036	4975	55949	75449	662
	贵 州 Guizhou	38259	3509	7876	26249	625
西 部	云 南 Yunnan	58049	4308	11454	40636	1651
Western	西 藏 Tibet	3193	46	491	2646	10
	陕 西 Shaanxi	59560	8346	15027	35567	619
	甘 肃 Gansu	39171	12636	5496	20925	114
	青 海 Qinghai	9675	2075	867	6598	134
	宁 夏 Ningxia	17076	8541	2105	6373	58
	新 疆 Xinjiang	46514	11789	12612	21796	318
	东北小计 **Northeast Total**	**245806**	**17333**	**83872**	**142163**	**2438**
东 北	辽 宁 Liaoning	103344	7133	33559	61720	932
Northeast	吉 林 Jilin	54716	4223	16993	32214	1286
	黑 龙 江 Heilongjiang	87746	5977	33320	48229	220

附录3-3 东中西部地区废气排放情况(2013年)

Emission of Waste Gas by Eastern,Central & Western (2013)

单位: 吨 　　　　　　　　　　　　　　　　　　　　　　　　　　　　　　　(ton)

区 域 Area	地 区 Region	二氧化硫 排放总量 Total Volume of Sulphur Dioxide Emission	工业 Industrial	生活 Household	集中式污染 治理设施 Centralized Pollution Control Facilities
	全 国 National Total	20439218	18351904	2085373	1941
	东部小计 Eastern Total	6139743	5645464	493018	1261
	北 京 Beijing	87042	52041	34967	34
	天 津 Tianjin	216832	207793	8959	80
	河 北 Hebei	1284697	1173147	111524	26
	上 海 Shanghai	215848	172867	42947	34
东 部 Eastern	江 苏 Jiangsu	941679	909478	31950	251
	浙 江 Zhejiang	593364	579104	14032	228
	福 建 Fujian	361003	342040	18950	13
	山 东 Shandong	1644967	1445348	199411	209
	广 东 Guangdong	761896	731995	29517	384
	海 南 Hainan	32414	31652	761	1
	中部小计 Central Total	4809137	4349917	458927	293
	山 西 Shanxi	1255427	1140835	114565	27
	安 徽 Anhui	501349	450223	50928	199
中 部 Central	江 西 Jiangxi	557704	543497	14203	4
	河 南 Heinan	1253984	1102662	151285	36
	湖 北 Hubei	599353	524005	75323	26
	湖 南 Hunan	641321	588696	52624	2
	西部小计 Western Total	7592747	6725504	866910	333
	内 蒙 古 Inner Mongolia	1358692	1236409	122281	1
	广 西 Guangxi	471987	437996	33949	42
	重 庆 Chongqing	547686	494415	53261	9
	四 川 Sichuan	816706	746363	70083	260
	贵 州 Guizhou	986423	778581	207840	2
西 部 Western	云 南 Yunnan	663091	612954	50131	7
	西 藏 Tibet	4192	1256	2935	
	陕 西 Shaanxi	806152	707146	98999	7
	甘 肃 Gansu	561981	472798	89182	1
	青 海 Qinghai	156694	130818	25875	1
	宁 夏 Ningxia	389712	368201	21510	1
	新 疆 Xinjiang	829431	738566	90863	2
	东北小计 Northeast Total	1897590	1631019	266518	54
东 北 Northeast	辽 宁 Liaoning	1027044	947330	79663	51
	吉 林 Jilin	381453	330956	50495	1
	黑 龙 江 Heilongjiang	489094	352732	136359	2

附录3-3 续表 1 continued 1

单位: 吨 (ton)

区 域 Area		地 区 Region	氮氧化物 排放总量 Nitrogen Oxides Emission	工业 Industry	生活 Household	机动车 Motor Vehicle	集中式污染 治理设施 Centralized Pollution Control Facilities
	全 国	**National Total**	**22273587**	**15456148**	**407493**	**6405529**	**4418**
	东部小计	**Eastern Total**	**7996047**	**5545062**	**111406**	**2336139**	**3441**
	北 京	Beijing	166329	75927	13638	76472	292
	天 津	Tianjin	311719	250646	5221	55669	184
	河 北	Zhejiang	1652468	1105634	23319	523476	39
	上 海	Shanghai	380355	262346	23474	94119	416
东 部	江 苏	Jiangsu	1338040	985313	6112	346175	441
Eastern	浙 江	Zhejiang	752976	573498	2982	176297	199
	福 建	Fujian	438344	330628	2356	105316	44
	山 东	Shandong	1651328	1171600	26412	453122	193
	广 东	Guangdong	1204239	722639	6888	473080	1632
	海 南	Hainan	100249	66831	1004	32413	1
	中部小计	**Central Total**	**5358077**	**3667213**	**89444**	**1600961**	**460**
	山 西	Shanxi	1157804	863611	30428	263685	80
	安 徽	Anhui	863669	626449	10651	226302	267
中 部	江 西	Jiangxi	570408	345992	3106	221292	18
Central	河 南	Heinan	1565643	1028822	24270	512490	61
	湖 北	Hubei	612392	404489	13003	194872	27
	湖 南	Hunan	588161	397849	7985	182319	7
	西部小计	**Western Total**	**6651975**	**4758135**	**122398**	**1770984**	**458**
	内 蒙 古	Inner Mongolia	1377573	1104482	22980	250104	7
	广 西	Guangxi	504307	348938	3631	151656	83
	重 庆	Chongqing	362043	247905	4487	109631	19
	四 川	Sichuan	624314	408796	9913	205314	291
	贵 州	Guizhou	557292	446899	7933	102452	9
西 部	云 南	Yunnan	523672	316711	6735	200214	12
Western	西 藏	Tibet	44328	2491	312	41525	
	陕 西	Shaanxi	758898	552078	26595	180202	23
	甘 肃	Gansu	442926	306404	14401	122116	4
	青 海	Qinghai	132256	93180	6161	32912	2
	宁 夏	Ningxia	437440	357233	2679	77525	2
	新 疆	Xinjiang	886927	573017	16570	297334	6
	东北小计	**Northeast Total**	**2267488**	**1485738**	**84246**	**697446**	**59**
东 北	辽 宁	Liaoning	955381	673335	17424	264579	44
Northeast	吉 林	Jilin	560519	370505	11874	178135	5
	黑 龙 江	Heilongjiang	751588	441898	54948	254732	10

附录3-3 续表 2 continued 2

单位: 吨 (ton)

区 域 Area	地 区 Region	烟(粉)尘 排放总量 Soot (Powder) Dust Emission	工业 Industry	生活 Household	机动车 Motor Vehicle	集中式污染 治理设施 Centralized Pollution Control Facilities
	全 国 National Total	12781411	10946235	1239000	594245	1930
	东部小计 Eastern Total	3688747	3190122	284455	212930	1241
东 部 Eastern	北 京 Beijing	59286	27182	28258	3806	40
	天 津 Tianjin	87457	62766	18400	6267	23
	河 北 Zhejiang	1313313	1187198	77015	49057	43
	上 海 Shanghai	80925	67174	6451	7218	82
	江 苏 Jiangsu	499961	455568	17091	27040	261
	浙 江 Zhejiang	319746	296586	6902	16059	199
	福 建 Fujian	259363	240583	9767	9005	9
	山 东 Shandong	696726	542371	108087	46214	53
	广 东 Guangdong	353968	296664	12077	44697	530
	海 南 Hainan	18003	14029	407	3565	1
	中部小计 Central Total	3161076	2733156	273294	154300	326
中 部 Central	山 西 Shanxi	1026718	897937	105475	23279	27
	安 徽 Anhui	418617	351757	44490	22154	216
	江 西 Jiangxi	356271	324694	6213	25337	28
	河 南 Heinan	641273	547210	42737	51309	17
	湖 北 Hubei	359525	294788	48154	16553	30
	湖 南 Hunan	358671	316770	26226	15669	7
	西部小计 Western Total	4218361	3679112	383179	155802	268
西 部 Western	内 蒙 古 Inner Mongolia	822127	684054	109018	29042	12
	广 西 Guangxi	289474	260028	13378	16030	38
	重 庆 Chongqing	191204	179842	4401	6952	9
	四 川 Sichuan	296005	268866	11387	15654	99
	贵 州 Guizhou	301302	262072	29078	10149	2
	云 南 Yunnan	386895	354770	15215	16904	7
	西 藏 Tibet	6751	1005	1040	4706	
	陕 西 Shaanxi	537739	468507	54973	14215	43
	甘 肃 Gansu	226574	174556	43609	8404	5
	青 海 Qinghai	173762	149239	21600	2923	...
	宁 夏 Ningxia	230620	212914	9074	8629	2
	新 疆 Xinjiang	755909	663257	70405	22195	52
	东北小计 Northeast Total	1713227	1343846	298073	71213	96
东 北 Northeast	辽 宁 Liaoning	670586	572774	70624	27099	89
	吉 林 Jilin	320187	250928	51124	18133	3
	黑 龙 江 Heilongjiang	722454	520144	176326	25981	4

附录3-4 东中西部地区固体废物产生及处理情况(2013年)
Generation and Disposal of Solid Wastes
by Eastern,Central & Western (2013)

单位: 万吨   (10 000 tons)

区 域 Area	地 区 Region	一般工业 固体废物 产生量 Common Industrial Solid Wastes Generated	一般工业 固体废物综合 利用量 Common Industrial Solid Wastes Utilized	一般工业 固体废物 处置量 Common Industrial Solid Wastes Disposed	一般工业 固体废物 贮存量 Stock of Common Industrial Solid Wastes	一般工业 固体废物 倾倒丢弃量 Common Industrial Solid Wastes Discharged
	全 国 National Total	327702	205916	82969	42634	129.28
	东部小计 **Eastern Total**	**96169**	**67405**	**26628**	**2852**	**1.68**
	北 京 Beijing	1044	904	140	...	
	天 津 Tianjin	1592	1582	10	...	
	河 北 Hebei	43289	18356	23429	1847	
	上 海 Shanghai	2054	1995	58	5	0.04
东 部 Eastern	江 苏 Jiangsu	10856	10502	287	197	...
	浙 江 Zhejiang	4300	4091	177	49	...
	福 建 Fujian	8535	7544	962	51	0.05
	山 东 Shandong	18172	17134	788	436	0.03
	广 东 Guangdong	5912	5024	732	169	1.56
	海 南 Hainan	415	271	46	98	...
	中部小计 **Central Total**	**86232**	**60380**	**17038**	**10170**	**3.25**
	山 西 Shanxi	30520	19815	8187	2749	
	安 徽 Anhui	11937	10462	1374	933	
中 部 Central	江 西 Jiangxi	11518	6431	397	4738	1.84
	河 南 Heinan	16270	12466	3470	450	0.01
	湖 北 Hubei	8181	6196	1646	412	0.80
	湖 南 Hunan	7806	5011	1964	888	0.60
	西部小计 **Western Total**	**107856**	**58533**	**27073**	**23650**	**115.29**
	内 蒙 古 Inner Mongolia	20081	9984	8296	2233	1.37
	广 西 Guangxi	7676	5425	1609	1198	0.38
	重 庆 Chongqing	3162	2695	415	79	11.48
	四 川 Sichuan	14007	5780	5301	3107	7.15
	贵 州 Guizhou	8194	4160	1607	2470	19.22
西 部 Western	云 南 Yunnan	16040	8414	4834	2863	48.86
	西 藏 Tibet	362	5	26	346	
	陕 西 Shaanxi	7491	4758	1622	1131	0.24
	甘 肃 Gansu	5907	3300	1859	768	
	青 海 Qinghai	12377	6798	7	5602	0.09
	宁 夏 Ningxia	3277	2398	613	292	
	新 疆 Xinjiang	9283	4814	886	3562	26.50
	东北小计 **Northeast Total**	**37445**	**19599**	**12230**	**5962**	**9.05**
东 北 Northeast	辽 宁 Liaoning	26759	11742	11289	3883	9.05
	吉 林 Jilin	4591	3712	522	522	
	黑 龙 江 Heilongjiang	6094	4145	419	1557	...

附录3-4 续表 continued

单位: 万吨   (10 000 tons)

区 域 Area	地 区 Region	危险废物 产生量 Hazardous Wastes Generated	危险废物 综合利用量 Hazardous Wastes Utilized	危险废物 处置量 Hazardous Wastes Disposed	危险废物 贮存量 Stock of Hazardous Wastes
全 国	**National Total**	**3156.89**	**1700.09**	**701.20**	**810.88**
东部小计	**Eastern Total**	**1132.41**	**739.91**	**378.28**	**23.95**
北 京	Beijing	13.22	5.79	6.81	0.63
天 津	Tianjin	11.81	3.53	8.29	…
河 北	Zhejiang	64.50	38.75	25.45	0.31
上 海	Shanghai	54.31	28.76	25.64	0.39
东 部 江 苏	Jiangsu	218.09	107.34	109.17	3.76
Eastern 浙 江	Zhejiang	104.68	31.97	70.99	4.33
福 建	Fujian	21.23	7.13	9.24	4.92
山 东	Shandong	509.07	442.42	61.82	8.79
广 东	Guangdong	133.12	74.22	58.64	0.59
海 南	Hainan	2.38	…	2.24	0.24
中部小计	**Central Total**	**522.68**	**415.05**	**81.65**	**40.73**
山 西	Shanxi	19.49	14.20	5.14	0.20
安 徽	Anhui	55.84	48.91	11.33	0.28
中 部 江 西	Jiangxi	44.17	36.43	7.40	1.20
Central 河 南	Heinan	59.27	42.15	17.10	0.05
湖 北	Hubei	59.63	30.50	19.90	9.94
湖 南	Hunan	284.29	242.85	20.79	29.07
西部小计	**Western Total**	**1300.54**	**424.76**	**149.19**	**740.24**
内 蒙 古	Inner Mongolia	117.70	59.35	26.64	31.90
广 西	Guangxi	96.23	79.70	6.72	14.95
重 庆	Chongqing	46.68	32.78	13.23	1.03
四 川	Sichuan	41.72	15.91	25.40	0.69
贵 州	Guizhou	35.78	26.90	5.24	3.80
西 部 云 南	Yunnan	193.76	98.16	28.70	69.24
Western 西 藏	Tibet				
陕 西	Shaanxi	30.34	9.57	11.90	9.21
甘 肃	Gansu	30.72	8.49	13.78	10.28
青 海	Qinghai	399.85	69.66	8.10	325.04
宁 夏	Ningxia	5.09	3.93	0.27	0.89
新 疆	Xinjiang	302.67	20.31	9.21	273.21
东北小计	**Northeast Total**	**201.26**	**120.38**	**92.08**	**5.96**
东 北 辽 宁	Liaoning	104.64	76.63	39.75	5.39
Northeast 吉 林	Jilin	74.03	39.39	34.65	…
黑 龙 江	Heilongjiang	22.58	4.36	17.68	0.57

附录3-5　东中西部地区环境污染治理投资情况(2013年)
Investment in the Treatment of Evironmental Pollution
by Eastern,Central & Western (2013)

单位: 亿元 (100 million yuan)

区　域 Area	地　区 Region	环境污染治理投资总额 Total Investment in Treatment of Environ-mental Pollution	城市环境基础设施建设投资 Investment in Urban Environment Infrastructure Facilities	工业污染源治理投资 Investment in Treatment of Industrial Pollution Sources	当年完成环保验收项目环保投资 Environmental Protection Investment in the Environmental Protection Acceptance Projects in the Year	环境污染治理投资占GDP比重(%) Investment in Anti-pollution Projects as Percentage of GDP (%)
	全　国　National Total	9516.5	5223.0	867.7	3425.8	1.67
	东部小计　Eastern Total	4083.2	2293.6	351.3	1438.3	1.27
东　部 Eastern	北　京　Beijing	433.5	404.5	4.3	24.8	2.22
	天　津　Tianjin	191.3	90.9	14.8	85.6	1.33
	河　北　Hebei	490.0	316.1	51.2	122.7	1.73
	上　海　Shanghai	187.6	77.0	5.2	105.4	0.87
	江　苏　Jiangsu	881.0	509.9	59.4	311.7	1.49
	浙　江　Zhejiang	390.4	156.5	57.7	176.2	1.04
	福　建　Fujian	282.9	137.0	38.4	107.5	1.30
	山　东　Shandong	848.0	528.4	84.3	235.3	1.55
	广　东　Guangdong	351.9	60.9	32.5	258.5	0.57
	海　南　Hainan	26.6	12.5	3.5	10.6	0.85
	中部小计　Central Total	1857.5	1186.0	204.9	466.6	1.46
中　部 Central	山　西　Shanxi	337.2	204.7	55.6	76.9	2.68
	安　徽　Anhui	506.0	319.8	41.3	144.9	2.66
	江　西　Jiangxi	239.6	182.3	15.5	41.8	1.67
	河　南　Heinan	288.1	157.4	44.0	86.7	0.90
	湖　北　Hubei	252.7	154.5	25.2	73.0	1.02
	湖　南　Hunan	233.9	167.2	23.4	43.3	0.95
	西部小计　Western Total	2292.7	1269.6	253.7	769.4	1.82
西　部 Western	内　蒙　古　Inner Mongolia	506.8	324.5	62.7	119.6	3.01
	广　西　Guangxi	217.8	135.3	18.3	64.2	1.52
	重　庆　Chongqing	173.3	111.4	7.9	54.1	1.37
	四　川　Sichuan	234.0	119.4	18.8	95.7	0.89
	贵　州　Guizhou	109.7	66.8	19.6	23.3	1.37
	云　南　Yunnan	197.1	35.7	23.9	137.5	1.68
	西　藏　Tibet	28.3	1.5	1.0	25.8	3.50
	陕　西　Shaanxi	221.7	141.1	41.8	38.8	1.38
	甘　肃　Gansu	176.2	82.1	18.2	75.8	2.81
	青　海　Qinghai	36.7	20.5	3.0	13.2	1.75
	宁　夏　Ningxia	72.4	27.8	16.5	28.0	2.82
	新　疆　Xinjiang	318.7	203.4	22.0	93.3	3.81
	东北小计　Northeast Tota	751.5	462.3	57.8	231.4	1.38
东　北 Northeast	辽　宁　Liaoning	347.6	206.6	27.7	113.3	1.28
	吉　林　Jilin	105.4	55.7	9.4	40.3	0.81
	黑　龙　江　Heilongjiang	298.5	200.0	20.7	77.8	2.08

资料来源: 环境保护部、住房和城乡建设部。
Source: Ministry of Environmental Protection,Ministry of Housing and Urban-Rural Development.

附录3-6 东中西部地区城市环境情况(2013年)
Urban Environment by Eastern,Central & Western (2013)

区　域 Area	地　区 Region		城市污水 排放量 (万立方米) Volume of Municipal Sewage Discharge (10 000 cu.m)	城市污水 处理率 (%) Rate of Municipal Sewage Discharge (%)	城市燃气 普及率 (%) Gas Access Rate (%)	生活垃圾无 害化处理率 (%) Domestic Garbage Harmless Disposal Rate (%)
	全　　国	**National Total**	**4274525**	**89.3**	**94.3**	**89.3**
	东部小计	**Eastern Total**	**2304627**	**90.8**	**98.9**	**93.3**
	北　京	Beijing	155317	84.6	100.0	99.3
	天　津	Tianjin	78694	90.0	100.0	96.8
	河　北	Hebei	149382	94.6	98.4	83.3
	上　海	Shanghai	233600	87.1	100.0	90.6
东　部 Eastern	江　苏	Jiangsu	393453	92.1	99.6	97.4
	浙　江	Zhejiang	235798	89.3	99.8	99.4
	福　建	Fujian	113550	87.3	98.9	98.2
	山　东	Shandong	281135	94.9	99.6	99.5
	广　东	Guangdong	636504	92.2	96.9	84.6
	海　南	Hainan	27194	75.0	94.6	99.9
	中部小计	**Central Total**	**774023**	**90.5**	**91.5**	**91.4**
	山　西	Shanxi	63359	88.4	96.1	87.9
	安　徽	Anhui	135346	96.2	96.1	98.8
中　部 Central	江　西	Jiangxi	78247	83.1	95.1	93.3
	河　南	Heinan	167742	90.8	82.0	90.0
	湖　北	Hubei	177323	91.6	95.1	85.4
	湖　南	Hunan	152006	88.4	91.9	96.0
	西部小计	**Western Total**	**766035**	**86.2**	**87.5**	**88.0**
	内　蒙　古	Inner Mongolia	52789	88.2	87.9	93.6
	广　西	Guangxi	125443	85.8	93.6	96.4
	重　庆	Chongqing	82991	94.0	93.1	99.4
	四　川	Sichuan	164898	83.2	89.7	95.0
	贵　州	Guizhou	41984	94.0	74.9	92.2
西　部 Western	云　南	Yunnan	69978	92.1	71.5	87.6
	西　藏	Tibet	9393	0.1	38.6	
	陕　西	Shaanxi	77504	89.0	93.8	96.4
	甘　肃	Gansu	39928	81.3	80.2	42.3
	青　海	Qinghai	17198	61.6	84.8	77.8
	宁　夏	Ningxia	25765	94.4	89.1	92.5
	新　疆	Xinjiang	58164	87.8	96.4	78.1
	东北小计	**Northeast Total**	**429840**	**84.9**	**92.1**	**71.4**
东　北 Northeast	辽　宁	Liaoning	225766	90.0	96.2	87.6
	吉　林	Jilin	84289	84.2	91.4	60.9
	黑　龙　江	Heilongjiang	119785	75.7	85.6	54.4

资料来源：住房和城乡建设部。
Source:Ministry of Housing and Urban-Rural Derelopment.

附录3-7 东中西部地区农村环境情况(2013年)
Rural Environment by Eastern,Central & Western (2013)

区 域 Area	地 区 Region	改水累计受益人口 (万人) Benefiting Population from Rural DrinkingWater Improvement Projects (10 000 persons)	累计改水 受益率 (%) Proportion of Benefiting Population (%)	卫生厕所 普及率 (%) Access Rate to Sanitary Lavatory (%)	无害化卫生 厕所普及率 (%) Access Rate to Harmless Sanitary Lavatory (%)
	全 国 National Total	**89938.3**	**95.64**	**74.09**	**52.40**
	东部小计 **Eastern Total**	**30752.7**	**98.98**	**85.64**	**68.17**
	北 京 Beijing	268.3	100.00	96.98	96.64
	天 津 Tianjin	378.7	100.00	93.40	93.40
	河 北 Hebei	5368.4	98.60	56.72	30.85
	上 海 Shanghai	289.7	99.99	98.84	98.68
东 部 Eastern	江 苏 Jiangsu	4845.1	98.52	93.08	79.19
	浙 江 Zhejiang	3548.1	98.73	93.17	83.43
	福 建 Fujian	2631.8	98.94	90.67	88.88
	山 东 Shandong	6913.8	99.81	90.08	54.06
	广 东 Guangdong	5954.7	99.00	90.03	83.24
	海 南 Hainan	554.3	96.36	78.76	77.59
	中部小计 **Central Total**	**26741.8**	**94.73**	**71.06**	**45.88**
	山 西 Shanxi	2168.7	89.96	53.23	28.13
	安 徽 Anhui	5232.5	97.03	62.57	34.03
中 部 Central	江 西 Jiangxi	3364.7	99.46	86.92	62.07
	河 南 Heinan	6672.5	92.84	74.35	54.11
	湖 北 Hubei	4465.6	99.53	82.39	53.39
	湖 南 Hunan	4837.8	90.12	65.73	39.34
	西部小计 **Western Total**	**26639.8**	**92.29**	**64.01**	**47.08**
	内 蒙 古 Inner Mongolia	1385.9	94.62	49.96	23.85
	广 西 Guangxi	3676.4	85.14	78.40	71.42
	重 庆 Chongqing	2542.6	98.90	62.97	62.97
	四 川 Sichuan	6487.3	94.37	70.99	54.15
	贵 州 Guizhou	2894.7	87.66	47.74	30.28
西 部 Western	云 南 Yunnan	3465.9	93.45	60.79	33.94
	西 藏 Tibet				
	陕 西 Shaanxi	2154.0	91.23	50.75	42.88
	甘 肃 Gansu	2038.3	97.09	66.85	28.52
	青 海 Qinghai	341.7	88.14	64.94	8.93
	宁 夏 Ningxia	392.1	95.70	61.68	50.66
	新 疆 Xinjiang	1065.6	91.17	69.87	37.72
	新疆兵团 Xinjiang Production & Construction Corps	195.2	97.34	70.82	69.73
	东北小计 **Northeast Total**	**5804.0**	**98.80**	**71.30**	**21.74**
东 北 Northeast	辽 宁 Liaoning	2165.8	97.26	66.92	32.03
	吉 林 Jilin	1542.1	100.00	76.06	15.72
	黑 龙 江 Heilongjiang	2096.1	99.55	72.74	14.74

资料来源:国家卫生和计划生育委员会。
Source: National Health and Family Planning Commission.

附录四、世界主要国家和地区环境统计指标

APPENDIX IV.
Main Environmental Indicators of the World's Major Countries and Regions

附录4-1　淡水资源(2011年)

国家或地区	Country or Area	淡水抽取量 (亿立方米) Total Freshwater Withdrawals (100 million m^3)	人均可再生淡水资源 (立方米) Renewable Internal Freshwater Resources per Capita (m^3)
世　界	**World**	**38937.7**	**6123**
阿 富 汗	Afghanistan	202.8	1620
阿尔巴尼亚	Albania	18.4	8529
阿尔及利亚	Algeria	61.6	298
安 哥 拉	Angola	6.4	7334
安提瓜和巴布达	Antigua and Barbuda	0.1	590
阿 根 廷	Argentina	325.7	6777
荷　兰	Netherlands	106.1	659
亚美尼亚	Armenia	28.3	2314
澳大利亚	Australia	225.8	22039
奥 地 利	Austria	36.6	6529
阿塞拜疆	Azerbaijan	122.1	885
巴　林	Bahrain	3.6	3
孟加拉国	Bangladesh	358.7	687
巴巴多斯	Barbados	0.6	284
白俄罗斯	Belarus	43.4	3927
比 利 时	Belgium	62.2	1086
伯 利 兹	Belize	1.5	50588
贝　宁	Benin	1.3	1053
不　丹	Bhutan	3.4	106933
玻利维亚	Bolivia	20.3	29396
波　黑	Bosnia and Herzegovinian	3.4	9246
博茨瓦纳	Botswana	1.9	1208
巴　西	Brazil	580.7	27512
文　莱	Brunei Darussalam	0.9	20910
保加利亚	Bulgaria	61.2	2858
布基纳法索	Burkina Faso	9.9	781
布 隆 迪	Burundi	2.9	1054
柬 埔 寨	Cambodia	21.8	8257
喀 麦 隆	Cameroon	9.6	12904
加 拿 大	Canada	459.7	82647
佛 得 角	Cape Verde	0.2	612
中　非	Central African Rep.	0.7	31784
乍　得	Chad	3.7	1242
智　利	Chile	113.4	51073
哥伦比亚	Colombia	126.5	44861
科 摩 罗	Comoros	0.1	1714
刚果(金)	Congo, Dem. Rep.	6.2	14078
刚果(布)	Congo, Rep.	0.5	52540
哥斯达黎加	Costa Rica	26.8	23725
科特迪瓦	Cote D'Ivoire	14.1	3963
克罗地亚	Croatia	6.3	8807
古　巴	Cuba	75.6	3381

资料来源：世界银行WDI数据库。
Source: World Bank WDI Database.

Freshwater (2011)

年度淡水抽取量 Freshwater Withdrawals			
占水资源 总量的比重 (%) % of Internal Resources	农业用水 % for Agriculture	工业用水 % for Industry	生活用水 % for Domestic
9.2	**70.0**	**18.3**	**11.8**
43.0	98.6	0.6	0.8
6.8	57.7	12.4	30.0
54.8	64.0	13.5	22.5
0.4	32.8	28.8	38.4
9.6	20.0	20.0	60.0
11.8	66.1	12.2	21.7
96.5	0.7	87.5	11.8
41.2	65.8	4.4	29.8
4.6	73.8	10.6	15.6
6.7	2.7	79.0	18.3
150.5	76.4	19.3	4.3
8935.0	44.5	5.7	49.8
34.2	87.8	2.2	10.0
76.1	32.8	38.4	28.7
11.7	19.4	53.8	26.9
51.8	0.6	87.7	11.7
0.9	20.0	73.3	6.7
1.3	45.4	23.1	31.5
0.4	94.1	0.9	5.0
0.7	57.2	15.2	27.6
1.0		14.4	99.0
8.1	41.2	18.0	40.7
1.1	54.6	17.5	28.0
1.1			
29.1	16.3	67.7	16.0
7.9	70.1	1.6	28.3
2.9	77.1	5.9	17.0
1.8	94.0	1.5	4.5
0.4	76.1	7.1	16.8
1.6	11.8	68.7	19.6
7.3	90.9	1.8	7.3
0.1	1.5	16.5	82.0
2.5	51.8	24.1	24.1
1.3	70.3	20.5	9.2
0.6	38.9	4.2	56.9
0.8	47.0	5.0	48.0
0.1	17.7	19.8	62.6
…	8.7	21.7	69.6
2.4	53.4	17.2	29.5
1.8	42.6	19.1	38.3
1.7	1.7	13.6	84.6
19.8	74.7	9.9	15.5

国家或地区	Country or Area	淡水抽取量 (亿立方米) Total Freshwater Withdrawals (100 million m^3)	人均可再生淡水资源 (立方米) Renewable Internal Freshwater Resources per Capita (m^3)
塞浦路斯	Cyprus	1.8	699
捷　　克	Czech Rep.	17.0	1253
丹　　麦	Denmark	6.6	1077
吉 布 提	Djibouti	0.2	354
多米尼加	Dominican Rep.	34.9	2069
厄瓜多尔	Ecuador	152.5	28334
埃　　及	Egypt	683.0	23
萨尔瓦多	El Salvador	13.8	2837
赤道几内亚	Equatorial Guinea	0.2	36313
厄立特里亚	Eritrea	5.8	472
爱沙尼亚	Estonia	18.0	9486
埃塞俄比亚	Ethiopia	55.6	1365
斐　　济	Fiji	0.8	32895
芬　　兰	Finland	16.3	19858
法　　国	France	316.2	3059
加　　蓬	Gabon	1.3	102884
冈 比 亚	Gambia	0.7	1729
格鲁吉亚	Georgia	18.1	12966
德　　国	Germany	323.0	1308
加　　纳	Ghana	9.8	1221
希　　腊	Greece	94.7	5133
危地马拉	Guatemala	29.3	7425
几 内 亚	Guinea	16.2	20248
几内亚比绍	Guinea-Bissau	1.8	9851
圭 亚 那	Guyana	16.4	304723
海　　地	Haiti	12.0	1297
洪都拉斯	Honduras	11.9	12336
匈 牙 利	Hungary	55.9	602
冰　　岛	Iceland	1.7	532892
印　　度	India	7610.0	1184
印度尼西亚	Indonesia	1133.0	8281
伊　　朗	Iran	933.0	1704
伊 拉 克	Iraq	660.0	1108
爱 尔 兰	Ireland	7.9	10706
以 色 列	Israel	19.5	97
意 大 利	Italy	454.1	3005
牙 买 加	Jamaica	5.9	3475
卢 森 堡	Luxemburg	0.6	1929
日　　本	Japan	900.4	3364
约　　旦	Jordan	9.4	110
哈萨克斯坦	Kazakhstan	211.4	3886
肯 尼 亚	Kenya	27.4	493
朝　　鲜	Korea, Dem.	86.6	2720
韩　　国	Korea, Rep.	254.7	1303

continued 1

年度淡水抽取量 Freshwater Withdrawals			
占水资源总量的比重 (%) % of Internal Resources	农业用水 % for Agriculture	工业用水 % for Industry	生活用水 % for Domestic
23.6	86.4	3.3	10.3
12.9	1.8	56.5	41.7
11.0	36.1	5.5	58.5
6.3	15.8		84.2
16.6	64.3	1.9	33.9
3.5	91.5	2.5	6.0
3794.4	86.4	5.9	7.8
7.8	55.2	17.2	27.5
0.1	5.8	14.9	79.3
20.8	94.5	0.2	5.3
14.1	0.5	96.6	3.0
4.6	93.6	0.4	6.0
0.3	61.2	10.8	28.0
1.5	3.1	72.2	24.7
15.8	12.4	69.3	18.3
0.1	38.5	8.8	52.8
2.4	28.1	24.4	47.6
3.1	58.2	22.1	19.8
30.2	0.3	83.9	15.9
3.2	66.4	9.7	23.9
16.3	89.3	1.8	8.9
2.7	54.9	30.4	14.7
0.7	84.0	3.2	12.9
1.1	82.3	4.6	13.1
0.7	97.6	0.6	1.8
9.2	77.5	3.8	18.8
1.3	57.8	24.8	17.4
93.2	5.6	82.5	11.9
0.1	42.4	8.5	49.1
52.6	90.4	2.2	7.4
5.6	81.9	6.5	11.6
72.6	92.2	1.2	6.7
187.5	78.8	14.7	6.5
1.6	10.0	74.0	16.0
260.5	57.8	5.8	36.4
24.9	44.1	35.9	20.1
6.2	34.2	21.9	43.9
6.0	0.3	36.5	63.1
20.9	63.1	17.6	19.3
138.0	65.0	4.1	31.0
32.9	66.2	29.6	4.2
13.2	79.2	3.7	17.2
12.9	76.4	13.2	10.4
39.3	62.0	12.0	26.0

国家或地区	Country or Area	淡水抽取量 (亿立方米) Total Freshwater Withdrawals (100 million m^3)	人均可再生淡水资源 (立方米) Renewable Internal Freshwater Resources per Capita (m^3)
科 威 特	Kuwait	9.1	
吉尔吉斯斯坦	Kyrgyzstan	100.8	8873
老 挝	Laos	42.6	29197
拉脱维亚	Latvia	4.1	8133
黎 巴 嫩	Lebanon	13.1	1095
莱 索 托	Lesotho	0.5	2577
利比里亚	Liberia	1.8	49023
利 比 亚	Libya	43.3	115
立 陶 宛	Lithuania	23.8	5135
马 其 顿	Macedonia	10.3	2567
马达加斯加	Madagascar	146.8	15545
马 拉 维	Malawi	9.7	1044
马来西亚	Malaysia	132.1	20168
马尔代夫	Maldives	0.1	90
马 里	Mali	65.5	4162
马 耳 他	Malta	0.5	121
毛里塔尼亚	Mauritania	16.0	108
毛里求斯	Mauritius	7.3	2139
墨 西 哥	Mexico	798.0	3427
摩尔多瓦	Moldova	19.2	281
摩 纳 哥	Monaco	0.1	
蒙 古	Mongolia	4.3	12635
黑 山	Montenegro	1.6	
摩 洛 哥	Morocco	126.1	905
莫桑比克	Mozambique	7.4	4080
缅 甸	Myanmar	332.3	19159
纳米比亚	Namibia	3.0	2778
尼 泊 尔	Nepal	97.9	7298
新 西 兰	New Zealand	47.5	74230
尼加拉瓜	Nicaragua	12.9	32125
尼 日 尔	Niger	23.6	212
尼日利亚	Nigeria	103.1	1346
挪 威	Norway	29.4	77124
阿 曼	Oman	13.2	463
巴基斯坦	Pakistan	1835.0	312
巴 拿 马	Panama	4.5	39409
巴布亚新几内亚	Papua New Guinea	3.9	114217
巴 拉 圭	Paraguay	4.9	14301
秘 鲁	Peru	193.4	54567
菲 律 宾	Philippines	815.6	5039
波 兰	Poland	119.6	1391
葡 萄 牙	Portugal	84.6	3600
波多黎各	Puerto Rico	10.0	1922
卡 塔 尔	Qatar	4.4	29

continued 2

年度淡水抽取量　Freshwater Withdrawals			
占水资源 总量的比重 (%) % of Internal Resources	农业用水 % for Agriculture	工业用水 % for Industry	生活用水 % for Domestic
	53.9	2.3	43.9
20.6	93.8	3.1	3.2
2.2	93.0	4.0	3.1
2.5	11.6	49.6	38.7
27.3	59.5	11.5	29.0
1.0	20.0	40.0	40.0
0.1	33.6	26.6	39.8
618.0	82.9	3.1	14.1
15.3	3.5	90.0	6.6
19.0	12.3	66.6	21.1
4.4	97.5	0.9	1.6
6.0	83.6	4.1	12.3
2.3	34.2	36.3	29.5
19.7		5.1	94.9
10.9	90.1	0.9	9.0
106.7	35.3	0.9	63.8
400.3	93.7	1.6	4.7
26.4	67.7	2.8	29.5
19.5	76.7	9.3	14.0
191.5	39.7	51.8	8.6
			100.0
1.2	53.0	27.1	19.9
	1.1	39.0	59.9
43.5	87.3	2.9	9.8
0.7	73.9	3.3	22.8
3.3	89.0	1.0	10.0
4.9	71.0	4.7	24.3
4.9	98.2	0.3	1.5
1.5	74.3	4.2	21.5
0.7	83.9	2.1	14.1
67.5	88.0	1.2	10.8
4.7	53.4	15.1	31.5
0.8	28.8	42.9	28.3
94.4	88.4	1.4	10.1
333.6	94.0	0.8	5.3
0.3	50.9	3.3	45.8
0.1	0.3	42.7	57.0
0.5	71.4	8.2	20.4
1.2	84.9	8.3	6.8
17.0	82.2	10.1	7.7
22.3	9.7	59.6	30.7
22.3	73.0	19.4	7.6
14.0	7.4	1.7	90.9
792.9	59.0	1.8	39.2

国家或地区	Country or Area	淡水抽取量 （亿立方米） Total Freshwater Withdrawals (100 million m³)	人均可再生淡水资源 （立方米） Renewable Internal Freshwater Resources per Capita (m³)
罗马尼亚	Romania	68.8	1978
俄 罗 斯	Russia	662.0	30169
卢 旺 达	Rwanda	1.5	852
圣多美和普林西比	Sao Tome and Principe	…	11901
沙特阿拉伯	Saudi Arabia	236.7	86
塞内加尔	Senegal	22.2	1935
塞尔维亚	Serbia	41.2	1158
塞 舌 尔	Seychelles	0.1	
塞拉利昂	Sierra Leone	4.9	27278
新 加 坡	Singapore	1.9	116
斯洛伐克	Slovakia	6.9	2334
斯洛文尼亚	Slovenia	9.4	9095
索 马 里	Somalia	33.0	606
南 非	South Africa	125.0	886
西 班 牙	Spain	324.6	2408
斯里兰卡	Sri Lanka	129.5	2530
苏 丹	Sudan	371.4	641
苏 里 南	Suriname	6.7	166113
斯威士兰	Swaziland	10.4	2178
瑞 典	Sweden	26.2	18097
瑞 士	Switzerland	26.1	5106
叙 利 亚	Syrian Arab Republic	167.6	325
塔吉克斯坦	Tajikistan	114.9	8120
坦桑尼亚	Tanzania	51.8	1812
泰 国	Thailand	573.1	3372
东 帝 汶	Timor-Leste	11.7	6986
多 哥	Togo	1.7	1777
特立尼达和多巴哥	Trinidad and Tobago	2.3	2881
突 尼 斯	Tunisia	28.5	393
土 耳 其	Turkey	401.0	3107
土库曼斯坦	Turkmenistan	279.5	275
乌 干 达	Uganda	3.2	1110
乌 克 兰	Ukraine	384.8	1162
阿 联 酋	United Arab Emirates	40.0	17
英 国	United Kingdom	129.9	2311
美 国	United States	4784.0	9044
乌 拉 圭	Uruguay	36.6	17438
乌兹别克斯坦	Uzbekistan	560.0	557
委内瑞拉	Venezuela	90.6	24488
越 南	Viet Nam	820.3	4092
约旦河西岸和加沙	West Bank and Gaza	4.2	207
也 门	Yemen	35.7	90
赞 比 亚	Zambia	17.4	5882
津巴布韦	Zimbabwe	42.1	918

continued 3

年度淡水抽取量 Freshwater Withdrawals			
占水资源 总量的比重 (%) % of Internal Resources	农业用水 % for Agriculture	工业用水 % for Industry	生活用水 % for Domestic
16.3	17.0	61.1	21.9
1.5	19.9	59.8	20.2
1.6	68.0	8.0	24.0
0.3			
986.3	88.0	3.0	9.0
8.6	93.0	2.6	4.4
49.0	1.9	81.6	16.6
	6.6	27.7	65.7
0.3	71.0	9.7	19.4
31.7	4.0	51.0	45.0
5.5	3.2	50.3	46.5
5.1	0.2	82.3	17.5
55.0	99.5	0.1	0.5
27.9	62.7	6.1	31.2
29.2	60.5	21.7	17.8
24.5	87.3	6.4	6.2
123.8	97.1	0.6	2.3
0.8	92.5	3.0	4.5
39.5	96.6	1.2	2.3
1.5	4.1	58.7	37.2
6.5	1.9	57.5	40.6
235.0	87.5	3.7	8.8
18.1	90.9	3.6	5.6
6.2	89.4	0.5	10.2
25.5	90.4	4.9	4.8
14.3	91.4	0.2	8.5
1.5	45.0	2.4	52.7
6.0	8.6	25.2	66.2
67.9	76.0	3.9	12.8
17.7	73.8	10.7	15.5
1989.3	94.3	3.0	2.7
0.8	37.8	14.5	47.7
72.5	51.2	36.4	12.5
2665.3	82.8	1.7	15.4
9.0	9.9	33.0	57.1
17.0	40.2	46.1	13.7
6.2	86.6	2.2	11.2
342.7	90.0	2.7	7.3
1.3	43.8	7.5	48.7
22.8	94.8	3.8	1.5
51.5	45.2	6.9	47.9
169.8	90.7	1.8	7.4
2.2	75.9	7.5	16.7
34.3	78.9	7.1	14.0

附录4-2 城市污水产生量

Produced Municipal Wastewater

单位：十亿立方米/年   (billion m³/yr)

国家或地区	Country or Area	年份	数值	国家或地区	Country or Area	年份	数值
阿尔及利亚	Algeria	2010	0.73	克罗地亚	Croatia	2011	0.26
阿根廷	Argentina	1997	3.53	塞浦路斯	Cyprus	2005	0.02
亚美尼亚	Armenia	2011	0.75	捷克	Czech Republic	2009	1.25
澳大利亚	Australia	2008	2.09	多米尼加	Dominican Republic	2011	0.43
奥地利	Austria	2009	2.35	厄瓜多尔	Ecuador	1999	0.63
阿塞拜疆	Azerbaijan	2005	0.66	埃及	Egypt	2011	8.50
巴林	Bahrain	1997	0.08	萨尔瓦多	El Salvador	2010	0.18
孟加拉国	Bangladesh	2000	0.73	厄立特里亚	Eritrea	2000	0.02
白俄罗斯	Belarus	1993	0.99	爱沙尼亚	Estonia	2009	0.39
比利时	Belgium	2003	1.11	法国	France	2008	3.79
伯利兹	Belize	1994	…	德国	Germany	2007	5.29
不丹	Bhutan	2000	…	加纳	Ghana	2006	0.28
玻利维亚	Bolivia	2001	0.14	危地马拉	Guatemala	1998	0.37
波黑	Bosnia and Herzegovina	2011	0.07	匈牙利	Hungary	2004	4.16
巴西	Brazil	1996	2.57	印度	India	2012	14.00
保加利亚	Bulgaria	2009	0.46	伊朗	Iran	2010	3.55
布基纳法索	Burkina Faso	2000	…	伊拉克	Iraq	2012	0.58
柬埔寨	Cambodia	2000	1.18	以色列	Israel	2007	0.50
加拿大	Canada	2006	5.40	意大利	Italy	2007	3.93
智利	Chile	1999	1.07	日本	Japan	2006	14.00
哥伦比亚	Colombia	2010	2.40	约旦	Jordan	2008	0.18
哥斯达黎加	Costa Rica	2000	0.09	哈萨克斯坦	Kazakhstan	1993	1.83
拉脱维亚	Latvia	2009	0.28	科威特	Kuwait	2008	0.25
黎巴嫩	Lebanon	2011	0.31	沙特阿拉伯	Saudi Arabia	2000	0.73
莱索托	Lesotho	1994	…	塞舌尔	Seychelles	2003	0.01
利比亚	Libya	1999	0.55	新加坡	Singapore	2000	0.47
立陶宛	Lithuania	2009	0.26	斯洛伐克	Slovakia	2009	0.56
卢森堡	Luxembourg	2003	0.09	斯洛文尼亚	Slovenia	2010	0.17
马来西亚	Malaysia	2000	1.40	南非	South Africa	2000	3.20
马尔代夫	Maldives	2000	…	西班牙	Spain	2008	2.96
马耳他	Malta	2009	0.02	斯里兰卡	Sri Lanka	2000	0.35
墨西哥	Mexico	2010	7.41	斯威士兰	Swaziland	2002	0.01
摩纳哥	Monaco	2009	0.01	瑞士	Switzerland	2005	1.44
蒙古	Mongolia	2012	0.15	叙利亚	Syrian	2000	0.65
黑山	Montenegro	2008	0.04	塔吉克斯坦	Tajikistan	2004	4.70
摩洛哥	Morocco	2010	0.70	泰国	Thailand	2012	5.11
缅甸	Myanmar	2000	0.02	突尼斯	Tunisia	2010	0.25
尼泊尔	Nepal	2006	0.14	土耳其	Turkey	2010	3.58
尼加拉瓜	Nicaragua	1996	0.07	土库曼斯坦	Turkmenistan	2000	0.27
阿曼	Oman	2000	0.09	乌干达	Uganda	2010	0.01
巴基斯坦	Pakistan	2012	4.37	阿联酋	United Arab Emirates	1995	0.50
巴拿马	Panama	1998	0.39	英国	United Kingdom	2002	4.02
菲律宾	Philippines	2010	7.08	美国	United States	1995	79.57
波兰	Poland	2009	2.20	乌兹别克斯坦	Uzbekistan	2000	1.08
葡萄牙	Portugal	2009	0.58	委内瑞拉	Venezuela	1996	2.90
卡塔尔	Qatar	2005	0.06	越南	Viet Nam	2012	0.74
韩国	Korea Rep.	2000	5.94	也门	Yemen	2000	0.07
俄罗斯	Russia	2002	16.20	津巴布韦	Zimbabwe	2012	0.19

资料来源:联合国粮农组织数据库。

Source:FAO Database.

附录4-3　温室气体排放量

Emissions of Greenhouse Gas

单位：千吨二氧化碳当量 　　　　　　　　　　　　　　　　　　　　　　　　　　　　　　　　　　　(kt of CO$_2$ eq.)

国家或地区　Country or Area	1990	2000	2005	2008	2010
阿尔巴尼亚　Albania		15.5	61.8	86.9	105.0
阿尔及利亚　Algeria	326.0	371.9	487.4	613.9	701.0
安 哥 拉　Angola		0.7	19.3	26.5	31.0
阿 根 廷　Argentina	2296.5	408.8	664.9	872.4	999.0
亚美尼亚　Armenia		42.0	332.2	469.6	565.0
澳大利亚　Australia	4872.8	4198.3	6459.6	8243.5	9051.0
奥 地 利　Austria	1437.8	1419.5	2219.5	2862.4	3976.0
阿塞拜疆　Azerbaijan	175.6	41.3	265.1	335.3	300.0
巴 林　Bahrain	2535.7	236.1	278.6	320.9	320.0
白俄罗斯　Belarus	2.6	131.6	463.6	635.2	553.0
比 利 时　Belgium	141.9	1154.6	1981.2	2578.0	2776.0
波 黑　Bosnia and Herzegovina	616.7	409.7	566.9	753.2	885.0
巴 西　Brazil	8396.7	5025.2	8617.5	10326.6	10621.0
文 莱　Brunei Darussalam		100.7	255.6	354.9	427.0
保加利亚　Bulgaria	2.2	122.2	380.1	526.2	666.0
喀 麦 隆　Cameroon	932.3	514.7	417.5	422.1	353.0
加 拿 大　Canada	12990.6	18247.8	22330.2	25627.3	29826.0
智 利　Chile	16.7	6.9	9.2	8.1	8.0
哥伦比亚　Colombia	41.9	28.4	83.1	96.9	106.0
刚果(布)　Congo, Rep.		0.8	4.7	6.7	8.0
哥斯达黎加　Costa Rica		25.2	61.5	83.2	98.0
克罗地亚　Croatia	890.4	79.3	58.4	77.3	89.0
古 巴　Cuba		34.2	127.8	185.9	226.0
塞浦路斯　Cyprus		78.4	188.3	256.1	304.0
捷 克　Czech Republic	6.2	441.3	1111.8	1497.0	3659.0
丹 麦　Denmark	88.4	767.0	1302.5	1684.5	1750.0
厄瓜多尔　Ecuador		19.7	62.2	86.7	104.0
埃 及　Egypt	2050.5	2565.6	3189.8	3622.8	3887.0
萨尔瓦多　El Salvador		41.4	76.4	99.6	116.0
爱沙尼亚　Estonia	2.1	13.3	39.4	53.3	63.0
埃塞俄比亚　Ethiopia		3.6	10.3	13.3	16.0
芬 兰　Finland	100.2	521.8	822.5	1079.5	1288.0
法 国　France	9468.2	12971.2	15039.2	19205.0	21677.0
加 蓬　Gabon		2.9	8.4	11.8	14.0
格鲁吉亚　Georgia		2.5	11.8	16.7	20.0
德 国　Germany	12545.7	18513.9	21517.5	27037.8	26843.0
加 纳　Ghana	596.2	148.0	14.7	11.2	13.0
希 腊　Greece	2318.5	2811.5	2157.0	1250.2	1407.0
危地马拉　Guatemala	0.1	157.6	477.8	665.8	797.0
匈 牙 利　Hungary	702.0	761.9	1505.1	1684.5	1778.0
冰 岛　Iceland	1036.9	144.8	151.7	358.5	207.0
印 度　India	9563.6	13550.7	15539.7	20406.9	23538.0
印度尼西亚　Indonesia	1720.7	997.4	1020.5	1146.0	1241.0
伊 朗　Iran	2590.8	1833.4	2464.0	2828.5	3096.0
伊 拉 克　Iraq	252.9	156.1	86.0	101.7	112.0
爱 尔 兰　Ireland	36.4	908.4	1143.3	1306.1	1291.0
以 色 列　Israel	1049.4	1787.6	1967.4	2452.1	2777.0

资料来源：世界银行WDI数据库。

Source: World Bank WDI Database.

附录4-3 续表 continued

单位：千吨二氧化碳当量 (kt of CO$_2$ eq.)

国家或地区	Country or Area	1990	2000	2005	2008	2010
意 大 利	Italy	4074.0	8752.3	10386.0	13325.4	15544.0
牙 买 加	Jamaica		17.8	50.3	70.3	84.0
日 本	Japan	28280.1	50326.2	52914.4	63750.7	70795.0
约 旦	Jordan		19.7	110.3	158.8	193.0
哈萨克斯坦	Kazakhstan		57.5	336.7	482.9	584.0
朝 鲜	Korea, Dem.	0.2	1760.1	2787.1	3693.8	4188.0
韩 国	Korea, Rep.	6157.2	14587.3	12003.3	11172.9	8957.0
科 威 特	Kuwait	263.1	498.2	925.6	1235.4	1451.0
吉尔吉斯斯坦	Kyrgyz Republic		7.9	24.0	34.8	42.0
拉脱维亚	Latvia	0.8	195.7	882.1	1238.6	1355.0
利 比 亚	Libya	282.4	178.2	280.3	331.5	366.0
立 陶 宛	Lithuania	1.0	172.9	650.3	923.9	1301.0
卢 森 堡	Luxembourg	0.2	52.1	100.6	132.4	146.0
马 其 顿	Macedonia		51.8	119.1	157.6	185.0
马来西亚	Malaysia	597.8	525.7	994.0	1286.7	1195.0
马 耳 他	Malta		50.0	114.2	153.2	173.0
墨 西 哥	Mexico	2965.8	4733.2	7479.5	9265.8	12018.0
摩尔多瓦	Moldova		1.9	8.0	11.3	14.0
莫桑比克	Mozambique		43.7	281.1	306.8	338.0
荷 兰	Netherlands	6180.4	7462.9	3597.8	4459.4	4907.0
新 西 兰	New Zealand	941.4	758.3	966.7	1199.3	1481.0
尼日利亚	Nigeria	241.9	270.9	665.7	875.2	1023.0
挪 威	Norway	8579.3	5742.8	5218.5	5179.9	1823.0
阿 曼	Oman		8.6	173.6	266.9	361.0
巴基斯坦	Pakistan	1009.0	347.2	819.4	951.6	1036.0
秘 鲁	Peru		103.1	327.6	452.0	539.0
菲 律 宾	Philippines	161.9	221.4	365.3	421.7	459.0
波 兰	Poland	532.2	1376.3	2547.9	3249.8	2592.0
葡 萄 牙	Portugal	110.8	505.3	776.9	1012.7	1735.0
罗马尼亚	Romania	2007.7	795.1	742.3	970.3	991.0
俄 罗 斯	Russia	25788.6	50688.0	60112.5	66127.5	63382.0
沙特阿拉伯	Saudi Arabia	2441.4	1340.1	2170.7	2588.3	2874.0
塞尔维亚	Serbia	762.4	1968.1	4422.8	6111.3	7338.0
新 加 坡	Singapore	501.5	1409.6	2496.4	3266.4	3296.0
斯洛伐克	Slovak Republic	68.3	185.6	391.3	525.8	1576.0
斯洛文尼亚	Slovenia	769.0	323.3	468.9	576.7	602.0
南 非	South Africa	1491.1	1728.8	2544.0	2914.4	3210.0
西 班 牙	Spain	6146.0	8037.1	9055.1	11347.8	12095.0
瑞 典	Sweden	888.6	1485.3	2068.4	2340.9	2198.0
瑞 士	Switzerland	902.6	1239.2	2025.0	2634.1	2740.0
塔吉克斯坦	Tajikistan	2806.1	798.0	383.0	348.3	361.0
泰 国	Thailand	1429.5	453.1	1103.9	1274.5	1388.0
土 耳 其	Turkey	2572.7	2538.5	5041.3	6441.0	7351.0
土库曼斯坦	Turkmenistan		10.9	72.9	112.2	139.0
乌 克 兰	Ukraine	224.1	454.2	699.3	930.6	989.0
阿 联 酋	United Arab Emirates	843.4	878.1	1064.1	1279.0	1422.0
英 国	United Kingdom	5244.2	8376.7	10189.0	12797.3	14300.0
美 国	United States	92209.6	173334.1	237251.6	290919.6	350383.0
乌 拉 圭	Uruguay		29.3	58.7	71.8	81.0
乌兹别克斯坦	Uzbekistan		192.0	603.2	825.6	981.0
委内瑞拉	Venezuela	3248.1	1124.5	1249.6	1854.3	2135.0

附录4-4 二氧化碳排放量
Emissions of CO$_2$

单位：千吨 (1000 t)

国家或地区	Country or Area	2000	2010	国家或地区	Country or Area	2000	2010
阿 富 汗	Afghanistan	781	8236	多米尼加	Dominican Republic	20117	20964
阿尔巴尼亚	Albania	3022	4283	厄瓜多尔	Ecuador	20942	32636
阿尔及利亚	Algeria	87931	123475	埃 及	Egypt	141326	204776
安 道 尔	Andorra	524	517	萨尔瓦多	El Salvador	5743	6249
安 哥 拉	Angola	9542	30418	赤道几内亚	Equatorial Guinea	455	4679
安提瓜和巴布达	Antigua and Barbuda	345	513	厄立特里亚	Eritrea	609	513
阿 根 廷	Argentina	141077	180512	爱沙尼亚	Estonia	15181	18339
亚美尼亚	Armenia	3465	4221	埃塞俄比亚	Ethiopia	5831	6494
阿 鲁 巴	Aruba	2233	2321	法罗群岛	Faeroe Islands	711	711
澳大利亚	Australia	329605	373081	斐 济	Fiji	865	1291
奥 地 利	Austria	63696	66897	芬 兰	Finland	52141	61844
阿塞拜疆	Azerbaijan	29508	45731	法 国	France	365560	361273
巴 哈 马	Bahamas	1668	2464	加 蓬	Gabon	1052	2574
巴 林	Bahrain	18643	24202	冈 比 亚	Gambia, The	275	473
孟加拉国	Bangladesh	27869	56153	格鲁吉亚	Georgia	4536	6241
巴巴多斯	Barbados	1188	1503	德 国	Germany	829978	745384
白俄罗斯	Belarus	53469	62222	加 纳	Ghana	6289	8999
比 利 时	Belgium	115709	108947	希 腊	Greece	91616	86717
伯 利 兹	Belize	689	422	格 陵 兰	Greenland	532	634
贝 宁	Benin	1617	5189	格林纳达	Grenada	191	260
百 慕 大	Bermuda	495	477	危地马拉	Guatemala	9916	11118
不 丹	Bhutan	400	477	几 内 亚	Guinea	1280	1236
玻利维亚	Bolivia	10224	15456	几内亚比绍	Guinea-Bissau	147	238
波 黑	Bosnia and Herzegovina	23223	31125	圭 亚 那	Guyana	1610	1701
博茨瓦纳	Botswana	4276	5233	海 地	Haiti	1368	2120
巴 西	Brazil	327984	419754	洪都拉斯	Honduras	5031	8108
文 莱	Brunei Darussalam	6527	9160	匈 牙 利	Hungary	57238	50583
保加利亚	Bulgaria	43531	44679	冰 岛	Iceland	2164	1962
布基纳法索	Burkina Faso	1041	1683	印 度	India	1186663	2008823
布 隆 迪	Burundi	301	308	印度尼西亚	Indonesia	263419	433989
柬 埔 寨	Cambodia	1977	4180	伊 朗	Iran	372703	571612
喀 麦 隆	Cameroon	3432	7235	伊 拉 克	Iraq	72445	114667
加 拿 大	Canada	534484	499137	爱 尔 兰	Ireland	41345	40000
佛 得 角	Cape Verde	187	356	以 色 列	Israel	62691	70656
开曼群岛	Cayman Islands	455	590	意 大 利	Italy	451441	406307
中非共和国	Central African Republic	268	264	牙 买 加	Jamaica	10319	7158
乍 得	Chad	176	469	日 本	Japan	1219589	1170715
智 利	Chile	58694	72258	约 旦	Jordan	15508	20821
哥伦比亚	Colombia	57924	75680	哈萨克斯坦	Kazakhstan	127769	248729
科 摩 罗	Comoros	84	139	肯 尼 亚	Kenya	10418	12427
刚果(金)	Congo, Dem.	1646	3040	基里巴斯	Kiribati	33	62
刚果(布)	Congo, Rep.	1049	2028	朝 鲜	Korea, Dem.	76699	71624
哥斯达黎加	Costa Rica	5475	7770	韩 国	Korea, Rep.	447561	567567
科特迪瓦	Cote d'Ivoire	6791	5805	科 威 特	Kuwait	55181	93696
克罗地亚	Croatia	19644	20884	吉尔吉斯共和国	Kyrgyz Republic	4529	6399
古 巴	Cuba	26039	38364	老 挝	Lao	972	1874
塞浦路斯	Cyprus	6850	7708	拉脱维亚	Latvia	6241	7616
捷 克	Czech Republic	124649	111752	黎 巴 嫩	Lebanon	15354	20403
丹 麦	Denmark	47260	46303	利比里亚	Liberia	436	799
吉 布 提	Djibouti	403	539	利 比 亚	Libya	47114	59035
多米尼克	Dominica	103	136	立 陶 宛	Lithuania	12200	13561

资料来源：世界银行WDI数据库。
Source: World Bank WDI Database.

附录4-4　续表 continued

单位: 千吨 (1000 t)

国家或地区	Country or Area	2000	2010	国家或地区	Country or Area	2000	2010
卢 森 堡	Luxembourg	8240	10829	塞内加尔	Senegal	3938	7059
马 其 顿	Macedonia	12064	10873	塞 舌 尔	Seychelles	565	704
马达加斯加	Madagascar	1874	2013	塞拉利昂	Sierra Leone	425	689
马 拉 维	Malawi	906	1239	新 加 坡	Singapore	49006	13520
马来西亚	Malaysia	126603	216804	斯洛伐克	Slovak Republic	37312	36094
马尔代夫	Maldives	499	1074	斯洛文尼亚	Slovenia	14265	15328
马　　里	Mali	543	623	所罗门群岛	Solomon Islands	165	202
马 耳 他	Malta	2065	2589	索 马 里	Somalia	517	609
马绍尔群岛	Marshall Islands	77	103	南　　非	South Africa	368611	460124
毛里塔尼亚	Mauritania	1236	2215	西 班 牙	Spain	294434	269675
毛里求斯	Mauritius	2769	4118	斯里兰卡	Sri Lanka	10161	12710
墨 西 哥	Mexico	381518	443674	圣基茨和尼维斯	St. Kitts and Nevis	103	249
密克罗尼西亚	Micronesia	136	103	圣卢西亚	St. Lucia	330	403
摩尔多瓦	Moldova	3513	4855	圣文森特和格林纳丁斯	St. Vincent and the Grenadines	158	209
蒙　　古	Mongolia	7506	11511	苏　　丹	Sudan	5534	14173
黑　　山	Montenegro		2582	苏 里 南	Suriname	2127	2384
摩 洛 哥	Morocco	33905	50608	斯威士兰	Swaziland	1188	1023
莫桑比克	Mozambique	1349	2882	瑞　　典	Sweden	49794	52515
缅　　甸	Myanmar	10088	8995	瑞　　士	Switzerland	39050	38757
纳米比亚	Namibia	1643	3176	叙 利 亚	Syrian Arab Republic	51048	61859
尼 泊 尔	Nepal	3234	3755	塔吉克斯坦	Tajikistan	2237	2860
荷　　兰	Netherlands	165363	182078	坦桑尼亚	Tanzania	2651	6846
新喀里多尼亚	New Caledonia	2299	3920	泰　　国	Thailand	188355	295282
新 西 兰	New Zealand	32897	31551	东 帝 汶	Timor-Leste		183
尼加拉瓜	Nicaragua	3762	4547	多　　哥	Togo	1357	1540
尼 日 尔	Niger	796	1412	汤　　加	Tonga	121	158
尼日利亚	Nigeria	79182	78910	特里尼达和多巴哥	Trinidad and Tobago	24514	50682
挪　　威	Norway	38808	57187	突 尼 斯	Tunisia	19923	25878
阿　　曼	Oman	21896	57202	土 耳 其	Turkey	216148	298002
巴基斯坦	Pakistan	106449	161396	土库曼斯坦	Turkmenistan	35365	53054
帕　　劳	Palau	117	216	特克斯和凯科斯群岛	Turks and Caicos Islands	15	161
巴 拿 马	Panama	5790	9633	乌 干 达	Uganda	1533	3784
巴布亚新几内亚	Papua New Guinea	2688	3135	乌 克 兰	Ukraine	320774	304805
巴 拉 圭	Paraguay	3689	5075	阿 联 酋	United Arab Emirates	112562	167597
秘　　鲁	Peru	30297	57579	英　　国	United Kingdom	543662	493505
菲 律 宾	Philippines	73307	81591	美　　国	United States	5713560	5433057
波　　兰	Poland	301691	317254	乌 拉 圭	Uruguay	5306	6645
葡 萄 牙	Portugal	62966	52361	乌兹别克斯坦	Uzbekistan	119951	104443
卡 塔 尔	Qatar	34730	70531	瓦努阿图	Vanuatu	81	117
罗马尼亚	Romania	89985	78745	委内瑞拉	Venezuela	152415	201747
俄 罗 斯	Russia	1558112	1740776	越　　南	Vietnam	53645	150230
卢 旺 达	Rwanda	686	594	约旦河西岸和加沙	West Bank and Gaza	792	2365
萨 摩 亚	Samoa	139	161	也　　门	Yemen, Rep.	14639	21852
圣多美和普林西比	Sao Tome and Principe	48	99	赞 比 亚	Zambia	1819	2428
沙特阿拉伯	Saudi Arabia	296935	464481	津巴布韦	Zimbabwe	13887	9428

附录4-5　甲烷排放量
Emissions of Methane

单位：千吨二氧化碳当量 (kt of CO$_2$ eq.)

国家或地区	Country or Area	1990	2000	2005	2008	2010
阿尔巴尼亚	Albania	2543	2608	2477	2517	2593
阿尔及利亚	Algeria	31213	43797	45612	46329	47662
安哥拉	Angola	22057	15759	16359	17293	18597
阿根廷	Argentina	102024	99133	99956	97702	86734
亚美尼亚	Armenia	2891	2565	2960	3235	3329
澳大利亚	Australia	115048	127730	122048	122157	122549
奥地利	Austria	10027	8972	8447	8294	8391
阿塞拜疆	Azerbaijan	11418	9951	12096	16939	18401
巴林	Bahrain	1786	2366	2762	3176	3312
孟加拉国	Bangladesh	87090	89243	94194	97828	103080
白俄罗斯	Belarus	18657	13323	14046	15344	16436
比利时	Belgium	12440	11049	9603	9516	9633
贝宁	Benin	5120	4504	4377	7087	6846
玻利维亚	Bolivia	22429	19752	29831	21003	22778
波黑	Bosnia and Herzegovina	4590	2672	2666	3037	3071
博茨瓦纳	Botswana	6074	3941	4658	3876	4361
巴西	Brazil	319638	342958	492223	421313	443289
文莱	Brunei Darussalam	3592	3858	4543	4617	4450
保加利亚	Bulgaria	15678	13783	12778	12280	12011
柬埔寨	Cambodia	15116	14985	20477	32658	35211
喀麦隆	Cameroon	15980	15843	13700	19927	18153
加拿大	Canada	76106	100404	106657	106209	104500
智利	Chile	11978	16923	18190	17989	18001
哥伦比亚	Colombia	50242	55113	57743	63053	66694
刚果(金)	Congo, Dem.	98340	63695	57685	69446	73859
刚果(布)	Congo, Rep.	7194	8029	7674	6649	7016
哥斯达黎加	Costa Rica	3769	2917	2435	2168	2274
科特迪瓦	Cote d'Ivoire	12146	14237	12472	14487	15947
克罗地亚	Croatia	4156	3944	4508	4853	5036
古巴	Cuba	12065	10563	9276	8413	8392
塞浦路斯	Cyprus	441	569	619	614	621
捷克	Czech Republic	18239	12946	12041	11850	12033
丹麦	Denmark	7981	8125	7956	7864	7763
多米尼加	Dominican Rep.	6004	6239	6695	6733	6729
厄瓜多尔	Ecuador	10985	12842	15131	14776	15477
埃及	Egypt	26928	35813	47775	51846	50969
萨尔瓦多	El Salvador	2673	2798	3153	3128	2992
厄立特里亚	Eritrea	2071	2682	2614	2775	2837
爱沙尼亚	Estonia	3408	2136	2212	2252	2329
埃塞俄比亚	Ethiopia	39981	46192	52960	60262	63232
芬兰	Finland	10070	10341	9750	9507	8896

资料来源：世界银行WDI数据库。
Source:World Bank WDI Database.

213

附录4-5 续表 1 continued 1

单位：千吨二氧化碳当量   (kt of CO_2 eq.)

国家或地区	Country or Area	1990	2000	2005	2008	2010
法　　国	France	75710	85588	82885	82878	83753
加　　蓬	Gabon	3479	4082	4298	5248	3818
格鲁吉亚	Georgia	5037	4137	4413	4708	4864
德　　国	Germany	115443	76117	61699	57614	57230
加　　纳	Ghana	7925	9628	9975	22498	20665
希　　腊	Greece	7734	8089	8205	8203	8417
危地马拉	Guatemala	4798	19386	8405	6365	6746
海　　地	Haiti	3308	4133	4255	4492	4497
洪都拉斯	Honduras	3971	3448	5223	5418	5730
匈牙利	Hungary	10050	8218	7877	7389	7283
冰　　岛	Iceland	342	337	336	367	383
印　　度	India	513639	561558	584494	606198	621480
印度尼西亚	Indonesia	152210	167822	259661	210873	218929
伊　　朗	Iran	56662	79665	99792	108608	115334
伊拉克	Iraq	21395	22289	20628	22640	23874
爱尔兰	Ireland	13884	14897	14960	14415	13896
以色列	Israel	1913	2699	3453	3915	3350
意大利	Italy	47144	46725	40089	37340	37548
牙买加	Jamaica	1235	1379	1307	1331	1291
日　　本	Japan	66928	47484	42230	40957	40262
约　　旦	Jordan	867	1402	1833	2205	2072
哈萨克斯坦	Kazakhstan	69233	38574	53877	62806	67542
肯尼亚	Kenya	20324	22284	25616	27448	27477
朝　　鲜	Korea, Dem.	21626	17324	19301	18705	18611
韩　　国	Korea, Rep.	31306	30925	31976	31051	31984
科威特	Kuwait	5323	10197	12757	12633	12442
吉尔吉斯斯坦	Kyrgyz Republic	5823	3486	3591	3665	3968
拉脱维亚	Latvia	5473	2840	3105	3192	3227
黎巴嫩	Lebanon	699	907	1025	1092	1127
利比亚	Libya	16704	13011	16334	17890	18132
立陶宛	Lithuania	7604	5000	5042	5156	5052
卢森堡	Luxembourg	979	1019	1053	1147	1236
马其顿	Macedonia	1663	1490	1418	1376	1369
马来西亚	Malaysia	23625	29242	36500	35122	33599
马耳他	Malta	184	231	245	235	235
墨西哥	Mexico	98326	102714	113346	115119	115858
摩尔多瓦	Moldova	4086	3255	3541	3378	3415
蒙　　古	Mongolia	8301	9218	6292	6868	6134
摩洛哥	Morocco	9226	9602	10603	11255	11778
莫桑比克	Mozambique	11783	12970	13750	8517	9772
缅　　甸	Myanmar	83993	66941	78231	76510	79131
纳米比亚	Namibia	3554	4582	5251	4942	4988
尼泊尔	Nepal	20286	21206	22317	23064	23512

附录4-5 续表 2 continued 2

单位：千吨二氧化碳当量 (kt of CO$_2$ eq.)

国家或地区	Country or Area	1990	2000	2005	2008	2010
荷 兰	Netherlands	30115	24286	21296	20465	20269
新 西 兰	New Zealand	26681	26570	27505	27566	28133
尼加拉瓜	Nicaragua	4811	5566	6045	6200	6361
尼日利亚	Nigeria	65137	82589	84122	95808	88021
挪 威	Norway	14122	17152	16897	17173	17148
阿 曼	Oman	6153	10326	14546	15614	16527
巴基斯坦	Pakistan	90807	117129	138671	150644	155236
巴 拿 马	Panama	2769	2790	3226	3376	3312
巴 拉 圭	Paraguay	15501	15184	15798	14520	15931
秘 鲁	Peru	13574	16345	16619	17136	18943
菲 律 宾	Philippines	41552	49915	53176	56380	56049
波 兰	Poland	107611	72791	70593	65400	65453
葡 萄 牙	Portugal	9869	12289	13647	13027	12601
卡 塔 尔	Qatar	4359	13134	18581	28222	40328
罗马尼亚	Romania	37410	25129	25955	26824	26146
俄 罗 斯	Russia	624477	465549	493751	510602	533546
沙特阿拉伯	Saudi Arabia	29672	41798	51299	55144	60310
塞内加尔	Senegal	5628	7078	7662	9132	9733
塞尔维亚	Serbia	11940	8651	7563	6726	6589
新 加 坡	Singapore	987	1691	2277	2340	2339
斯洛伐克	Slovak Republic	6451	4432	4064	4015	3985
斯洛文尼亚	Slovenia	3034	2871	2980	2913	2902
南 非	South Africa	53369	59430	65348	67187	65311
西 班 牙	Spain	32795	35105	36314	36476	36824
斯里兰卡	Sri Lanka	11514	9607	10295	11353	11631
苏 丹	Sudan	47142	64407	70661	100993	94639
瑞 典	Sweden	11519	11466	11501	11390	10845
瑞 士	Switzerland	5905	5126	4953	4946	4992
叙 利 亚	Syrian Arab Republic	8385	12609	11901	12504	12532
塔吉克斯坦	Tajikistan	4299	3304	3885	4508	4943
坦桑尼亚	Tanzania	26891	29124	33610	25360	27445
泰 国	Thailand	84956	83448	89388	97444	104411
多 哥	Togo	3089	3440	3732	5866	5238
特里尼达和多巴哥	Trinidad and Tobago	3038	5528	11055	13509	14499
突 尼 斯	Tunisia	4055	6881	7245	6949	7497
土 耳 其	Turkey	43853	56264	64357	75652	77307
土库曼斯坦	Turkmenistan	29846	21217	29513	32848	26546
乌 克 兰	Ukraine	122285	85244	70884	68265	68398
阿 联 酋	United Arab Emirates	13414	19913	22256	23939	25608
英 国	United Kingdom	117310	85894	64387	60814	61174
美 国	United States	635108	553740	535815	545325	524688
乌 拉 圭	Uruguay	15752	18183	19752	20571	19165
乌兹别克斯坦	Uzbekistan	32947	37079	42353	46339	46862
委内瑞拉	Venezuela	43935	57498	57497	60049	57072
越 南	Vietnam	60474	75418	94325	106433	111338
也 门	Yemen	3913	6121	7761	8292	8765
赞 比 亚	Zambia	29119	18100	21192	6121	6423
津巴布韦	Zimbabwe	10256	9672	9658	8455	8421

附录4-6　氮氧化物排放量
Emissions of Nitrous Oxide

单位：千吨二氧化碳当量 (kt of CO_2 eq.)

国家或地区	Country or Area	1990	2000	2005	2008	2010
阿尔巴尼亚	Albania	1276	1271	1040	1121	1124
阿尔及利亚	Algeria	3868	4507	4917	5687	6257
安哥拉	Angola	17734	3005	3057	3307	3570
阿根廷	Argentina	38453	41952	49957	54016	52061
亚美尼亚	Armenia	805	462	584	731	986
澳大利亚	Australia	63067	75584	63038	58047	51462
奥地利	Austria	5086	4792	4225	4196	3759
阿塞拜疆	Azerbaijan	2666	2032	2600	2622	2647
巴林	Bahrain	70	88	113	117	129
孟加拉国	Bangladesh	15151	19614	21487	22348	26160
白俄罗斯	Belarus	16372	10796	11890	12550	13446
比利时	Belgium	9038	9844	8809	9029	10127
贝宁	Benin	3733	3347	2920	5136	4771
玻利维亚	Bolivia	14612	11334	15280	8773	9544
波黑	Bosnia and Herzegovina	2023	1745	1032	1078	1102
博茨瓦纳	Botswana	5395	2524	3097	1998	2185
巴西	Brazil	155788	167644	238198	190764	207576
文莱	Brunei Darussalam	571	395	654	332	336
保加利亚	Bulgaria	9398	4434	3952	3815	4479
柬埔寨	Cambodia	3888	3295	6054	15217	16358
喀麦隆	Cameroon	10460	10746	9027	15647	13628
加拿大	Canada	42574	40862	40245	36628	33010
智利	Chile	5101	7618	8608	9957	8774
哥伦比亚	Colombia	20182	20888	21317	23950	25142
刚果(金)	Congo, Dem.	87165	58528	54702	63882	66632
刚果(布)	Congo, Rep.	4352	3418	3604	2736	2900
哥斯达黎加	Costa Rica	1813	1653	1401	1424	1543
科特迪瓦	Cote d'Ivoire	7618	8456	7478	8843	9837
克罗地亚	Croatia	3764	2904	2823	2903	2943
古巴	Cuba	9593	7317	6438	6618	5796
塞浦路斯	Cyprus	240	256	288	265	315
捷克	Czech Republic	9654	10483	7590	6710	7291
丹麦	Denmark	8017	7055	5814	5688	5410
多米尼加	Dominican Republic	2129	2221	2331	2419	2148
厄瓜多尔	Ecuador	3194	4068	4559	4488	5328
埃及	Egypt	11937	18209	21993	25016	24618
萨尔瓦多	El Salvador	1319	1359	1399	1505	1387
厄立特里亚	Eritrea	1031	1360	1192	1213	1234
爱沙尼亚	Estonia	1873	837	952	1006	912
埃塞俄比亚	Ethiopia	25279	26661	30267	36844	39072
芬兰	Finland	7423	6688	7068	7082	5818
法国	France	70691	52074	48199	45696	38668
加蓬	Gabon	307	255	477	1370	821

资料来源：世界银行WDI数据库。
Source:World Bank WDI Database.

附录4-6　续表 1 continued 1

单位：千吨二氧化碳当量　　　　　　　　　　　　　　　　　　　　　　　　　　　(kt of CO$_2$ eq.)

国家或地区	Country or Area	1990	2000	2005	2008	2010
格鲁吉亚	Georgia	2781	1995	2022	2157	2267
德　国	Germany	73188	52459	51514	49966	42432
加　纳	Ghana	5101	5271	4812	19723	17249
希　腊	Greece	7482	6594	6025	5658	5118
危地马拉	Guatemala	2483	14386	5413	3950	4516
海　地	Haiti	910	1402	1456	1471	1466
洪都拉斯	Honduras	2428	3142	3065	3139	3143
匈牙利	Hungary	10114	6856	6975	4841	4215
冰　岛	Iceland	404	395	411	414	366
印　度	India	159463	199496	211193	221516	234136
印度尼西亚	Indonesia	88950	90677	156645	97287	91313
伊　朗	Iran	18825	24128	27180	25763	23927
伊拉克	Iraq	3809	4462	3478	3553	4909
爱尔兰	Ireland	8172	8416	7502	7234	7716
以色列	Israel	1496	1914	2029	1785	1718
意大利	Italy	30282	30584	28698	21565	19632
牙买加	Jamaica	479	626	651	667	643
日　本	Japan	36175	31996	29968	28243	25740
约　旦	Jordan	464	607	651	695	593
哈萨克斯坦	Kazakhstan	33505	15965	18098	18419	17454
肯尼亚	Kenya	9286	9248	10596	11556	11364
朝　鲜	Korea, Dem.	8715	3310	3366	3277	3241
韩　国	Korea, Rep.	9823	17958	14016	13580	14686
科威特	Kuwait	276	508	680	638	691
吉尔吉斯斯坦	Kyrgyz Republic	3587	1559	1504	1519	1465
拉脱维亚	Latvia	3032	1159	1312	1392	1383
黎巴嫩	Lebanon	372	598	648	642	454
利比亚	Libya	1211	1276	1276	1355	1437
立陶宛	Lithuania	5312	3657	4459	4939	4597
卢森堡	Luxembourg	402	426	467	483	476
马其顿	Macedonia	878	653	616	555	516
马来西亚	Malaysia	13596	12944	15344	13766	15010
马耳他	Malta	74	68	73	65	61
墨西哥	Mexico	40130	43211	43583	43577	43134
摩尔多瓦	Moldova	1728	785	873	662	638
蒙　古	Mongolia	5151	5107	3535	3954	3478
摩洛哥	Morocco	5167	5602	6115	6386	5890
莫桑比克	Mozambique	10619	9610	9333	2134	2217
缅　甸	Myanmar	44216	31194	31680	23769	26266
纳米比亚	Namibia	2547	3519	3861	2851	2983
尼泊尔	Nepal	3591	4232	4526	4644	4508
荷　兰	Netherlands	15025	14162	13481	9594	9205
新西兰	New Zealand	10496	11499	12974	13326	11334
尼加拉瓜	Nicaragua	3101	3295	3471	3421	3423

附录4-6   续表 2 continued 2

单位：千吨二氧化碳当量   (kt of CO$_2$ eq.)

国家或地区	Country or Area	1990	2000	2005	2008	2010
尼日利亚	Nigeria	19048	20972	21573	39163	35475
挪 威	Norway	4926	4766	4985	4103	3299
阿 曼	Oman	338	511	597	607	1124
巴基斯坦	Pakistan	18442	24760	27135	28433	30050
巴拿马	Panama	1023	1046	1207	1375	1380
巴拉圭	Paraguay	8969	7826	9020	7510	9180
秘 鲁	Peru	5559	7674	7664	7517	8313
菲律宾	Philippines	9683	12219	12378	12706	12512
波 兰	Poland	27308	27375	28976	28082	26758
葡萄牙	Portugal	4761	5813	6014	4903	4292
卡塔尔	Qatar	148	259	268	290	332
罗马尼亚	Romania	19804	11336	11361	10823	8808
俄罗斯	Russia	150942	93230	78052	63409	63728
沙特阿拉伯	Saudi Arabia	5524	5989	6447	6773	6249
塞内加尔	Senegal	2946	3795	4042	5281	6433
塞尔维亚	Serbia	4949	4181	4069	5712	7445
新加坡	Singapore	403	6007	1128	1114	1871
斯洛伐克	Slovak Republic	5532	3112	3276	3231	3380
斯洛文尼亚	Slovenia	1314	1154	1136	1160	1169
南 非	South Africa	21527	23217	25177	22860	21870
西班牙	Spain	24862	27423	26263	24161	22551
斯里兰卡	Sri Lanka	1759	2045	2094	2125	2132
苏 丹	Sudan	35986	43813	48685	89037	83293
瑞 典	Sweden	6731	6485	5883	5711	5629
瑞 士	Switzerland	2846	2552	2464	2541	2442
叙利亚	Syrian	4085	4677	5502	6227	5883
塔吉克斯坦	Tajikistan	1377	1093	1382	1594	1718
坦桑尼亚	Tanzania	21137	18580	21437	12076	12948
泰 国	Thailand	19479	20065	22559	22159	30245
多 哥	Togo	2180	1807	1740	3726	2989
特里尼达和多巴哥	Trinidad and Tobago	220	242	273	337	276
突尼斯	Tunisia	2002	2437	2380	2506	2905
土耳其	Turkey	29014	33042	32631	33878	34914
土库曼斯坦	Turkmenistan	2225	2908	4331	4987	4955
乌克兰	Ukraine	53887	24606	26008	23582	20677
阿联酋	United Arab Emirates	699	1131	1399	1421	2366
英 国	United Kingdom	55251	34132	30199	28462	26536
美 国	United States	311889	326741	320596	302596	304082
乌拉圭	Uruguay	6055	6334	7033	7408	7947
乌兹别克斯坦	Uzbekistan	9196	9249	10109	10924	11966
委内瑞拉	Venezuela	12018	13224	14949	17243	15836
越 南	Vietnam	11577	19627	22814	24460	33818
也 门	Yemen	2070	2724	3265	3518	3600
赞比亚	Zambia	35039	21690	24726	7906	8230
津巴布韦	Zimbabwe	6765	5596	5744	4168	4187

附录4-7 人类活动产生的一氧化碳排放量
Emission of Carbon Monoxide by Man-Made

单位: 千吨 (1000 tons)

国家或地区	Country or Area	人类活动产生的一氧化碳排放量 Carbon Monoxide Emission by Man-Made		汽车排放量 Mobile Emission		工业排放量 Industrial Emission	
		2000	2011	2000	2011	2000	2011
澳大利亚	Australia	5759	3009	3967	1513	1792	1496
奥地利	Austria	957	607	411	184	546	423
比利时	Belgium	894	384	234	88	660	296
加拿大	Canada	11324	8487	6499	3574	4826	4912
智利	Chile	1661		960		701	
捷克	Czech Republic	648	382	336	155	312	227
丹麦	Denmark	492	382	365	236	127	146
爱沙尼亚	Estonia	183	148	68	22	114	125
芬兰	Finland	586	450	442	280	144	169
法国	France	6577	3580	2951	869	3626	2710
德国	Germany	4854	3304	2599	1112	2255	2192
希腊	Greece	921	492	728	317	193	174
匈牙利	Hungary	633	396	436	142	197	254
冰岛	Iceland	21	18	20	17	1	1
爱尔兰	Ireland	251	126	194	71	57	55
以色列	Israel	376	174	367	162	9	12
意大利	Italy	4654	2462	3576	1193	1078	1269
日本	Japan	3845	2370	1860	468	1985	1902
韩国	Korea	901		776		125	
卢森堡	Luxembourg	93	38	84	31	9	7
荷兰	Netherlands	735	522	497	339	238	182
新西兰	New Zealand	672	704	491	531	180	173
挪威	Norway	520	311	290	139	230	172
波兰	Poland	2633	2916	916	761	1718	2155
葡萄牙	Portugal	729	383	371	112	358	271
斯洛伐克	Slovak Republic	300	227	115	48	185	179
斯洛文尼亚	Slovenia	213	148	117	41	96	107
西班牙	Spain	2681	1794	1195	274	1485	1520
瑞典	Sweden	826	571	604	278	222	293
瑞士	Switzerland	443	286	320	211	113	65
土耳其	Turkey	4297	2955	2468	1329	1829	1626
英国	United Kingdom	5657	2139	4211	1114	1447	1025
美国	United States	92914	53194	83680	38502	9234	14692
俄罗斯	Russia			10087			

资料来源: 经合组织数据库。
Source:OECD Database.

附录4-8　消耗臭氧层物质的消费量(2008年)
Consumption of Ozone-Depleting Substances(2008)

国家或地区	Country or Area	氯氟化碳的消费量 Consumption of CFCs			全部消耗臭氧层物质的消费量 Consumption of all ODS		
		消耗臭氧层潜力(吨) ODP tonnes		比基线减少(%)	消耗臭氧层潜力(吨) ODP tonnes		比2002年减少(%)
		基线 Baseline	2008	Reduction from Baseline(%)	2002	2008	Reduction from 2002 (%)
阿富汗	Afghanistan	380.0	40.0	89.5	181.5	47.9	73.6
阿尔巴尼亚	Albania	40.8		100.0	50.5	4.1	91.9
阿尔及利亚	Algeria	2119.5	149.6	92.9	1966.1	236.9	88.0
安道尔	Andorra	67.5					
安哥拉	Angola	114.8	9.7	91.6	110.0	20.2	81.6
安提瓜和巴布达	Antigua and Barbuda	10.7	0.1	99.1	4.0	0.3	92.5
阿根廷	Argentina	4697.2	50.9	98.9	2386.0	654.8	72.6
亚美尼亚	Armenia	196.5	13.6	93.1	174.4	18.4	89.4
澳大利亚	Australia	14290.4	-42.0	100.3	389.5	58.5	85.0
阿塞拜疆	Azerbaijan	480.6		100.0	12.1	0.8	93.4
巴哈马	Bahamas	64.9		100.0	58.4	3.9	93.3
巴林	Bahrain	135.4	11.7	91.4	138.1	50.5	63.4
孟加拉国	Bangladesh	581.6	158.3	72.8	350.1	223.1	36.3
巴巴多斯	Barbados	21.5	1.1	94.9	12.1	3.2	73.6
白俄罗斯	Belarus	2510.9		100.0	2.7	1.0	63.0
伯利兹	Belize	24.4		100.0	21.7	1.8	91.7
贝宁	Benin	59.9	5.2	91.3	36.0	6.0	83.3
不丹	Bhutan	0.2		100.0	0.1	0.1	
玻利维亚	Bolivia	75.7	2.6	96.6	67.4	8.6	87.2
波黑	Bosnia and Herzegovina	24.2	8.8	63.6	259.2	16.4	93.7
博茨瓦纳	Botswana	6.9	0.3	95.7	10.2	13.6	-33.3
巴西	Brazil	10525.8	290.4	97.2	3589.4	2089.8	41.8
文莱	Brunei Darussalam	78.2	2.4	96.9	46.3	7.6	83.6
布基纳法索	Burkina Faso	36.3		100.0	16.3	27.2	-66.9
布隆迪	Burundi	59.0	1.0	98.3	19.2	1.0	94.8
柬埔寨	Cambodia	94.2	1.4	98.5	97.0	9.3	90.4
喀麦隆	Cameroon	256.9	17.0	93.4	261.7	36.1	86.2
加拿大	Canada	19958.2		100.0	923.1	509.9	44.8
佛得角	Cape Verde	2.3		100.0	1.8	0.8	55.6
中非共和国	Central African Republic	11.2		100.0	4.6	6.7	-45.7
乍得	Chad	34.6	2.2	93.6	27.3	21.5	21.2
智利	Chile	828.7	47.9	94.2	591.9	304.0	48.6
哥伦比亚	Colombia	2208.2	208.0	90.6	1002.2	414.8	58.6
科摩罗	Comoros	2.5		100.0	1.9	0.2	89.5
刚果	Congo	11.9	1.4	88.2	7.0	2.0	71.4

资料来源：联合国千年发展指标数据库。
Source:UNSD Millennium Development Goals Database.

附录4-8 续表 1 continued 1

国家或地区	Country or Area	氯氟化碳的消费量 Consumption of CFCs			全部消耗臭氧层物质的消费量 Consumption of all ODS		
		消耗臭氧层潜力(吨) ODP tonnes		比基线减少(%)	消耗臭氧层潜力(吨) ODP tonnes		比2002年减少(%)
		基线 Baseline	2008	Reduction from Baseline(%)	2002	2008	Reduction from 2002 (%)
库克群岛	Cook Islands	1.7		100.0			
哥斯达黎加	Costa Rica	250.2	13.9	94.4	425.4	237.0	44.3
科特迪瓦	Cote d'Ivoire	294.2	12.0	95.9	121.2	24.1	80.1
克罗地亚	Croatia	219.3		100.0	172.3	7.7	95.5
古 巴	Cuba	625.1	74.4	88.1	518.0	87.7	83.1
刚果(金)	Congo Dem.	665.7	8.6	98.7	1081.3	16.6	98.5
吉 布 提	Djibouti	21.0	0.9	95.7	15.8	1.5	90.5
多米尼克	Dominica	1.5		100.0	3.1		100.0
多明尼加	Dominican Republic	539.8	4.5	99.2	406.9	53.4	86.9
厄瓜多尔	Ecuador	301.4	8.2	97.3	273.4	79.8	70.8
埃 及	Egypt	1668.0	187.8	88.7	1944.1	726.2	62.6
萨尔瓦多	El Salvador	306.5		100.0	108.1	11.6	89.3
赤道几内亚	Equatorial Guinea	31.5	2.3	92.7	27.9	8.1	71.0
厄立特里亚	Eritrea	41.1	2.8	93.2	32.2	3.1	90.4
埃塞俄比亚	Ethiopia	33.8	4.3	87.3	86.6	4.3	95.0
斐 济	Fiji	33.4		100.0	5.3	4.8	9.4
加 蓬	Gabon	10.3		100.0	6.9	5.2	24.6
冈 比 亚	Gambia	23.8	0.4	98.3	4.9	0.5	89.8
格鲁吉亚	Georgia	22.5		100.0	64.3	5.9	90.8
加 纳	Ghana	35.8		100.0	24.0	21.6	10.0
格林纳达	Grenada	6.0		100.0	2.3	0.5	78.3
危地马拉	Guatemala	224.6	1.4	99.4	952.5	184.3	80.7
几 内 亚	Guinea	42.4	1.6	96.2	31.4	2.7	91.4
几内亚比绍	Guinea-Bissau	26.3	1.4	94.7	27.2	2.2	91.9
圭 亚 那	Guyana	53.2		100.0	15.6	1.7	89.1
海 地	Haiti	169.0	2.3	98.6	197.7	3.7	98.1
洪都拉斯	Honduras	331.6	23.4	92.9	555.7	216.2	61.1
冰 岛	Iceland	195.1		100.0	2.6	2.2	15.4
印 度	India	6681.0	216.5	96.8	15026.9	2904.9	80.7
印度尼西亚	Indonesia	8332.7		100.0	5787.4	299.9	94.8
伊 朗	Iran	4571.7	240.6	94.7	8572.9	508.6	94.1
伊 拉 克	Iraq	1517.0	1597.1	-5.3	1580.6	1752.4	-10.9
以 色 列	Israel	4141.6		100.0	1241.3	475.4	61.7
牙 买 加	Jamaica	93.2		100.0	39.2	8.5	78.3
日 本	Japan	118134.0	-0.7	100.0	2466.8	1050.0	57.4
约 旦	Jordan	673.3	6.0	99.1	267.0	95.8	64.1
哈萨克斯坦	Kazakhstan	1206.2		100.0	146.9	128.8	12.3
肯 尼 亚	Kenya	239.5	7.5	96.9	322.0	75.7	76.5
基里巴斯	Kiribati	0.7		100.0		0.2	-100.0
朝 鲜	Korea, Dem.	441.7	33.5	92.4	2326.3	91.2	96.1
韩 国	Korea, Rep。	9159.8	1114.8	87.8	11745.9	4050.2	65.5
科 威 特	Kuwait	480.4	33.0	93.1	515.7	408.5	20.8
吉尔吉斯斯坦	Kyrgyzstan	72.8	5.0	93.1	50.2	12.4	75.3
老 挝	Lao	43.3	2.0	95.4	42.9	3.6	91.6
黎 巴 嫩	Lebanon	725.5	33.8	95.3	710.8	58.2	91.8
莱 索 托	Lesotho	5.1		100.0	4.6	11.6	-152.2

附录4-8　续表 2 continued 2

国家或地区	Country or Area	氯氟化碳的消费量 Consumption of CFCs			全部消耗臭氧层物质的消费量 Consumption of all ODS		
		消耗臭氧层潜力(吨) ODP tonnes		比基线减少(%)	消耗臭氧层潜力(吨) ODP tonnes		比2002年减少(%)
		基线 Baseline	2008	Reduction from Baseline(%)	2002	2008	Reduction from 2002 (%)
利比里亚	Liberia	56.1	0.6	98.9	54.0	3.4	93.7
利比亚	Libyan	716.7	21.9	96.9	1596.5	111.6	93.0
列支敦士登	Liechtenstein	37.2		100.0	0.1		100.0
马达加斯加	Madagascar	47.9	0.8	98.3	8.8	3.0	65.9
马拉维	Malawi	57.7		100.0	75.4	6.7	91.1
马来西亚	Malaysia	3271.1	173.7	94.7	1966.3	571.2	71.0
马尔代夫	Maldives	4.6		100.0	4.0	3.7	7.5
马里	Mali	108.1	3.0	97.2	28.3	5.1	82.0
马绍尔群岛	Marshall Islands	1.1		100.0	0.3	0.2	33.3
毛里塔尼亚	Mauritania	15.7	1.0	93.6	16.5	6.5	60.6
毛里求斯	Mauritius	29.1		100.0	14.4	6.9	52.1
墨西哥	Mexico	4624.9	-130.4	102.8	3954.7	1992.3	49.6
摩纳哥	Monaco	6.2		100.0	0.1	0.1	
蒙古	Mongolia	10.6	0.4	96.2	7.3	2.6	64.4
黑山	Montenegro	104.9	0.1	99.9	15.4	0.5	96.8
摩洛哥	Morocco	802.3		100.0	1070.0	212.7	80.1
莫桑比克	Mozambique	18.2	2.3	87.4	14.4	4.9	66.0
缅甸	Myanmar	54.3		100.0	45.7	2.0	95.6
纳米比亚	Namibia	21.9		100.0	20.0	5.8	71.0
瑙鲁	Nauru	0.5		100.0			
尼泊尔	Nepal	27.0		100.0	2.6	1.4	46.2
新西兰	New Zealand	2088.0		100.0	42.8	17.4	59.3
尼加拉瓜	Nicaragua	82.8		100.0	64.9	3.9	94.0
尼日尔	Niger	32.0	2.9	90.9	27.6	3.1	88.8
尼日利亚	Nigeria	3650.0	16.5	99.5	3933.3	312.7	92.0
纽埃	Niue	0.1		100.0			
挪威	Norway	1313.0	-3.8	100.3	-42.8	15.6	136.4
阿曼	Oman	248.4	8.5	96.6	201.5	33.2	83.5
巴基斯坦	Pakistan	1679.4	167.4	90.0	2347.2	356.9	84.8
帕劳	Palau	1.6	0.1	93.8	0.2	0.1	50.0
巴拿马	Panama	384.1	11.5	97.0	204.7	40.2	80.4
巴布亚新几内亚	Papua New Guinea	36.3	-1.6	104.4	39.7	1.5	96.2
巴拉圭	Paraguay	210.6	27.3	87.0	105.5	39.0	63.0
秘鲁	Peru	289.5		100.0	203.6	28.0	86.2
菲律宾	Philippines	3055.8	169.4	94.5	1795.1	397.4	77.9
卡塔尔	Qatar	101.4	5.1	95.0	105.4	43.8	58.4
摩尔多瓦	Republic of Moldova	73.3		100.0	29.6	2.8	90.5
俄罗斯	Russia	100352.0	324.0	99.7	892.3	1457.6	-63.4
卢旺达	Rwanda	30.4	1.2	96.1	30.4	2.9	90.5
圣基茨和尼维斯	Saint Kitts and Nevis	3.7		100.0	6.3	0.4	93.7
圣卢西亚	Saint Lucia	8.3		100.0	7.7	0.1	98.7

附录4-8 续表 3 continued 3

国家或地区	Country or Area	氯氟化碳的消费量 Consumption of CFCs			全部消耗臭氧层物质的消费量 Consumption of all ODS		
		消耗臭氧层潜力(吨) ODP tonnes		比基线减少(%)	消耗臭氧层潜力(吨) ODP tonnes		比2002年减少(%)
		基线 Baseline	2008	Reduction from Baseline(%)	2002	2008	Reduction from 2002 (%)
萨 摩 亚	Samoa	4.5		100.0	2.6	0.1	96.2
圣多美和普林西比	Sao Tome and Principe	4.7	0.2	95.7	4.4	0.2	95.5
沙特阿拉伯	Saudi Arabia	1798.5	365.0	79.7	1926.4	1643.6	14.7
塞内加尔	Senegal	155.8	10.0	93.6	82.3	19.5	76.3
塞尔维亚	Serbia	849.2	76.7	91.0	384.9	88.0	77.1
塞舌尔	Seychelles	2.9		100.0	166.1	0.6	99.6
塞拉利昂	Sierra Leone	78.6	4.2	94.7	84.4	5.8	93.1
新 加 坡	Singapore	2718.2		100.0	146.7	149.5	-1.9
所罗门群岛	Solomon Islands	2.1		100.0	5.7	1.2	78.9
索 马 里	Somalia	241.4	20.0	91.7	124.1	28.3	77.2
南 非	South Africa	592.6		100.0	848.8	435.1	48.7
斯里兰卡	Sri Lanka	445.6		100.0	227.4	10.3	95.5
圣文森特和格林纳丁斯	St. Vincent and the Grenadines	1.8		100.0	6.4	0.1	98.4
苏 丹	Sudan	456.8	44.8	90.2	258.2	91.9	64.4
苏 里 南	Suriname	41.3		100.0	51.0	0.7	98.6
斯威士兰	Swaziland	24.6		100.0	2.4	3.3	-37.5
瑞 士	Switzerland	7960.0		100.0	26.2	10.0	61.8
叙 利 亚	Syrian	2224.6	166.0	92.5	1754.1	289.8	83.5
塔吉克斯坦	Tajikistan	211.0		100.0	12.6	3.9	69.0
泰 国	Thailand	6082.1	190.3	96.9	3612.5	1197.5	66.9
马 其 顿	Macedonia	519.7		100.0	44.6	3.5	92.2
东 帝 汶	Timor-Leste	36.0			2.7		
多 哥	Togo	39.8	3.2	92.0	35.3	9.4	73.4
汤 加	Tonga	1.3		100.0	1.0	0.2	80.0
特里尼达和多巴哥	Trinidad and Tobago	120.0		100.0	93.9	56.8	39.5
突 尼 斯	Tunisia	870.1	12.2	98.6	552.5	59.2	89.3
土 耳 其	Turkey	3805.7	-0.1	100.0	1336.4	762.5	42.9
土库曼斯坦	Turkmenistan	37.3	1.2	96.8	10.9	10.1	7.3
图 瓦 卢	Tuvalu	0.3		100.0			
乌 干 达	Uganda	12.8		100.0	44.9		100.0
乌 克 兰	Ukraine	4725.2		100.0	145.5	75.0	48.5
阿 联 酋	United Arab Emirates	529.3	52.9	90.0	624.2	560.7	10.2
坦桑尼亚	Tanzania	253.9	13.9	94.5	71.5	15.4	78.5
美 国	United States	305963.6	-569.2	100.2	16206.4	6229.6	61.6
乌 拉 圭	Uruguay	199.1	26.4	86.7	100.9	53.9	46.6
乌兹别克斯坦	Uzbekistan	1779.2		100.0	0.8	2.3	-187.5
瓦努阿图	Vanuatu		0.7	-100.0		1.0	-100.0
委内瑞拉	Venezuela	3322.4	-15.0	100.5	1653.0	133.5	91.9
越 南	Viet Nam	500.0	20.4	95.9	447.4	277.5	38.0
也 门	Yemen	1796.1	247.7	86.2	1135.8	431.0	62.1
赞 比 亚	Zambia	27.4	2.0	92.7	24.0	6.9	71.3
津巴布韦	Zimbabwe	451.4	7.0	98.4	345.8	37.3	89.2

附录4-9 城市垃圾产生量
Municipal Waste Generation

单位：千吨 (1000 tons)

国家或地区	Country or Area	1995	2000	2005	2008	2009	2010	2011
澳大利亚	Australia		13200			14035		
奥 地 利	Austria	3476	4321	4717	4997	4921	4678	
比 利 时	Belgium	4576	4874	5024	5243	5274	5067	5125
智 利	Chile	4057	5066	5748	6386	6517		
捷 克	Czech Republic	3120	3434	2954	3176	3310	3334	3358
丹 麦	Denmark	2725	3257	3586	4072	3827	3732	4001
爱沙尼亚	Estonia	533	633	587	524	452	406	399
芬 兰	Finland	2109	2600	2506	2768	2562	2519	2719
法 国	France	28253	31232	33366	34714	34504	34535	34336
德 国	Germany	50894	52810	46555	48367	48466	49237	
希 腊	Greece	3200	4447	4853	5077	5154	5917	
匈 牙 利	Hungary	4752	4552	4646	4553	4312	4033	3809
冰 岛	Iceland	114	130	153	175	177		
爱 尔 兰	Ireland	1848	2279	3041	3224	2953	2846	
以 色 列	Israel		3968	4086	4435	4800	4595	4759
意 大 利	Italy	25780	28959	31664	32472	32110	32479	
日 本	Japan	52224	54833	52719	48106	46252	45359	
韩 国	Korea	17438	16950	17665	19006	18581		
卢 森 堡	Luxembourg	240	285	313	341	338	344	356
墨 西 哥	Mexico	30510	30733	35405	37595	38325	40059	41063
荷 兰	Netherlands	8469	9769	10178	10258	10123	9851	9947
新 西 兰	New Zealand	3180					2531	2461
挪 威	Norway	2722	2755	1968	2324	2269	2295	2392
波 兰	Poland	10985	12226	12169	12194	12053	12032	12129
葡 萄 牙	Portugal	3884	4531	4745	5472	5496	5457	5139
斯洛伐克	Slovak Republic	1620	1707	1468	1686	1654	1719	1679
斯洛文尼亚	Slovenia	1186	1020	989	1095	1069	1004	844
西 班 牙	Spain	18732	24730	25683	25317	25108	23775	22997
瑞 典	Sweden	3555	3796	4347	4710	4461	4334	4374
瑞 士	Switzerland	4240	4731	4940	5653	5461	5565	5478
土 耳 其	Turkey	27234	30617	31351	28454	30196	29733	
英 国	United Kingdom	28900	33954	35121	33424	32507	32450	
美 国	United States	197113	220029	229209	228030	221036	226669	
巴 西	Brazil		57563	60142				
印度尼西亚	Indonesia					9601		
俄 罗 斯	Russia		51829	57695	64605	66872	69257	

资料来源：经合组织数据库。
Source:OECD Database.

附录4-10 城市垃圾处理量
Municipal Waste Treatment

单位：千吨 (1000 tons)

国家或地区	Country or Area	1995	2000	2005	2008	2009	2010	2011
澳大利亚	Australia					14035		
奥地利	Austria	3835	4744	4587	4889	4788	4481	
比利时	Belgium	4585	4685	4813	5060	5319	5078	5066
加拿大	Canada		26018		34345			
智利	Chile	3381	4624	5472	6006	6185		
捷克	Czech Republic	3120	3250	2495	2757	2894	3186	3346
丹麦	Denmark	2725	3257	3586	4072	3827	3732	4001
爱沙尼亚	Estonia	532	616	502	440	383	341	344
芬兰	Finland	2075	2724	2547	2832	2562	2519	2718
法国	France	28253	31232	33366	34714	34504	34535	34336
德国	Germany	50894	52810	46555	48367	48466	49235	
希腊	Greece	3490	4447	4867	5078	5154	5917	
匈牙利	Hungary	3887	4157	4606	4426	4284	4033	3809
冰岛	Iceland	120	135		164	166		
爱尔兰	Ireland	1550	2364	2779	3115	2769	2622	
以色列	Israel			4085	4435	4800	4595	4475
意大利	Italy	26607	28280	26918	28153	29816	30741	
日本	Japan	52219	54855	52750	50597	50397	49529	
韩国	Korea	17438	16950	17666	19006	18581		
卢森堡	Luxembourg	240	285	313	341	338	344	356
墨西哥	Mexico	30510	30733	35405	37595	38325	40059	41063
荷兰	Netherlands	8002	8361	8444	8507	8394	8209	8388
新西兰	New Zealand	3180					2531	2461
挪威	Norway	2722	2755	1968	2324	2269	2295	2392
波兰	Poland	10985	12226	9352	10036	10053	10040	9828
葡萄牙	Portugal	4002	4577	4745	5472	5496	5457	5139
斯洛伐克	Slovak Republic		1707	1443	1662	1623	1674	1607
斯洛文尼亚	Slovenia	933	861	844	905	851	790	720
西班牙	Spain	15107	18925	23549	25317	25108	23775	22997
瑞典	Sweden	3405	3793	4347	4334	4461	4334	4374
瑞士	Switzerland	4240	4731	4940	5653	5461	5565	5478
土耳其	Turkey	20134	24133	26286	24074	26015	25098	
英国	United Kingdom	28910	33954	35097	33215	33584		
美国	United States	197114	220028	229209	228030	221035	226669	
巴西	Brazil		57563					

资料来源：经合组织数据库。
Source:OECD Database.

附录4-11　废弃物产生量

Waste Generated

单位：万吨 (10 000 tons)

国家或地区	Country or Area	2004	2006	2008	2010
比利时	Belgium	5280.9	5935.2	4862.2	6253.7
保加利亚	Bulgaria	20102.0	16288.1	16764.6	16720.3
捷克	Czech Rep.	2927.6	2474.6	2542.0	2375.8
丹麦	Denmark	1258.9	1470.3	1515.5	2096.5
德国	Germany	36402.2	36378.6	37279.6	36354.5
爱沙尼亚	Estonia	2086.1	1893.3	1958.4	1900.0
爱尔兰	Ireland	2449.9	2959.9	2250.3	1980.8
希腊	Greece	3495.3	5132.5	6864.4	7043.3
西班牙	Spain	16066.8	16094.7	14925.4	13751.9
法国	France	29658.1	31229.8	34500.2	35508.1
克罗地亚	Croatia	720.9		417.2	315.8
意大利	Italy	13980.6	15502.5	17903.4	15862.8
塞浦路斯	Cyprus	224.2	124.9	184.3	237.3
拉脱维亚	Latvia	125.7	185.9	149.5	149.8
立陶宛	Lithuania	701.0	656.4	633.3	558.3
卢森堡	Luxemburg	831.6	958.6	959.2	1044.0
匈牙利	Hungary	2466.1	2228.7	1694.9	1573.5
马耳他	Malta	314.6	286.1	239.9	128.8
荷兰	Netherlands	9244.8	9916.7	10264.9	11925.5
奥地利	Austria	5302.1	5428.7	5630.9	3488.3
波兰	Poland	15471.3	17023.0	13874.2	15945.8
葡萄牙	Portugal	2931.7	3495.3	3648.0	3834.7
罗马尼亚	Romania	36930.0	34435.7	18913.9	21931.0
斯洛文尼亚	Slovenia	577.1	603.6	503.8	515.9
斯洛伐克	Slovakia	1066.8	1450.1	1147.2	938.4
芬兰	Finland	6970.8	7220.5	8179.3	10433.7
瑞典	Sweden	9175.9	9497.1	8616.9	11764.5
英国	United Kingdom	35754.4	34614.4	33412.7	25906.8
爱尔兰	Ireland	2449.9	2959.9	2250.3	1980.8
列支敦士登	Liechtenstein			38.3	31.2
挪威	Norway	745.4	991.3	1028.7	943.3
土耳其	Turkey	5882.0	4609.2	6476.5	78342.3
塞尔维亚	Serbia				3362.3

资料来源：欧盟统计局。

Source: Eurostat.

附录4-12　有害废弃物产生量
Hazardous Waste Generated

单位: 吨

(ton)

国家或地区	Country or Area	2000	2005	2006	2007	2008	2009
荷　兰	Netherlands	1785000		4949346		4723875	
亚美尼亚	Armenia	1967	330909	343393	440871	430554	467524
奥地利	Austria	1034806		961899		1329984	
阿塞拜疆	Azerbaijan	26556	12831	29518	10381	24255	16029
巴　林	Bahrain	140000	38202	38740	35008		
比利时	Belgium			4039064		5918821	
保加利亚	Bulgaria			785011		13042680	
喀麦隆	Cameroon		9430	10194	8376	9283	8717
智　利	Chile	198	271	238	239	253	250
哥伦比亚	Colombia				69357	78581	
克罗地亚	Croatia	25999	39547	39964	52492	58432	
古　巴	Cuba	1023638	941389	1253673	1417308		
塞浦路斯	Cyprus			16961		23786	
捷　克	Czech Rep.	2630000	1372000	1307080		1510496	
丹　麦	Denmark	183361	340459	493106		419646	
厄瓜多尔	Ecuador	85859	196844	146606	197738	193812	
爱沙尼亚	Estonia			6618811		7538297	
芬　兰	Finland	963000		2710948		2163268	
法　国	France	9150000		9621616		10892900	
德　国	Germany	14937200		21705416		22323152	
希　腊	Greece	391000		274954		252955	
危地马拉	Guatemala		598960	822456			
匈牙利	Hungary	950930		1300126		670613	
印　度	India	7243750		8140000			
爱尔兰	Ireland			708791		743418	
以色列	Israel	242107	321000	311100	291900	321000	
意大利	Italy	3911016		7464670		6655155	
牙买加	Jamaica	10000	10000	10000			
卢森堡	Luxemburg	197120		233895		199115	
约　旦	Jordan		71404			1293804	
吉尔吉斯斯坦	Kyrgyzstan	6304093	6206201	5827043	5546316	5581166	5683650
拉脱维亚	Latvia			65333		67462	
立陶宛	Lithuania			127347		115719	
马来西亚	Malaysia	344550	548916	1103457	1138840	1304899	1705308
马耳他	Malta			50745		55027	
摩尔多瓦	Moldova	2648	835	634	610	756	1125
摩纳哥	Monaco	305	459	457	584	682	401
挪　威	Norway	673000	939000	756714		1336486	
巴拿马	Panama	281	1547	1716	1153		
菲律宾	Philippines	278393	1670180	11786053	1130247	164939280	1900651
波　兰	Poland	1601000	1778881	2380676		1468780	
葡萄牙	Portugal	171644		6063104		3367889	
卡塔尔	Qatar		1965	4381	7224	11898	
罗马尼亚	Romania			1032041		524193	
俄罗斯	Russia	127545840	142496720	140010528	287652768	122882672	141019088
新加坡	Singapore	121500	339000	413000	491000	472000	356000
斯洛伐克	Slovakia	1627008		532941		527205	
斯洛文尼亚	Slovenia			116405		152744	
西班牙	Spain	3063400		4028246		3648602	
瑞　典	Sweden	1100000		2654065		2063389	
泰　国	Thailand	1650000	1814000	1832000	1849000		
土耳其	Turkey	1166000		10796		1024004	
乌克兰	Ukraine	2613226	2411759	2370943	2585235	2301244	1230338
英　国	United Kingdom	5418970		8448468		7285198	
美　国	United States		34788408				
赞比亚	Zambia	50000	80000				
津巴布韦	Zimbabwe	21640	27405		29362	17000	11000

资料来源: 联合国环境统计数据库。
Source: UN Environment Statistics Database .

附录4-13 林业面积构成(2010年)

Extent of Forest (2010)

国家或地区	Country or Area	森林 Forest		其他林地 Other Wooded Land	
		面积(千公顷) Area(1000 ha)	占土地面积比重(%) % of Land Area	面积(千公顷) Area(1000 ha)	占土地面积比重(%) % of Land Area
世　界	World	4033060	31	1144687	9
阿富汗	Afghanistan	1350	2	29471	45
阿尔巴尼亚	Albania	776	28	255	9
阿尔及利亚	Algeria	1492	1	2685	1
安道尔	Andorra	16	36		
安哥拉	Angola	58480	47		
安圭拉	Anguilla	6	60		
安提瓜和巴布达	Antigua and Barbuda	10	22	16	35
阿根廷	Argentina	29400	11	61471	22
亚美尼亚	Armenia	262	9	45	2
澳大利亚	Australia	149300	19	135367	18
奥地利	Austria	3887	47	119	1
阿塞拜疆	Azerbaijan	936	11	54	1
巴哈马	Bahamas	515	51	36	4
巴　林	Bahrain	1	1		
孟加拉国	Bangladesh	1442	11	289	2
巴巴多斯	Barbados	8	19	1	2
白俄罗斯	Belarus	8630	42	520	3
比利时	Belgium	678	22	28	1
伯利兹	Belize	1393	61	113	5
贝　宁	Benin	4561	41	2889	26
百慕大	Bermuda	1	20		
不　丹	Bhutan	3249	69	613	13
玻利维亚	Bolivia	57196	53	2473	2
波　黑	Bosnia and Herzegovina	2185	43	549	11
博茨瓦纳	Botswana	11351	20	34791	61
巴　西	Brazil	519522	62	43772	5
英属维尔京群岛	British Virgin Islands	4	24	2	11
文　莱	Brunei Darussalam	380	72	50	9
保加利亚	Bulgaria	3927	36		
布基纳法索	Burkina Faso	5649	21	5009	18
布隆迪	Burundi	172	7	722	28
柬埔寨	Cambodia	10094	57	133	1
喀麦隆	Cameroon	19916	42	12715	27
加拿大	Canada	310134	34	91951	10
佛得角	Cape Verde	85	21		
加勒比的	Caribbean	6933	30	1103	5
开曼群岛	Cayman Islands	13	50		
中非共和国	Central African Rep.	22605	36	10122	16
乍　得	Chad	11525	9	8847	7
智　利	Chile	16231	22	14658	20
哥伦比亚	Colombia	60499	55	22727	20
刚果(金)	Congo,Dem. Rep.	154135	68	11513	5

资料来源：粮农组织2010版《全球森林资源评价》。
Source:FAO Global Forest Resources Assessment 2010.

附录4-13　续表 1　continued 1

国家或地区	Country or Area	森林 Forest		其他林地 Other Wooded Land	
		面积(千公顷) Area(1000 ha)	占土地面积 比重(%) % of Land Area	面积(千公顷) Area(1000 ha)	占土地面积 比重(%) % of Land Area
刚果(布)	Congo,Rep. .	22411	66	10513	31
库克群岛	Cook Islands	16	65		
哥斯达黎加	Costa Rica	2605	51	12	
科特迪瓦	Côte d'Ivoire	10403	33	2590	8
克罗地亚	Croatia	1920	34	554	10
古　巴	Cuba	2870	26	299	3
塞浦路斯	Cyprus	173	19	214	23
捷　克	Czech Rep.	2657	34		
丹　麦	Denmark	544	13	47	1
吉布提	Djibouti	6		220	9
多米尼克	Dominica	45	60		
多明尼加	Dominican Rep.	1972	41	436	9
厄瓜多尔	Ecuador	9865	36	1519	5
埃　及	Egypt	70		20	
萨尔瓦多	El Salvador	287	14	204	10
赤道几内亚	Equatorial Guinea	1626	58	8	
厄立特里亚	Eritrea	1532	15	7153	71
爱沙尼亚	Estonia	2217	52	133	3
埃塞俄比亚	Ethiopia	12296	11	44650	41
斐　济	Fiji	1014	56	78	4
芬　兰	Finland	22157	73	1112	4
法　国	France	15954	29	1618	3
法属圭亚那	French Guiana	8082	98		
法属波利尼西亚	French Polynesia	155	42		
加　蓬	Gabon	22000	85		
冈比亚	Gambia	480	48	103	10
格鲁吉亚	Georgia	2742	39	51	1
德　国	Germany	11076	32		
加　纳	Ghana	4940	22		
希　腊	Greece	3903	30	2636	20
格陵兰	Greenland			8	
格林纳达	Grenada	17	50	1	4
瓜德罗普岛	Guadeloupe	64	39	3	2
关　岛	Guam	26	47		
危地马拉	Guatemala	3657	34	1672	15
几内亚	Guinea	6544	27	5850	24
几内亚比绍	Guinea-Bissau	2022	72	230	8
圭亚那	Guyana	15205	77	3580	18
海　地	Haiti	101	4		
洪都拉斯	Honduras	5192	46	1475	13
匈牙利	Hungary	2029	23		
冰　岛	Iceland	30		86	1
印　度	India	68434	23	3267	1
印度尼西亚	Indonesia	94432	52	21003	12

附录4-13 续表 2 continued 2

国家或地区	Country or Area	森林 Forest		其他林地 Other Wooded Land	
		面积(千公顷) Area(1000 ha)	占土地面积 比重(%) % of Land Area	面积(千公顷) Area(1000 ha)	占土地面积 比重(%) % of Land Area
伊　　朗	Iran	11075	7	5340	3
伊 拉 克	Iraq	825	2	259	1
爱 尔 兰	Ireland	739	11	50	1
马 恩 岛	Isle of Man	3	6		
以 色 列	Israel	154	7	33	2
意 大 利	Italy	9149	31	1767	6
牙 买 加	Jamaica	337	31	188	17
日　　本	Japan	24979	69		
新泽西州	Jersey	1	5		
约　　旦	Jordan	98	1	51	1
哈萨克斯坦	Kazakhstan	3309	1	16479	6
肯 尼 亚	Kenya	3467	6	28650	50
基里巴斯	Kiribati	12	15		
朝　　鲜	Korea，Dem.	5666	47		
韩　　国	Korea，Rep.	6222	63		
科 威 特	Kuwait	6			
吉尔吉斯斯坦	Kyrgyzstan	954	5	390	2
老　　挝	Laos	15751	68	4834	21
拉脱维亚	Latvia	3354	54	113	2
黎 巴 嫩	Lebanon	137	13	106	10
莱 索 托	Lesotho	44	1	97	3
利比里亚	Liberia	4329	45		
利 比 亚	Libyan	217		330	
列支敦士登	Liechtenstein	7	43	1	3
立 陶 宛	Lithuania	2160	34	80	1
卢 森 堡	Luxembourg	87	33	1	1
马 其 顿	Macedonia	998	39	143	6
马达加斯加	Madagascar	12553	22	15688	27
马 拉 维	Malawi	3237	34		
马来西亚	Malaysia	20456	62		
马尔代夫	Maldives	1	3		
马　　里	Mali	12490	10	8227	7
马 耳 他	Malta		1		
马绍尔群岛	Marshall Islands	13	70		
马提尼克	Martinique	49	46	1	1
毛里塔尼亚	Mauritania	242		3060	3
毛里求斯	Mauritius	35	17	12	6
马约特岛	Mayotte	14	37		1
墨 西 哥	Mexico	64802	33	20181	10
密克罗尼西亚	Micronesia	64	92		
摩尔多瓦	Moldova	386	12	70	2
蒙　　古	Mongolia	10898	7	1947	1
黑　　山	Montenegro	543	40	175	13
蒙特塞拉特	Montserrat	3	24	2	16

附录4-13　续表 3　continued 3

国家或地区	Country or Area	森林 Forest		其他林地 Other Wooded Land	
		面积(千公顷) Area(1000 ha)	占土地面积 比重(%) % of Land Area	面积(千公顷) Area(1000 ha)	占土地面积 比重(%) % of Land Area
摩洛哥	Morocco	5131	11	631	1
莫桑比克	Mozambique	39022	50	14566	19
缅　甸	Myanmar	31773	48	20113	31
纳米比亚	Namibia	7290	9	8290	10
尼泊尔	Nepal	3636	25	1897	13
荷　兰	Netherlands	365	11		
荷属安的列斯群岛	Netherlands Antilles	1	1	33	41
新喀里多尼亚	New Caledonia	839	46	371	20
新西兰	New Zealand	8269	31	2557	10
尼加拉瓜	Nicaragua	3114	26	2219	18
尼日尔	Niger	1204	1	3440	3
尼日利亚	Nigeria	9041	10	4088	4
纽　埃	Niue	19	72		
诺福克岛	Norfolk Island		12		
北马里亚纳群岛	Northern Mariana Islands	30	66		
挪　威	Norway	10065	33	2703	9
阿　曼	Oman	2		1303	4
巴基斯坦	Pakistan	1687	2	1455	2
帕　劳	Palau	40	88		
巴拿马	Panama	3251	44	821	11
巴布亚新几内亚	Papua New Guinea	28726	63	4474	10
巴拉圭	Paraguay	17582	44		
秘　鲁	Peru	67992	53	22132	17
菲律宾	Philippines	7665	26	10128	34
皮特凯恩	Pitcairn	4	83	1	12
波　兰	Poland	9337	30		
葡萄牙	Portugal	3456	38	155	2
波多黎各	Puerto Rico	552	62		
卡塔尔	Qatar			1	
留尼旺岛	Réunion	88	35	51	20
罗马尼亚	Romania	6573	29	160	1
俄罗斯	Russia	809090	49	73220	4
卢旺达	Rwanda	435	18	61	2
圣巴泰勒米	Saint Barthélemy			1	24
圣基茨和尼维斯	Saint Kitts and Nevis	11	42	2	8
圣卢西亚	Saint Lucia	47	77		
圣马丁	Saint Martin	1	19	1	19
圣皮埃尔和密克隆	Saint Pierre and Miquelon	3	13		
圣文森特和格林纳丁斯	Saint Vincent and the Grenadines	27	68		
萨摩亚	Samoa	171	60	22	8
圣多美和普林西比	Sao Tome and Principe	27	28	29	30
沙特阿拉伯	Saudi Arabia	977		1117	1
塞内加尔	Senegal	8473	44	4911	26
塞尔维亚	Serbia	2713	31	410	5

附录4-13　续表 4　continued 4

国家或地区	Country or Area	森林 Forest		其他林地 Other Wooded Land	
		面积(千公顷) Area(1000 ha)	占土地面积 比重(%) % of Land Area	面积(千公顷) Area(1000 ha)	占土地面积 比重(%) % of Land Area
塞舌尔	Seychelles	41	88		
塞拉利昂	Sierra Leone	2726	38	189	3
新加坡	Singapore	2	3		
斯洛伐克	Slovakia	1933	40		
斯洛文尼亚	Slovenia	1253	62	21	1
所罗门群岛	Solomon Islands	2213	79	129	5
索马里	Somalia	6747	11		
南非	South Africa	9241	8	24558	20
西班牙	Spain	18173	36	9574	19
斯里兰卡	Sri Lanka	1860	29		
苏丹	Sudan	69949	29	50224	21
苏里南	Suriname	14758	95		
斯威士兰	Swaziland	563	33	427	25
瑞典	Sweden	28203	69	3044	7
瑞士	Switzerland	1240	31	71	2
叙利亚	Syrian Arab Rep.	491	3	35	
塔吉克斯坦	Tajikistan	410	3	142	1
坦桑尼亚	Tanzania	33428	38	11619	13
泰国	Thailand	18972	37		
东帝汶	Timor-Leste	742	50		
多哥	Togo	287	5	1246	23
汤加	Tonga	9	13		
特里尼达和多巴哥	Trinidad and Tobago	226	44	84	16
突尼斯	Tunisia	1006	6	300	2
土耳其	Turkey	11334	15	10368	13
土库曼斯坦	Turkmenistan	4127	9		
特克斯和凯科斯群岛	Turks and Caicos Islands	34	80		
图瓦卢	Tuvalu	1	33		
乌干达	Uganda	2988	15	3383	17
乌克兰	Ukraine	9705	17	41	
阿联酋	United Arab Emirates	317	4	4	
英国	United Kingdom	2881	12	20	
美国	United States	304022	33	14933	2
美属维尔京群岛	United States Virgin Islands	20	58		
乌拉圭	Uruguay	1744	10	4	
乌兹别克斯坦	Uzbekistan	3276	8	874	2
瓦努阿图	Vanuatu	440	36	476	39
委内瑞拉	Venezuela	46275	52	7317	8
越南	Viet Nam	13797	44	1124	4
瓦利斯群岛和富图纳群岛	Wallis and Futuna Islands	6	42	2	11
也门	Yemen	549	1	1406	3
赞比亚	Zambia	49468	67	6075	8
津巴布韦	Zimbabwe	15624	40		

附录4-14 农业用地资源(2011年)
Agricultural Land (2011)

单位: 万公顷 (10000 ha)

国家或地区 Country or Area	可耕地面积 Arable Land		多年生作物面积 Permanent Crops		多年生牧场和草场面积 Permanent Meadows and Pastures	
	总量 Area	占农业面积比重(%) As % of Total Agricultural Area (%)	总量 Area	占农业面积比重(%) As % of Total Agricultural Area (%)	总量 Area	占农业面积比重(%) As % of Total Agricultural Area (%)
世 界 World	139628	28.4	15394	3.1	335865	68.4
阿富汗 Afghanistan	779	20.6	12	0.3	3000	79.1
阿尔巴尼亚 Albania	62	51.8	7	6.2	51	42.0
阿尔及利亚 Algeria	751	18.1	91	2.2	3296	79.7
安哥拉 Angola	410	7.0	29	0.5	5400	92.5
阿根廷 Argentina	3805	25.8	100	0.7	10850	73.5
亚美尼亚 Armenia	43	25.1	5	3.1	123	71.7
澳大利亚 Australia	4768	11.6	40	0.1	36159	88.3
奥地利 Austria	136	47.5	7	2.3	144	50.2
阿塞拜疆 Azerbaijan	189	39.5	23	4.8	266	55.7
孟加拉国 Bangladesh	763	83.6	90	9.9	60	6.6
巴巴多斯 Barbados	1	80.0	…	6.7	…	13.3
白俄罗斯 Belarus	553	62.3	12	1.4	322	36.3
比利时 Belgium	83	61.8	2	1.6	49	36.6
伯利兹 Belize	8	47.8	3	20.4	5	31.8
贝宁 Benin	258	75.2	30	8.7	55	16.0
不丹 Bhutan	10	18.3	2	3.4	41	78.3
玻利维亚 Bolivia	384	10.4	22	0.6	3300	89.1
波黑 Bosnia and Herzegovina	101	46.7	10	4.7	104	48.5
博茨瓦纳 Botswana	26	1.0	…	…	2560	99.0
巴西 Brazil	7193	26.2	710	2.6	19600	71.3
保加利亚 Bulgaria	325	63.9	16	3.1	168	33.0
布基纳法索 Burkina Faso	570	48.4	7	0.6	600	51.0
布隆迪 Burundi	92	41.4	40	18.0	90	40.5
佛得角 Cabo Verde	5	62.7	…	4.0	3	33.3
柬埔寨 Cambodia	400	70.7	16	2.7	150	26.5
喀麦隆 Cameroon	620	64.6	140	14.6	200	20.8
加拿大 Canada	4297	68.6	493	7.9	1470	23.5
中非共和国 Central African Rep.	180	35.4	8	1.6	320	63.0
乍得 Chad	490	9.8	3	0.1	4500	90.1
智利 Chile	132	8.3	46	2.9	1402	88.8
哥伦比亚 Colombia	210	4.8	190	4.3	3979	90.9
科摩罗 Comoros	8	52.9	6	37.4	2	9.7
刚果(金) Congo,Dem. Rep.	680	26.4	76	2.9	1820	70.7
刚果(布) Congo,Rep.	50	4.7	6	0.6	1000	94.7
哥斯达黎加 Costa Rica	25	13.3	33	17.6	130	69.1
科特迪瓦 Côte d'Ivoire	290	14.1	440	21.5	1320	64.4
克罗地亚 Croatia	90	67.6	8	6.3	35	26.1
古巴 Cuba	355	54.0	39	5.9	263	40.0
塞浦路斯 Cyprus	8	70.7	3	27.6	…	1.7
捷克共和国 Czech Rep.	316	74.8	8	1.8	99	23.4
丹麦 Denmark	250	92.9	…	0.1	19	7.0
吉布提 Djibouti	…	0.1			170	99.9
多米尼克 Dominica	1	23.1	2	69.2	…	7.7

资料来源: 联合国粮农组织FAO数据库。
Source:UN FAO database

4-14 续表 1 continued 1

单位: 万公顷 (10000 ha)

国家或地区	Country or Area	可耕地面积 Arable Land		多年生作物面积 Permanent Crops		多年生牧场和草场面积 Permanent Meadows and Pastures	
		总量 Area	占农业面积比重 (%) As % of Total Agricultural Area (%)	总量 Area	占农业面积比重 (%) As % of Total Agricultural Area (%)	总量 Area	占农业面积比重 (%) As % of Total Agricultural Area (%)
多明尼加	Dominican Rep.	80	32.7	45	18.4	120	48.9
厄瓜多尔	Ecuador	116	15.7	138	18.8	481	65.5
埃 及	Egypt	287	78.3	80	21.7		
萨尔瓦多	El Salvador	67	43.4	23	15.0	64	41.6
赤道几内亚	Equatorial Guinea	13	42.8	7	23.0	10	34.2
厄立特里亚	Eritrea	69	9.1	…	…	690	90.9
爱沙尼亚	Estonia	63	66.9	1	0.6	31	32.5
埃塞俄比亚	Ethiopia	1457	40.8	112	3.1	2000	56.0
斐 济	Fiji	17	39.2	9	19.9	18	40.9
芬 兰	Finland	225	98.4	1	0.2	3	1.4
法 国	France	1837	63.1	102	3.5	970	33.3
法属圭亚那	French Guiana	1	51.5	…	17.3	1	31.2
加 蓬	Gabon	33	6.3	17	3.3	467	90.4
冈比亚	Gambia	45	73.2	1	0.8	16	26.0
格鲁吉亚	Georgia	41	16.8	12	4.7	194	78.6
德 国	Germany	1188	71.0	20	1.2	464	27.8
加 纳	Ghana	480	30.2	280	17.6	830	52.2
希 腊	Greece	250	30.7	115	14.1	450	55.2
危地马拉	Guatemala	150	34.1	95	21.5	195	44.4
几内亚	Guinea	285	20.0	69	4.8	1070	75.1
几内亚比绍	Guinea-Bissau	30	18.4	25	15.3	108	66.3
圭亚那	Guyana	42	25.0	3	1.6	123	73.3
海 地	Haiti	100	56.5	28	15.8	49	27.7
洪都拉斯	Honduras	102	31.7	44	13.7	176	54.7
匈牙利	Hungary	440	82.3	18	3.4	76	14.2
冰 岛	Iceland	12	7.7			147	92.3
印 度	India	15735	87.5	1230	6.8	1015	5.6
印 尼	Indonesia	2350	43.1	2000	36.7	1100	20.2
伊 朗	Iran	1754	35.8	189	3.9	2952	60.3
伊拉克	Iraq	400	48.7	21	2.6	400	48.7
爱尔兰	Ireland	106	23.3	…	…	349	76.7
马恩岛	Isle of Man	3	58.7			2	41.3
以色列	Israel	30	58.0	8	15.7	14	26.3
意大利	Italy	680	48.8	252	18.1	461	33.1
牙买加	Jamaica	12	26.7	10	22.3	23	51.0
日 本	Japan	425	93.3	31	6.7		
约 旦	Jordan	18	17.5	9	8.5	74	74.0
哈萨克斯坦	Kazakhstan	2404	11.5	8	…	18500	88.5
肯尼亚	Kenya	550	20.0	65	2.4	2130	77.6
基里巴斯	Kiribati	…	5.9	3	94.1		
朝 鲜	Korea，Dem.	230	90.0	21	8.0	5	2.0
韩 国	Korea，Rep.	149	85.0	21	11.7	6	3.3
科威特	Kuwait	1	7.2	1	3.3	14	89.5
吉尔吉斯斯坦	Kyrgyzstan	128	12.0	7	0.7	926	87.3
老 挝	Laos	140	58.9	10	4.2	88	36.9

附录4-14　续表 2　continued 2

单位: 万公顷 　　　　　　　　　　　　　　　　　　　　　　　　　　　　　　　(10000 ha)

国家或地区	Country or Area	可耕地面积 Arable Land		多年生作物面积 Permanent Crops		多年生牧场和草场面积 Permanent Meadows and Pastures	
		总量 Area	占农业面积比重 (%) As % of Total Agricultural Area (%)	总量 Area	占农业面积比重 (%) As % of Total Agricultural Area (%)	总量 Area	占农业面积比重 (%) As % of Total Agricultural Area (%)
拉脱维亚	Latvia	116	63.8	1	0.4	65	35.8
黎 巴 嫩	Lebanon	11	17.6	13	19.7	40	62.7
莱 索 托	Lesotho	31	13.3	…	0.2	200	86.5
利比里亚	Liberia	45	17.1	18	6.8	200	76.0
利 比 亚	Libya	175	11.2	34	2.1	1350	86.6
立 陶 宛	Lithuania	219	77.9	3	1.1	59	21.0
卢 森 堡	Luxembourg	6	47.3	…	1.1	7	51.6
马 其 顿	Macedonia	41	37.0	4	3.1	67	59.8
马达加斯加	Madagascar	350	8.5	60	1.4	3730	90.1
马 拉 维	Malawi	360	64.5	13	2.3	185	33.2
马来西亚	Malaysia	180	22.9	579	73.5	29	3.6
马尔代夫	Maldives	…	42.9	…	42.9	…	14.3
马 里	Mali	686	16.5	12	0.3	3464	83.2
马 耳 他	Malta	1	87.4	…	12.6		
马提尼克	Martinique	1	33.1	1	27.9	1	39.0
毛里塔尼亚	Mauritania	45	1.1	1	…	3925	98.8
毛里求斯	Mauritius	8	87.6	…	4.5	1	7.9
马约特岛	Mayotte	1	73.0	…	27.0		
墨 西 哥	Mexico	2549	24.7	268	2.6	7500	72.7
摩尔多瓦	Moldova	181	73.6	30	12.1	35	14.3
蒙 古	Mongolia	61	0.5	…	…	11289	99.5
黑 山	Montenegro	17	33.6	2	3.1	32	63.3
摩 洛 哥	Morocco	794	26.4	116	3.9	2100	69.8
莫桑比克	Mozambique	520	10.5	20	0.4	4400	89.1
缅 甸	Myanmar	1079	85.9	146	11.7	31	2.5
纳米比亚	Namibia	80	2.1	1	…	3800	97.9
尼 泊 尔	Nepal	236	55.3	12	2.8	179	41.9
荷 兰	Netherlands	104	55.0	4	1.9	82	43.1
新喀里多尼亚	New Caledonia	1	2.8	1	2.0	24	95.2
新 西 兰	New Zealand	47	4.1	7	0.6	1083	95.2
尼加拉瓜	Nicaragua	190	36.9	23	4.5	302	58.6
尼 日 尔	Niger	1494	34.1	6	0.1	2878	65.7
尼日利亚	Nigeria	3600	47.2	320	4.2	3700	48.6
挪 威	Norway	82	81.9	…	0.4	18	17.7
阿 曼	Oman	3	1.8	4	2.2	170	96.0
巴基斯坦	Pakistan	2071	78.0	84	3.1	500	18.8
巴 拿 马	Panama	54	23.8	19	8.3	154	67.8
巴布亚新几内亚	Papua New Guinea	30	25.2	70	58.8	19	16.0
巴 拉 圭	Paraguay	390	18.6	9	0.4	1700	81.0
秘 鲁	Peru	365	17.0	85	4.0	1700	79.1
菲 律 宾	Philippines	540	44.6	520	43.0	150	12.4
波 兰	Poland	1110	75.1	39	2.6	329	22.3
葡 萄 牙	Portugal	109	30.1	71	19.5	183	50.4
波多黎各	Puerto Rico	6	31.6	4	21.1	9	47.4
卡 塔 尔	Qatar	1	21.2	…	3.0	5	75.8

附录4-14 续表 3 continued 3

单位: 万公顷 (10000 ha)

国家或地区	Country or Area	可耕地面积 Arable Land 总量 Area	占农业面积比重 (%) As % of Total Agricultural Area (%)	多年生作物面积 Permanent Crops 总量 Area	占农业面积比重 (%) As % of Total Agricultural Area (%)	多年生牧场和草场面积 Permanent Meadows and Pastures 总量 Area	占农业面积比重 (%) As % of Total Agricultural Area (%)
留尼旺岛	Réunion	3	71.7	…	6.1	1	22.1
罗马尼亚	Romania	900	64.3	44	3.2	454	32.5
俄 罗 斯	Russia	12150	56.4	177	0.8	9198	42.7
卢 旺 达	Rwanda	122	63.5	25	13.0	45	23.4
沙特阿拉伯	Saudi Arabia	311	1.8	25	0.1	17000	98.1
塞内加尔	Senegal	385	40.5	6	0.6	560	58.9
塞尔维亚	Serbia	329	65.1	30	5.9	147	29.0
塞 舌 尔	Seychelles	…	33.3	…	66.7		
塞拉利昂	Sierra Leone	110	32.0	14	3.9	220	64.0
斯洛伐克	Slovakia	139	72.1	2	1.1	52	26.9
斯洛文尼亚	Slovenia	17	36.8	3	5.9	26	57.4
所罗门群岛	Solomon Islands	2	19.8	7	71.4	1	8.8
索 马 里	Somalia	110	2.5	3	0.1	4300	97.4
南 非	South Africa	1203	12.5	41	0.4	8393	87.1
西 班 牙	Spain	1251	45.4	470	17.1	1032	37.5
斯里兰卡	Sri Lanka	120	45.8	98	37.4	44	16.8
苏 丹	Sudan	1706	15.7	17	0.2	9145	84.2
苏 里 南	Suriname	6	72.0	1	7.3	2	20.7
斯威士兰	Swaziland	18	14.3	2	1.2	103	84.5
瑞 典	Sweden	261	85.1	1	0.3	45	14.6
瑞 士	Switzerland	40	26.6	2	1.5	110	71.9
叙 利 亚	Syrian Arab Rep.	461	33.3	105	7.6	820	59.1
塔吉克斯坦	Tajikistan	85	17.5	13	2.7	388	79.8
坦桑尼亚	Tanzania	1160	31.1	170	4.6	2400	64.3
泰 国	Thailand	1576	74.8	450	21.4	80	3.8
东 帝 汶	Timor-Leste	15	41.7	6	16.7	15	41.7
多 哥	Togo	251	67.5	21	5.6	100	26.9
汤 加	Tonga	2	51.6	1	35.5	…	12.9
特里尼达和多巴哥	Trinidad and Tobago	3	46.3	2	40.7	1	13.0
突 尼 斯	Tunisia	284	28.2	239	23.8	484	48.0
土 耳 其	Turkey	2054	53.7	309	8.1	1462	38.2
土库曼斯坦	Turkmenistan	190	5.8	6	0.2	3070	94.0
乌 干 达	Uganda	675	48.0	220	15.6	511	36.4
乌 克 兰	Ukraine	3250	78.7	90	2.2	789	19.1
阿 联 酋	United Arab Emirates	5	12.7	4	10.5	31	76.8
英 国	United Kingdom	606	35.3	5	0.3	1106	64.4
美 国	United States	16016	38.9	260	0.6	24850	60.4
乌 拉 圭	Uruguay	181	12.6	4	0.3	1253	87.2
乌兹别克斯坦	Uzbekistan	430	16.1	36	1.4	2200	82.5
瓦努阿图	Vanuatu	2	10.7	13	66.8	4	22.5
委内瑞拉	Venezuela	260	12.2	65	3.1	1800	84.7
越 南	Viet Nam	650	60.0	370	34.1	64	5.9
也 门	Yemen	116	5.0	29	1.2	2200	93.8
赞 比 亚	Zambia	340	14.5	4	0.1	2000	85.3
津巴布韦	Zimbabwe	410	25.1	12	0.7	1210	74.1

附录4-15 享有清洁饮用水源人口占总人口比重
Proportion of the Population Using Improved Drinking Water Source

单位：%   (%)

国家或地区	Country or Area	全国享有清洁饮用水源人口占总人口比重 Proportion of the Population Using Improved Drinking Water Source, Total		城市享有清洁饮用水源人口占总人口比重 Proportion of the Population Using Improved Drinking Water Source, Urban		农村享有清洁饮用水源人口占总人口比重 Proportion of the Population Using Improved Drinking Water Source, Rural	
		2000	2011	2000	2011	2000	2011
阿 富 汗	Afghanistan	22.1	60.6	36.3	85.4	18.5	53.0
阿尔巴尼亚	Albania	97.0	94.7	100.0	95.5	94.9	93.7
阿尔及利亚	Algeria	89.4	83.9	93.1	85.5	83.8	79.5
美属萨摩亚	American Samoa	100.0	100.0	100.0	100.0	100.0	100.0
安 道 尔	Andorra	100.0	100.0	100.0	100.0	100.0	100.0
安 哥 拉	Angola	45.7	53.4	52.3	66.3	39.3	34.7
安 圭 拉	Anguilla	93.5	94.6	93.5	94.6		
安提瓜和巴布达	Antigua and Barbuda	97.7	97.9	97.7	97.9	97.7	97.9
阿 根 廷	Argentina	96.6	99.2	98.3	99.5	81.4	95.4
荷　　兰	Netherlands	100.0	100.0	100.0	100.0	100.0	100.0
亚美尼亚	Armenia	92.6	99.2	98.6	99.6	81.6	98.4
阿鲁巴岛	Aruba	94.2	97.8	94.2	97.8	94.2	97.8
澳大利亚	Australia	100.0	100.0	100.0	100.0	100.0	100.0
奥 地 利	Austria	100.0	100.0	100.0	100.0	100.0	100.0
阿塞拜疆	Azerbaijan	74.0	80.2	88.0	88.4	59.2	70.7
巴 哈 马	Bahamas	96.0	96.0	96.0	96.0	96.0	96.0
巴　　林	Bahrain	98.9	100.0	98.9	100.0	98.9	100.0
孟加拉国	Bangladesh	79.4	83.2	86.1	85.3	77.3	82.4
巴巴多斯	Barbados	99.1	99.8	99.1	99.8	99.1	99.8
白俄罗斯	Belarus	99.7	99.7	99.8	99.8	99.4	99.4
比 利 时	Belgium	100.0	100.0	100.0	100.0	100.0	100.0
伯 利 兹	Belize	85.2	98.6	92.2	96.9	78.8	100.0
贝　　宁	Benin	66.1	76.0	78.1	84.5	58.6	69.1
不　　丹	Bhutan	86.1	97.2	98.9	99.7	81.8	95.8
玻利维亚	Bolivia	78.9	88.0	93.2	96.0	55.7	71.9
波　　黑	Bosnia and Herzegovinian	97.6	98.8	99.3	99.7	96.4	98.0
博茨瓦纳	Botswana	94.8	96.8	99.5	99.3	89.5	92.8
巴　　西	Brazil	93.5	97.2	97.6	99.5	75.7	84.5
英属维尔京群岛	British Virgin Islands	94.9		94.9		94.9	
保加利亚	Bulgaria	99.7	99.5	99.9	99.7	99.4	99.0
布基纳法索	Burkina Faso	59.9	80.0	84.6	96.4	54.5	74.1
布 隆 迪	Burundi	71.9	74.4	89.9	82.0	70.3	73.4
柬 埔 寨	Cambodia	44.2	67.1	62.5	89.6	40.1	61.5
喀 麦 隆	Cameroon	62.1	74.4	86.0	94.9	42.2	52.1
加 拿 大	Canada	99.8	99.8	100.0	100.0	99.0	99.0
佛 得 角	Cape Verde	82.7	88.7	84.3	90.6	80.8	85.6
开曼群岛	Cayman Islands	93.4	95.6	93.4	95.6		
中　　非	Central African Rep.	62.6	67.1	85.0	92.1	49.1	51.1
乍　　得	Chad	44.7	50.2	59.6	70.8	40.7	44.4
智　　利	Chile	94.7	98.5	99.2	99.5	67.4	90.1
哥伦比亚	Colombia	90.6	92.9	98.3	99.6	70.9	72.5
科 摩 罗	Comoros	92.0		93.3		91.5	96.7
刚果(金)	Congo, Dem. Rep.	44.0	46.2	85.0	79.6	27.0	28.9
刚果(布)	Congo, Rep.	70.8	72.4	95.3	95.5	36.0	31.9
库克群岛	Cook Islands	100.0	99.6	100.0	99.6	100.0	99.6
哥斯达黎加	Costa Rica	95.0	96.4	99.4	99.6	88.7	90.7
科特迪瓦	Cote D'Ivoire	77.5	79.9	90.8	91.1	67.3	68.0
克罗地亚	Croatia	98.5	98.5	99.8	99.8	96.8	96.8
古　　巴	Cuba	90.7	93.8	95.0	96.2	77.3	86.4
塞浦路斯	Cyprus	100.0	100.0	100.0	100.0	100.0	100.0
捷　　克	Czech Rep.	99.8	99.8	99.9	99.9	99.6	99.6
丹　　麦	Denmark	100.0	100.0	100.0	100.0	100.0	100.0

资料来源：联合国千年发展目标数据库。
Source: UN Millennium Development Goals Database .

附录4-15 续表 1 continued 1

单位: %   (%)

国家或地区	Country or Area	全国享有清洁饮用水源人口占总人口比重 Proportion of the Population Using Improved Drinking Water Source, Total		城市享有清洁饮用水源人口占总人口比重 Proportion of the Population Using Improved Drinking Water Source, Urban		农村享有清洁饮用水源人口占总人口比重 Proportion of the Population Using Improved Drinking Water Source, Rural	
		2000	2011	2000	2011	2000	2011
吉布提	Djibouti	81.6	92.5	88.2	100.0	60.2	67.3
多米尼克	Dominica	94.5		95.7	95.7	91.8	
多米尼加	Dominican Rep.	86.1	81.6	90.7	82.0	78.7	80.6
厄瓜多尔	Ecuador	83.6	91.8	89.3	96.5	75.0	82.2
埃及	Egypt	96.1	99.3	98.3	100.0	94.5	98.8
萨尔瓦多	El Salvador	83.2	89.7	93.1	94.2	69.2	81.4
赤道几内亚	Equatorial Guinea	50.9		65.5		41.6	
厄立特里亚	Eritrea	53.7		69.6		50.3	
爱沙尼亚	Estonia	98.8	98.8	99.5	99.5	97.1	97.1
埃塞俄比亚	Ethiopia	28.9	49.0	87.2	96.6	18.8	39.3
斐济	Fiji	91.2	96.3	97.1	100.0	85.8	92.2
芬兰	Finland	100.0	100.0	100.0	100.0	100.0	100.0
法国	France	100.0	100.0	100.0	100.0	100.0	100.0
法属圭亚那	French Guiana	84.8	90.0	89.1	94.5	71.7	75.1
法属波立尼西亚	French Polynesia	100.0	100.0	100.0	100.0	100.0	100.0
加蓬	Gabon	85.3	87.9	94.9	95.3	46.9	41.3
冈比亚	Gambia	83.3	89.3	89.7	92.4	77.2	85.2
格鲁吉亚	Georgia	89.2	98.1	97.1	100.0	80.5	95.9
德国	Germany	100.0	100.0	100.0	100.0	100.0	100.0
加纳	Ghana	71.1	86.3	87.8	92.1	58.0	80.0
希腊	Greece	98.9	99.8	99.9	100.0	97.6	99.4
格陵兰	Greenland	100.0	100.0	100.0	100.0	100.0	100.0
格林纳达	Grenada	94.2		94.2		94.2	
瓜德罗普	Guadeloupe	98.0	99.3	97.9	99.3	99.8	99.8
关岛	Guam	99.5	99.4	99.5	99.4	99.5	99.4
危地马拉	Guatemala	87.4	93.8	95.0	99.1	81.2	88.6
几内亚	Guinea	63.2	73.6	88.4	89.8	51.8	64.8
几内亚比绍	Guinea-Bissau	51.9	71.7	68.1	93.8	42.8	54.5
圭亚那	Guyana	89.0	94.5	93.5	97.9	87.1	93.2
海地	Haiti	61.8	64.0	83.7	77.5	49.8	48.5
洪都拉斯	Honduras	80.8	88.9	94.3	96.5	69.6	80.7
匈牙利	Hungary	99.0	100.0	99.6	100.0	97.8	100.0
冰岛	Iceland	100.0	100.0	100.0	100.0	100.0	100.0
印度	India	80.6	91.6	92.4	96.3	76.1	89.5
印度尼西亚	Indonesia	77.7	84.3	91.1	92.8	67.9	75.5
伊朗	Iran	93.1	95.3	97.9	97.5	84.5	90.3
伊拉克	Iraq	80.1	84.9	94.8	94.0	48.9	66.9
爱尔兰	Ireland	99.8	99.9	100.0	100.0	99.7	99.7
以色列	Israel	100.0	100.0	100.0	100.0	100.0	100.0
意大利	Italy	100.0	100.0	100.0	100.0	100.0	100.0
牙买加	Jamaica	93.4	93.1	97.7	97.1	88.8	88.8
卢森堡	Luxemburg	100.0	100.0	100.0	100.0	100.0	100.0
日本	Japan	100.0	100.0	100.0	100.0	100.0	100.0
约旦	Jordan	96.7	96.2	98.1	97.3	90.8	90.5
哈萨克斯坦	Kazakhstan	95.6	94.8	99.0	98.7	91.4	90.4
肯尼亚	Kenya	51.8	60.9	87.4	82.7	43.0	54.0
基里巴斯	Kiribati	58.9	66.1	80.3	86.8	42.7	49.9
朝鲜	Korea, Dem.	99.7	98.1	99.8	98.9	99.5	96.9
韩国	Korea, Rep.	93.4	97.8	98.1	99.7	75.3	88.0
科威特	Kuwait	99.0	99.0	99.0	99.0	99.0	99.0
吉尔吉斯斯坦	Kyrgyzstan	81.4	88.7	96.7	96.0	73.0	84.7
老挝	Laos	45.5	69.6	72.2	82.8	37.9	62.7
拉脱维亚	Latvia	98.4	98.4	99.6	99.6	95.8	95.8

附录4-15 续表 2 continued 2

单位: %   (%)

国家或地区	Country or Area	全国享有清洁饮用水源人口占总人口比重 Proportion of the Population Using Improved Drinking Water Source, Total		城市享有清洁饮用水源人口占总人口比重 Proportion of the Population Using Improved Drinking Water Source, Urban		农村享有清洁饮用水源人口占总人口比重 Proportion of the Population Using Improved Drinking Water Source, Rural	
		2000	2011	2000	2011	2000	2011
黎 巴 嫩	Lebanon	100.0	100.0	100.0	100.0	100.0	100.0
莱 索 托	Lesotho	79.5	77.7	93.6	90.8	75.9	72.7
利比里亚	Liberia	60.7	74.4	73.7	89.4	50.4	60.5
利 比 亚	Libya	54.4		54.2		54.9	
立 陶 宛	Lithuania	92.0		97.6	97.6	80.7	
马 其 顿	Macedonia	99.2	99.6	99.8	100.0	98.5	99.0
马达加斯加	Madagascar	37.8	48.1	75.1	77.7	24.0	33.8
马 拉 维	Malawi	62.5	83.7	93.0	94.6	57.3	81.7
马来西亚	Malaysia	96.4	99.6	98.5	100.0	93.1	98.5
马尔代夫	Maldives	95.2	98.6	99.9	99.5	93.3	97.9
马 里	Mali	45.5	65.4	70.3	89.2	35.8	52.6
马 耳 他	Malta	100.0	100.0	100.0	100.0	99.7	100.0
马绍尔群岛	Marshall Islands	93.1	94.4	91.9	93.3	95.8	97.4
马提尼克	Martinique	87.8	100.0	86.4	100.0	99.8	99.8
毛里塔尼亚	Mauritania	40.4	49.6	44.8	52.3	37.5	47.7
毛里求斯	Mauritius	99.2	99.8	99.8	99.9	98.9	99.7
墨 西 哥	Mexico	88.6	94.4	93.7	95.9	73.4	89.3
密克罗尼西亚	Micronesia, Fed.	90.1	89.1	94.1	94.7	89.0	87.5
摩尔多瓦	Moldova	93.4	96.2	98.5	99.4	89.3	93.3
摩 纳 哥	Monaco	100.0	100.0	100.0	100.0		
蒙 古	Mongolia	65.0	85.3	85.7	100.0	37.5	53.1
黑 山	Montenegro	97.8	98.0	99.6	99.6	95.3	95.3
蒙特塞拉特	Montserrat	98.6	99.0	98.6	99.0	98.6	99.0
摩 洛 哥	Morocco	78.0	82.1	95.8	98.2	57.6	60.8
莫桑比克	Mozambique	41.1	47.2	74.8	78.0	27.2	33.2
缅 甸	Myanmar	66.9	84.1	85.5	94.0	59.9	79.3
纳米比亚	Namibia	80.5	93.4	98.6	98.5	71.8	90.3
瑙 鲁	Nauru	93.0	96.0	93.0	96.0		
尼 泊 尔	Nepal	77.4	87.6	93.8	91.2	74.9	86.8
新喀里多尼亚	New Caledonia	94.0	98.5	94.0	98.5	94.0	98.5
新 西 兰	New Zealand	100.0	100.0	100.0	100.0	100.0	100.0
尼加拉瓜	Nicaragua	80.0	85.0	95.1	97.6	61.6	67.8
尼 日 尔	Niger	42.1	50.3	78.5	100.0	35.1	39.5
尼日利亚	Nigeria	54.8	61.1	78.1	75.1	37.6	47.3
纽 埃	Niue	99.0	98.6	99.0	98.6	99.0	98.6
北马里亚纳群岛	Northern Mariana Islands	95.3	96.5	95.3	96.5	95.3	96.5
挪 威	Norway	100.0	100.0	100.0	100.0	100.0	100.0
阿 曼	Oman	84.0	92.3	87.4	94.8	75.4	85.2
巴基斯坦	Pakistan	88.3	91.4	95.5	95.7	84.7	89.0
帕 劳	Palau	92.2	95.3	97.3	97.0	80.4	86.0
巴 拿 马	Panama	90.3	94.3	97.7	97.0	76.2	85.8
巴布亚新几内亚	Papua New Guinea	35.2	40.2	87.7	89.2	27.3	33.3
巴 拉 圭	Paraguay	73.7		92.4	99.4	50.5	
秘 鲁	Peru	80.2	85.3	89.6	90.9	55.0	66.1
菲 律 宾	Philippines	88.5	92.4	92.7	92.7	84.7	92.1
波 兰	Poland			100.0	100.0		
葡 萄 牙	Portugal	97.9	99.7	98.7	99.7	97.0	99.7
波多黎各	Puerto Rico	93.6		93.6		93.6	
卡 塔 尔	Qatar	100.0	100.0	100.0	100.0	100.0	100.0
留尼汪岛	Reunion	99.2	99.1	99.3	99.2	98.4	97.8
罗马尼亚	Romania	84.2		97.0	98.5	69.7	
俄 罗 斯	Russia	95.1	97.0	98.3	98.7	86.3	92.2
卢 旺 达	Rwanda	66.1	68.9	85.7	79.6	63.0	66.4

附录4-15　续表 3　continued 3

单位：% (%)

国家或地区	Country or Area	全国享有清洁饮用水源人口占总人口比重 Proportion of the Population Using Improved Drinking Water Source, Total		城市享有清洁饮用水源人口占总人口比重 Proportion of the Population Using Improved Drinking Water Source, Urban		农村享有清洁饮用水源人口占总人口比重 Proportion of the Population Using Improved Drinking Water Source, Rural	
		2000	2011	2000	2011	2000	2011
圣基茨和尼维斯	Saint Kitts and Nevis	98.3	98.3	98.3	98.3	98.3	98.3
圣卢西亚	Saint Lucia	93.8	93.8	97.0	98.4	92.6	92.8
圣文森特和格林纳丁斯	Saint Vincent and the Grenadines	93.5	95.1	93.5	95.1	93.5	95.1
萨摩亚	Samoa	93.3	98.1	97.0	97.4	92.3	98.3
圣多美和普林西比	Sao Tome and Principe	78.2	97.0	85.5	98.9	69.8	93.6
沙特阿拉伯	Saudi Arabia	95.0	97.0	95.0	97.0	95.0	97.0
塞内加尔	Senegal	66.2	73.4	90.5	93.2	49.7	58.7
塞尔维亚	Serbia	99.5	99.2	99.7	99.5	99.3	98.9
塞舌尔	Seychelles	96.3	96.3	96.3	96.3	96.3	96.3
塞拉利昂	Sierra Leone	46.8	57.5	74.8	84.1	31.1	40.3
新加坡	Singapore	100.0	100.0	100.0	100.0		
斯洛伐克	Slovakia	99.8	100.0	100.0	100.0	99.6	100.0
斯洛文尼亚	Slovenia	99.6	99.6	99.8	99.8	99.4	99.4
所罗门群岛	Solomon Islands	78.5	79.3	93.0	93.0	75.7	75.7
索马里	Somalia	21.4	29.5	34.6	66.4	14.8	7.2
南非	South Africa	86.5	91.5	98.3	99.0	71.0	79.3
西班牙	Spain	100.0	100.0	99.9	99.9	100.0	100.0
斯里兰卡	Sri Lanka	79.3	92.6	95.0	98.8	76.4	91.5
苏里南	Suriname	89.4	91.9	98.2	96.6	73.1	81.1
斯威士兰	Swaziland	51.9	72.2	88.8	93.2	41.1	66.5
瑞典	Sweden	100.0	100.0	100.0	100.0	100.0	100.0
瑞士	Switzerland	100.0	100.0	100.0	100.0	100.0	100.0
叙利亚	Syrian Arab Republic	87.5	89.9	95.3	92.6	79.1	86.5
塔吉克斯坦	Tajikistan	60.8	65.9	92.6	91.8	49.3	56.5
坦桑尼亚	Tanzania	54.3	53.3	86.6	78.7	45.1	44.1
泰国	Thailand	91.7	95.8	96.5	96.7	89.5	95.4
东帝汶	Timor-Leste	54.3	69.1	68.9	93.0	49.7	59.6
多哥	Togo	53.2	59.0	84.2	89.7	38.1	40.1
托克劳	Tokelau	93.2	97.4			93.2	97.4
汤加	Tonga	98.6	99.2	97.5	98.8	99.0	99.4
特立尼达和多巴哥	Trinidad and Tobago	91.7	93.9	95.4	97.6	91.2	93.3
突尼斯	Tunisia	89.4	96.4	97.3	100.0	75.7	89.2
土耳其	Turkey	92.9	99.7	96.9	100.0	85.4	99.1
土库曼斯坦	Turkmenistan	83.3	71.0	97.1	89.1	71.6	53.7
特克斯和凯科斯群岛	Turks and Caicos Islands	87.1		87.1		87.1	
图瓦卢	Tuvalu	94.0	97.7	95.2	98.3	93.0	97.0
乌干达	Uganda	56.8	74.8	84.6	91.3	52.9	71.7
乌克兰	Ukraine	96.9	98.0	99.3	98.1	92.1	97.7
阿联酋	United Arab Emirates	99.7	99.6	99.6	99.6	100.0	100.0
英国	United Kingdom	100.0	100.0	100.0	100.0	100.0	100.0
美国	United States	98.6	98.8	99.8	99.8	94.0	94.0
美属维尔京群岛	Virgin Islands(US)	100.0	100.0	100.0	100.0	100.0	100.0
乌拉圭	Uruguay	97.9	99.8	98.9	100.0	87.6	97.6
乌兹别克斯坦	Uzbekistan	88.7	87.3	97.6	98.5	83.4	80.9
瓦努阿图	Vanuatu	76.0	90.6	95.6	97.8	70.6	88.3
委内瑞拉	Venezuela	92.1		94.1		74.4	
越南	Viet Nam	76.6	95.6	93.6	99.5	71.1	93.8
也门	Yemen	59.9	54.8	82.5	72.0	51.9	46.5
赞比亚	Zambia	53.6	64.1	87.3	86.0	35.6	50.1
津巴布韦	Zimbabwe	79.6	80.0	98.5	97.1	69.9	69.2

附录4-16　享有卫生设施人口占总人口比重
Proportion of the Population Using Improved Sanitation Facilities

单位：%　　　(%)

国家或地区	Country or Area	全国享有卫生设施人口占总人口比重 Proportion of the Population Using Improved Sanitation Facilities,Total		城市享有卫生设施人口占总人口比重 Proportion of the Population Using Improved Sanitation Facilities, Urban		农村享有卫生设施人口占总人口比重 Proportion of the Population Using Improved Sanitation Facilities, Rural	
		2000	2011	2000	2011	2000	2011
阿富汗	Afghanistan	23.2	28.5	32.1	45.6	20.9	23.2
阿尔巴尼亚	Albania	86.2	93.9	93.8	94.7	80.8	93.0
阿尔及利亚	Algeria	92.2	95.1	98.6	97.6	82.2	88.4
美属萨摩亚	American Samoa	96.9	96.9	96.9	96.9	96.9	96.9
安道尔	Andorra	100.0	100.0	100.0	100.0	100.0	100.0
安哥拉	Angola	42.2	58.7	74.5	85.8	11.1	19.4
安圭拉	Anguilla	92.0	97.9	92.0	97.9		
安提瓜和巴布达	Antigua and Barbuda	84.6	91.4	84.6	91.4	84.6	91.4
阿根廷	Argentina	91.6	96.3	92.6	96.1	82.5	98.1
荷兰	Netherlands	100.0	100.0	100.0	100.0	100.0	100.0
亚美尼亚	Armenia	88.9	90.4	95.6	95.9	76.8	80.5
阿鲁巴岛	Aruba	98.2	97.7	98.2	97.7	98.2	97.7
澳大利亚	Australia	100.0	100.0	100.0	100.0	100.0	100.0
奥地利	Austria	100.0	100.0	100.0	100.0	100.0	100.0
阿塞拜疆	Azerbaijan	62.1	82.0	73.4	85.9	50.1	77.5
巴哈马	Bahamas	88.0		88.0		88.0	
巴林	Bahrain	99.1	99.2	99.1	99.2	99.1	99.2
孟加拉国	Bangladesh	45.3	54.7	54.8	55.3	42.4	54.5
巴巴多斯	Barbados	90.1		90.1		90.1	
白俄罗斯	Belarus	92.8	93.0	91.3	91.6	96.3	97.2
比利时	Belgium	100.0	100.0	100.0	100.0	100.0	100.0
伯利兹	Belize	83.0	89.9	84.7	93.1	81.5	87.2
贝宁	Benin	9.0	14.2	19.3	25.3	2.6	5.1
不丹	Bhutan	38.7	45.2	65.6	73.9	29.5	29.3
玻利维亚	Bolivia	37.0	46.3	49.0	57.5	17.6	23.7
波黑	Bosnia and Herzegovinian	95.3	95.8	98.4	99.7	93.0	92.1
博茨瓦纳	Botswana	52.0	64.0	69.5	77.9	32.0	41.8
巴西	Brazil	74.6	80.8	82.8	86.7	39.5	48.4
英属维尔京群岛	British Virgin Islands	97.5	97.5	97.5	97.5	97.5	97.5
保加利亚	Bulgaria	99.8	100.0	99.9	100.0	99.5	100.0
布基纳法索	Burkina Faso	11.6	18.0	46.8	50.1	3.9	6.5
布隆迪	Burundi	45.6	50.1	38.5	44.9	46.3	50.7
柬埔寨	Cambodia	17.6	33.1	50.3	76.4	10.1	22.3
喀麦隆	Cameroon	47.6	47.8	60.7	58.3	36.6	36.4
加拿大	Canada	99.8	99.8	100.0	100.0	99.0	99.0
佛得角	Cape Verde	44.3	63.3	60.9	74.0	25.2	45.3
开曼群岛	Cayman Islands	96.3	96.3	96.3	96.3		
中非共和国	Central African Rep.	22.1	33.8	31.9	43.1	16.3	27.8
乍得	Chad	9.7	11.7	25.7	30.9	5.3	6.4
智利	Chile	91.8	98.7	95.4	99.8	70.2	89.4
哥伦比亚	Colombia	72.7	78.1	80.7	82.3	52.3	65.4
科摩罗	Comoros	28.3		42.2		22.8	
刚果(金)	Congo, Dem. Rep.	22.6	30.7	30.7	29.2	19.3	31.5
刚果(布)	Congo, Rep.	19.8	17.8	21.1	19.5	18.0	14.8
库克群岛	Cook Islands	99.5	94.6	99.5	94.6	99.5	94.6
哥斯达黎加	Costa Rica	91.3	93.7	94.1	94.8	87.3	91.6
科特迪瓦	Cote D'Ivoire	21.6	23.9	37.1	35.8	9.6	11.4
克罗地亚	Croatia	98.2	98.2	98.6	98.6	97.6	97.6
古巴	Cuba	86.8	92.1	89.8	93.7	77.4	87.3
塞浦路斯	Cyprus	100.0	100.0	100.0	100.0	100.0	100.0
捷克	Czech Rep.	100.0	100.0	100.0	100.0	100.0	100.0

资料来源：联合国千年发展目标数据库。
Source: UN Millennium Development Goals Database .

附录4-16 续表 1 continued 1

单位: %   (%)

国家或地区	Country or Area	全国享有卫生设施人口占总人口比重 Proportion of the Population Using Improved Sanitation Facilities,Total		城市享有卫生设施人口占总人口比重 Proportion of the Population Using Improved Sanitation Facilities, Urban		农村享有卫生设施人口占总人口比重 Proportion of the Population Using Improved Sanitation Facilities, Rural	
		2000	2011	2000	2011	2000	2011
丹　麦	Denmark	100.0	100.0	100.0	100.0	100.0	100.0
吉布提	Djibouti	61.8	61.3	70.6	73.1	33.0	21.6
多米尼克	Dominica	81.1		79.6		84.3	
多米尼加	Dominican Rep.	77.6	82.3	83.8	85.7	67.5	74.5
厄瓜多尔	Ecuador	81.3	92.9	90.9	96.2	66.7	86.1
埃　及	Egypt	85.6	95.0	94.9	96.9	78.6	93.5
萨尔瓦多	El Salvador	61.0	70.0	74.5	79.4	41.6	52.6
赤道几内亚	Equatorial Guinea	88.9		92.2		86.8	
厄立特里亚	Eritrea	11.3		54.0		2.2	3.5
爱沙尼亚	Estonia	95.4	99.6	96.0	99.8	94.0	93.7
埃塞俄比亚	Ethiopia	8.1	20.7	22.2	27.3	5.7	19.4
斐　济	Fiji	74.2	87.1	88.9	92.1	60.6	81.7
芬　兰	Finland	100.0	100.0	100.0	100.0	100.0	100.0
法　国	France	100.0	100.0	100.0	100.0	100.0	100.0
法属圭亚那	French Guiana	80.0	90.4	86.7	94.9	60.1	75.8
法属波立尼西亚	French Polynesia	98.0	97.1	98.0	97.1	98.0	97.1
加　蓬	Gabon	35.8	32.9	37.3	33.3	29.6	30.4
冈比亚	Gambia	63.1	67.7	66.6	69.8	59.7	64.8
格鲁吉亚	Georgia	95.4	93.4	96.4	95.6	94.2	91.0
德　国	Germany	100.0	100.0	100.0	100.0	100.0	100.0
加　纳	Ghana	9.8	13.5	15.3	18.8	5.5	7.7
希　腊	Greece	98.2	98.6	99.4	99.4	96.3	97.5
格陵兰	Greenland	100.0	100.0	100.0	100.0	100.0	100.0
格林纳达	Grenada	91.6		91.6		91.6	
瓜德罗普	Guadeloupe		96.9	94.0	97.0		89.5
关　岛	Guam	97.4	97.4	97.4	97.4	97.4	97.4
危地马拉	Guatemala	71.0	80.2	84.7	88.4	59.8	72.2
几内亚	Guinea	14.1	18.5	25.9	32.2	8.8	10.9
几内亚比绍	Guinea-Bissau	12.2	19.0	26.9	33.0	4.0	8.1
圭亚那	Guyana	79.0	83.9	86.4	87.7	76.1	82.4
海　地	Haiti	22.8	26.1	35.7	33.7	15.7	17.4
洪都拉斯	Honduras	64.5	80.6	78.2	86.3	53.1	74.4
匈牙利	Hungary	100.0	100.0	100.0	100.0	100.0	100.0
冰　岛	Iceland	100.0	100.0	100.0	100.0	100.0	100.0
印　度	India	25.5	35.1	54.4	59.7	14.4	23.9
印度尼西亚	Indonesia	47.4	58.7	66.7	73.4	33.4	43.5
伊　朗	Iran	88.5	99.6	90.8	100.0	84.6	98.7
伊拉克	Iraq	75.2	83.9	83.6	86.0	57.5	79.8
爱尔兰	Ireland	98.9	99.0	99.6	99.6	97.9	97.9
以色列	Israel	100.0	100.0	100.0	100.0	100.0	100.0
牙买加	Jamaica	79.8	80.2	78.1	78.4	81.6	82.2
卢森堡	Luxemburg	100.0	100.0	100.0	100.0	100.0	100.0
日　本	Japan	100.0	100.0	100.0	100.0	100.0	100.0
约　旦	Jordan	97.5	98.1	98.0	98.1	95.9	98.0
哈萨克斯坦	Kazakhstan	96.8	97.3	96.5	96.8	97.2	97.9
肯尼亚	Kenya	26.9	29.4	28.7	31.1	26.4	28.8
基里巴斯	Kiribati	34.2	39.2	46.9	50.8	24.7	30.1
朝　鲜	Korea, Dem.	60.9	81.8	65.1	87.9	54.7	72.5
韩　国	Korea, Rep.	100.0	100.0	100.0	100.0	100.0	100.0
科威特	Kuwait	100.0	100.0	100.0	100.0	100.0	100.0
吉尔吉斯斯坦	Kyrgyzstan	93.2	93.3	93.7	93.6	92.9	93.2
老　挝	Laos	27.9	61.5	65.4	87.5	17.3	48.0

附录4-16　续表 2　continued 2

单位: %

(%)

国家或地区	Country or Area	全国享有卫生设施人口占总人口比重 Proportion of the Population Using Improved Sanitation Facilities,Total		城市享有卫生设施人口占总人口比重 Proportion of the Population Using Improved Sanitation Facilities, Urban		农村享有卫生设施人口占总人口比重 Proportion of the Population Using Improved Sanitation Facilities, Rural	
		2000	2011	2000	2011	2000	2011
拉脱维亚	Latvia	78.6		82.1		71.1	
黎巴嫩	Lebanon	98.2		100.0	100.0	87.0	
莱索托	Lesotho	24.9	26.3	36.9	32.0	21.9	24.2
利比里亚	Liberia	11.6	18.2	23.1	30.1	2.5	7.2
利比亚	Libya	96.5	96.6	96.8	96.8	95.7	95.7
立陶宛	Lithuania	86.7		95.4	95.4	69.1	
马其顿	Macedonia	89.9	91.3	93.3	97.0	85.0	83.1
马达加斯加	Madagascar	10.6	13.7	16.5	19.0	8.4	11.1
马拉维	Malawi	45.5	52.9	48.7	49.6	45.0	53.5
马来西亚	Malaysia	92.3	95.7	93.7	96.1	89.9	94.6
马尔代夫	Maldives	79.4	98.0	97.7	97.5	72.5	98.3
马里	Mali	18.2	21.6	33.9	35.2	12.0	14.3
马耳他	Malta	100.0	100.0	100.0	100.0	100.0	100.0
马绍尔群岛	Marshall Islands	70.1	75.7	80.4	83.9	47.6	54.9
马提尼克	Martinique		91.7	93.8	94.0		72.7
毛里塔尼亚	Mauritania	20.6	26.6	38.5	51.1	8.8	9.2
毛里求斯	Mauritius	89.1	90.6	91.2	91.6	87.6	89.9
墨西哥	Mexico	75.4	84.7	82.3	86.7	55.2	77.4
密克罗尼西亚	Micronesia, Fed.	33.6	55.2	63.7	83.3	25.0	47.0
摩尔多瓦	Moldova	78.6	86.1	87.1	89.0	71.7	83.4
摩纳哥	Monaco	100.0	100.0	100.0	100.0		
蒙古	Mongolia	49.4	53.0	65.5	64.0	28.0	29.1
黑山	Montenegro	89.8	90.0	91.9	91.9	86.8	86.8
蒙特塞拉特	Montserrat	79.9		79.9		79.9	
摩洛哥	Morocco	63.8	69.7	82.2	83.1	42.7	52.0
莫桑比克	Mozambique	14.1	19.1	37.2	40.9	4.6	9.2
缅甸	Myanmar	62.0	77.3	78.9	83.9	55.6	74.1
纳米比亚	Namibia	28.2	32.3	59.6	57.1	13.2	16.9
瑙鲁	Nauru	65.7	65.6	65.7	65.6		
尼泊尔	Nepal	20.9	35.4	42.9	50.1	17.4	32.4
新喀里多尼亚	New Caledonia	100.0	100.0	100.0	100.0	100.0	100.0
尼加拉瓜	Nicaragua	48.0	52.1	61.3	63.2	32.0	37.0
尼日尔	Niger	7.0	9.6	27.4	34.0	3.1	4.3
尼日利亚	Nigeria	34.5	30.6	36.9	33.2	32.7	28.1
纽埃	Niue	79.2	100.0	79.2	100.0	79.2	100.0
北马里亚纳群岛	Northern Mariana Islands	92.2	97.9	92.2	97.9	92.2	97.9
挪威	Norway	100.0	100.0	100.0	100.0	100.0	100.0
阿曼	Oman	89.0	96.6	96.1	97.3	71.0	94.7
巴基斯坦	Pakistan	37.4	47.4	72.0	71.8	20.3	33.6
帕劳	Palau	81.0	100.0	88.6	100.0	63.4	100.0
巴拿马	Panama	65.4	71.2	74.9	76.9	47.0	54.1
巴布亚新几内亚	Papua New Guinea	19.2	18.7	59.9	56.7	13.0	13.3
巴拉圭	Paraguay	57.7		79.2		31.1	
秘鲁	Peru	62.9	71.6	76.1	81.3	26.9	38.4
菲律宾	Philippines	65.4	74.2	74.2	79.2	57.2	69.3
波兰	Poland	89.4		95.5	95.5	79.6	
葡萄牙	Portugal	97.7	100.0	99.1	100.0	96.0	100.0
波多黎各	Puerto Rico	99.3	99.3	99.3	99.3	99.3	99.3
卡塔尔	Qatar	100.0	100.0	100.0	100.0	100.0	100.0
留尼汪岛	Reunion	98.1	98.2	98.4	98.4	95.3	95.3
罗马尼亚	Romania	71.8		87.9		53.7	
俄罗斯	Russia	72.1	70.4	77.0	74.4	58.6	59.3

附录4-16 续表 3 continued 3

单位: %   (%)

国家或地区	Country or Area	全国享有卫生设施人口占总人口比重 Proportion of the Population Using Improved Sanitation Facilities,Total		城市享有卫生设施人口占总人口比重 Proportion of the Population Using Improved Sanitation Facilities, Urban		农村享有卫生设施人口占总人口比重 Proportion of the Population Using Improved Sanitation Facilities, Rural	
		2000	2011	2000	2011	2000	2011
卢旺达	Rwanda	47.2	61.3	62.6	61.3	44.7	61.3
圣基茨和尼维斯	Saint Kitts and Nevis	87.3		87.3		87.3	
圣卢西亚	Saint Lucia	62.4	65.2	69.1	70.4	59.8	64.1
圣文森特和格林纳丁	Saint Vincent and the Grenadines	73.2		73.2		73.2	
萨摩亚	Samoa	92.2	91.6	93.9	93.4	91.8	91.2
圣多美和普林西比	Sao Tome and Principe	20.9	34.3	26.6	40.8	14.4	23.3
沙特阿拉伯	Saudi Arabia	96.8	100.0	96.8	100.0	96.8	100.0
塞内加尔	Senegal	43.2	51.4	63.5	67.9	29.5	39.1
塞尔维亚	Serbia	95.9	97.2	96.9	98.5	94.9	95.6
塞舌尔	Seychelles	97.1	97.1	97.1	97.1	97.1	97.1
塞拉利昂	Sierra Leone	11.9	12.9	22.6	22.5	5.9	6.7
新加坡	Singapore	99.7	100.0	99.7	100.0		
斯洛伐克	Slovakia	99.8	99.7	99.8	99.9	99.6	99.6
斯洛文尼亚	Slovenia	100.0	100.0	100.0	100.0	100.0	100.0
所罗门群岛	Solomon Islands	25.5	28.5	81.4	81.4	15.0	15.0
索马里	Somalia	21.8	23.6	45.0	52.0	10.3	6.3
南非	South Africa		74.0	82.1	84.3	51.0	57.1
西班牙	Spain	100.0	100.0	100.0	100.0	100.0	100.0
斯里兰卡	Sri Lanka	78.7	91.1	80.3	82.7	78.4	92.6
苏里南	Suriname	81.1	83.0	89.9	90.3	64.7	66.2
斯威士兰	Swaziland	51.8	57.0	62.8	63.0	48.6	55.3
瑞典	Sweden	100.0	100.0	100.0	100.0	100.0	100.0
瑞士	Switzerland	100.0	100.0	100.0	100.0	100.0	100.0
叙利亚	Syrian Arab Republic	88.6	95.2	95.3	96.1	81.5	94.0
塔吉克斯坦	Tajikistan	90.0	94.7	93.4	95.4	88.7	94.4
坦桑尼亚	Tanzania	8.8	11.9	16.0	24.2	6.8	7.4
泰国	Thailand	91.3	93.4	88.2	88.7	92.7	95.9
东帝汶	Timor-Leste	37.4	38.7	52.7	67.6	32.5	27.3
多哥	Togo	12.2	11.4	25.9	25.5	5.4	2.7
托克劳	Tokelau	63.5	92.9			63.5	92.9
汤加	Tonga	93.5	91.5	98.6	99.3	92.0	89.1
特立尼达和多巴哥	Trinidad and Tobago	92.3	92.1	92.3	92.1	92.3	92.1
突尼斯	Tunisia	81.9	89.8	95.6	97.3	58.2	75.0
土耳其	Turkey	87.2	91.0	96.3	97.2	70.5	75.5
土库曼斯坦	Turkmenistan	98.3	99.1	99.3	100.0	97.4	98.2
特克斯和凯科斯群岛	Turks and Caicos Islands	81.4		81.4		81.4	
图瓦卢	Tuvalu	78.4	83.3	81.1	86.3	76.0	80.2
乌干达	Uganda	30.9	35.0	33.3	33.9	30.6	35.2
乌克兰	Ukraine	95.1	94.3	97.3	96.5	90.8	89.4
阿联酋	United Arab Emirates	97.4	97.5	98.0	98.0	95.2	95.2
英国	United Kingdom	100.0	100.0	100.0	100.0	100.0	100.0
美国	United States	99.5	99.6	99.8	99.8	98.6	98.6
美属维尔京群岛	Virgin Islands(US)	96.4	96.4	96.4	96.4	96.4	96.4
乌拉圭	Uruguay	96.7	98.9	97.3	99.0	89.7	97.8
乌兹别克斯坦	Uzbekistan	90.9	100.0	97.5	100.0	86.9	100.0
瓦努阿图	Vanuatu	41.7	57.8	54.4	65.1	38.1	55.4
委内瑞拉	Venezuela	88.7		92.5		54.1	
越南	Viet Nam	54.9	74.8	77.6	92.7	47.7	66.7
也门	Yemen	39.4	53.0	82.4	92.5	24.1	34.1
赞比亚	Zambia	40.6	42.1	58.6	55.8	31.0	33.2
津巴布韦	Zimbabwe	40.4	40.2	52.7	51.7	34.1	33.0

附录五、2014 年上半年各省、自治区、直辖市主要污染物排放量指标公报

APPENDIX V. The Main Pollutants Emission Indicators Communique of the Provinces, Autonomous Regions, Municipality Directly under the Central Government in the First Half of 2014

附录5 2014年上半年各省、自治区、直辖市
主要污染物排放量指标公报

The Main Pollutants Emission Indicators Communiqué of the Provinces, Autonomous Regions, Municipality Directly under the Central Government in the First Half of 2014

单位:万吨 (10 000 tons)

地 区 Region	化学需氧量排放量 COD Discharge			氨氮排放量 Ammonia Nitrogen Discharge		
	2013年上半年 the First Half of 2013	2014年上半年 the First Half of 2014	2014年比上年增减(%) Increase or Decrease in 2014 over 2013 (%)	2013年上半年 the First Half of 2013	2014年上半年 the First Half of 2014	2014年比上年增减(%) Increase or Decrease in 2014 over 2013 (%)
全 国 National Total	1199.3	1172.2	-2.26	125.9	122.5	-2.67
北 京 Beijing	9.27	9.07	-2.22	1.01	0.95	-5.95
天 津 Tianjin	11.50	11.13	-3.25	1.36	1.34	-1.64
河 北 Hebei	66.56	64.78	-2.66	5.42	5.24	-3.41
山 西 Shanxi	24.00	23.35	-2.72	2.84	2.79	-2.05
内蒙古 Inner Mongolia	44.01	43.29	-1.62	2.67	2.61	-2.43
辽 宁 Liaoning	65.38	61.99	-5.19	5.41	5.13	-5.18
吉 林 Jilin	38.15	37.15	-2.61	2.73	2.64	-3.19
黑龙江 Heilongjiang	73.95	72.37	-2.14	4.58	4.37	-4.48
上 海 Shanghai	11.95	11.55	-3.31	2.48	2.39	-3.86
江 苏 Jiangsu	58.71	56.84	-3.19	7.46	7.22	-3.19
浙 江 Zhejiang	38.69	37.42	-3.29	5.52	5.33	-3.48
安 徽 Anhui	46.06	45.50	-1.21	5.25	5.19	-1.11
福 建 Fujian	33.41	32.56	-2.53	4.69	4.62	-1.55
江 西 Jiangxi	37.30	36.89	-1.08	4.50	4.39	-2.37
山 东 Shandong	93.61	91.91	-1.81	8.34	8.18	-1.87
河 南 Henan	69.81	67.92	-2.72	7.56	7.22	-4.50
湖 北 Hubei	53.28	52.32	-1.79	6.32	6.18	-2.19
湖 南 Hunan	63.99	63.74	-0.40	8.16	8.03	-1.52
广 东 Guangdong	86.87	84.41	-2.84	10.79	10.46	-3.02
广 西 Guangxi	37.80	37.19	-1.61	4.20	4.20	-0.02
海 南 Hainan	9.81	9.94	1.29	1.14	1.16	1.51
重 庆 Chongqing	20.15	19.36	-3.92	2.62	2.54	-3.07
四 川 Sichuan	63.06	62.44	-0.98	6.90	6.79	-1.55
贵 州 Guizhou	17.34	16.63	-4.12	1.98	1.91	-3.58
云 南 Yunnan	27.62	26.88	-2.71	2.98	2.91	-2.50
西 藏 Tibet	1.34	1.40	4.48	0.17	0.17	
陕 西 Shaanxi	26.00	25.09	-3.50	3.10	2.99	-3.58
甘 肃 Gansu	19.49	19.26	-1.16	1.97	1.94	-1.73
青 海 Qinghai	5.10	5.16	1.16	0.48	0.48	0.46
宁 夏 Ningxia	11.46	11.30	-1.39	0.87	0.84	-3.76
新 疆 Xinjiang	28.81	28.57	-0.81	2.10	2.04	-2.80
新疆兵团 Xinjiang Production & Construction Corps	4.87	4.80	-1.45	0.27	0.27	-0.19

注: 公报不含香港特别行政区、澳门特别行政区和台湾省。
Note: Statistics in this Communique not include Hong kong SAR, Macao SAR and Taiwan Province.

中国环境统计年鉴—*2014*

附录5 续表

单位:万吨
(10 000 tons)

地 区	Region	二氧化硫排放量 Sulphur Dioxide Emission			氮氧化物排放量 Nitrogen Oxides Emission		
		2013年上半年 the First Half of 2013	2014年上半年 the First Half of 2014	2014年比上年增减(%) Increase or Decrease in 2014 over 2013 (%)	2013年上半年 the First Half of 2013	2014年上半年 the First Half of 2014	2014年比上年增减(%) Increase or Decrease in 2014 over 2013 (%)
全 国	**National Total**	**1056.9**	**1037.2**	**-1.87**	**1167.5**	**1099.5**	**-5.82**
北 京	Beijing	4.05	3.83	-5.43	8.54	7.89	-7.59
天 津	Tianjin	10.84	10.40	-4.05	16.14	14.42	-10.67
河 北	Hebei	67.36	62.55	-7.14	85.72	79.69	-7.03
山 西	Shanxi	66.92	64.57	-3.51	60.43	55.58	-8.01
内蒙古	Inner Mongolia	71.41	70.29	-1.57	73.79	70.82	-4.02
辽 宁	Liaoning	51.18	50.39	-1.55	48.93	44.29	-9.47
吉 林	Jilin	19.12	18.25	-4.55	29.14	28.42	-2.50
黑龙江	Heilongjiang	24.19	22.81	-5.67	39.32	37.32	-5.09
上 海	Shanghai	9.85	9.06	-8.02	19.70	18.39	-6.65
江 苏	Jiangsu	51.13	49.41	-3.37	73.58	68.77	-6.54
浙 江	Zhejiang	30.54	29.41	-3.70	40.52	37.48	-7.51
安 徽	Anhui	26.12	25.98	-0.53	47.91	44.90	-6.29
福 建	Fujian	19.20	19.10	-0.52	24.68	23.54	-4.62
江 西	Jiangxi	27.18	26.80	-1.39	29.06	27.87	-4.11
山 东	Shandong	87.39	86.78	-0.70	91.12	85.08	-6.63
河 南	Henan	65.51	63.93	-2.42	80.80	73.36	-9.21
湖 北	Hubei	31.74	31.32	-1.35	31.52	29.17	-7.47
湖 南	Hunan	33.85	33.77	-0.26	28.69	27.70	-3.45
广 东	Guangdong	39.38	38.52	-2.18	64.20	60.81	-5.28
广 西	Guangxi	21.87	21.56	-1.40	24.15	22.38	-7.35
海 南	Hainan	1.75	1.87	6.99	4.76	4.59	-3.64
重 庆	Chongqing	28.28	27.69	-2.11	19.02	18.37	-3.42
四 川	Sichuan	41.48	40.06	-3.42	34.35	32.57	-5.18
贵 州	Guizhou	51.16	50.59	-1.11	28.87	26.28	-8.98
云 南	Yunnan	32.80	31.98	-2.52	25.82	24.49	-5.15
西 藏	Tibet	0.21	0.23	9.95	1.91	1.96	2.44
陕 西	Shaanxi	42.88	42.47	-0.94	39.59	36.51	-7.79
甘 肃	Gansu	31.82	32.48	2.06	22.86	21.43	-6.25
青 海	Qinghai	7.99	7.70	-3.56	6.99	6.73	-3.77
宁 夏	Ningxia	20.35	20.49	0.66	22.07	20.02	-9.29
新 疆	Xinjiang	34.23	36.35	6.19	36.94	39.99	8.25
新疆兵团	Xinjiang Production & Construction Corps	5.11	6.54	27.84	6.29	8.67	37.80

附录六、主要统计指标解释

APPENDIX VI.
Explanatory Notes
on Main Statistical Indicators

主要统计指标解释

一、自然状况

平均气温　气温指空气的温度，我国一般以摄氏度为单位表示。气象观测的温度表是放在离地面约 1.5 米处通风良好的百叶箱里测量的，因此，通常说的气温指的是离地面 1.5 米处百叶箱中的温度。计算方法：月平均气温是将全月各日的平均气温相加，除以该月的天数而得。年平均气温是将 12 个月的月平均气温累加后除以 12 而得。

年平均相对湿度　相对湿度指空气中实际水气压与当时气温下的饱和水气压之比，通常以(%)为单位表示。其统计方法与气温相同。

全年日照时数　日照时数指太阳实际照射地面的时数，通常以小时为单位表示。其统计方法与降水量相同。

全年降水量　降水量指从天空降落到地面的液态或固态(经融化后)水，未经蒸发、渗透、流失而在地面上积聚的深度，通常以毫米为单位表示。计算方法：月降水量是将该全月各日的降水量累加而得。年降水量是将该年 12 个月的月降水量累加而得。

二、水环境

水资源总量　一定区域内的水资源总量指当地降水形成的地表和地下产水量，即地表径流量与降水入渗补给量之和，不包括过境水量。

地表水资源量　指河流、湖泊、冰川等地表水体中由当地降水形成的、可以逐年更新的动态水量，即天然河川径流量。

地下水资源量　指当地降水和地表水对饱水岩土层的补给量。

地表水与地下水资源重复计算量　指地表水和地下水相互转化的部分，即在河川径流量中包括一部分地下水排泄量，地下水补给量中包括一部分来源于地表水的入渗量。

供水总量　指各种水源工程为用户提供的包括输水损失在内的毛供水量。

地表水源供水量　指地表水体工程的取水量，按蓄、引、提、调四种形式统计。从水库、塘坝中引水或提水，均属蓄水工程供水量；从河道或湖泊中自流引水的，无论有闸或无闸，均属引水工程供水量；利用扬水站从河道或湖泊中直接取水的，属提水工程供水量；跨流域调水指水资源一级区或独立流域之间的跨流域调配水量，不包括在蓄、引、提水量中。

地下水源供水量　指水井工程的开采量，按浅层淡水、深层承压水和微咸水分别统计。城市地下水源供水量包括自来水厂的开采量和工矿企业自备井的开采量。

其他水源供水量　包括污水处理再利用、集雨工程、海水淡化等水源工程的供水量。

用水总量　指各类用水户取用的包括输水损失在内的毛水量。

农业用水 包括农田灌溉用水、林果地灌溉用水、草地灌溉用水、鱼塘补水和畜禽用水。

工业用水 指工矿企业在生产过程中用于制造、加工、冷却、空调、净化、洗涤等方面的用水，按新水取用量计，不包括企业内部的重复利用水量。

生活用水 包括城镇生活用水和农村生活用水。城镇生活用水由居民用水和公共用水（含第三产业及建筑业等用水）组成；农村生活用水指居民生活用水。

生态环境补水 仅包括人为措施供给的城镇环境用水和部分河湖、湿地补水，而不包括降水、径流自然满足的水量。

工业废水排放量 指报告期内经过企业厂区所有排放口排到企业外部的工业废水量。包括生产废水、外排的直接冷却水、超标排放的矿井地下水和与工业废水混排的厂区生活污水，不包括外排的间接冷却水(清污不分流的间接冷却水应计算在废水排放量内)。

化学需氧量(COD) 测量有机和无机物质化学分解所消耗氧的质量浓度的水污染指数。

工业废水治理设施数 指报告期内企业用于防治水污染和经处理后综合利用水资源的实有设施（包括构筑物）数，以一个废水治理系统为单位统计。附属于设施内的水治理设备和配套设备不单独计算。已经报废的设施不统计在内。

工业废水治理设施处理能力 指报告期内企业内部的所有废水治理设施实际具有的废水处理能力。

工业废水治理设施运行费用 指报告期内企业维持废水治理设施运行所发生的费用。包括能源消耗、设备维修、人员工资、管理费、药剂费及与设施运行有关的其他费用等。

三、海洋环境

第二类水质海域面积 符合国家海水水质标准中二类海水水质的海域，适用于水产养殖区、海水浴场、人体直接接触海水的海上运动或娱乐区、以及与人类食用直接有关的工业用水区。

第三类水质海域面积 符合国家海水水质标准中三类海水水质的海域，适用于一般工业用水区。

第四类水质海域面积 符合国家海水水质标准中四类海水水质的海域，仅适用于海洋港口水域和海洋开发作业区。

劣于第四类水质海域面积 劣于国家海水水质标准中四类海水水质的海域。

四、大气环境

工业二氧化硫排放量 指报告期内企业在燃料燃烧和生产工艺过程中排入大气的二氧化硫总质量。工业中二氧化硫主要来源于化石燃料（煤、石油等）的燃烧，还包括含硫矿石的冶炼或含硫酸、磷肥等生产的工业废气排放。

工业氮氧化物排放量 指报告期内企业在燃料燃烧和生产工艺过程中排入大气的氮氧化物总质量。

工业烟（粉）尘排放量 指报告期内企业在燃料燃烧和生产工艺过程中排入大气的烟尘及工业粉尘的总质量之和。

工业废气排放量 指报告期内企业厂区内燃料燃烧和生产工艺过程中产生的各种排入空气中含有污染物的气体的总量，以标准状态（273K，101325Pa）计。

工业废气治理设施数　指报告期末企业用于减少在燃料燃烧过程与生产工艺过程中排向大气的污染物或对污染物加以回收利用的废气治理设施总数，以一个废气治理系统为单位统计。包括除尘、脱硫、脱硝及其它的污染物的烟气治理设施。已报废的设施不统计在内。锅炉中的除尘装置属于"三同时"设备，应统计在内。

工业废气治理设施处理能力　指报告期末企业实有的废气治理设施的实际废气处理能力。

工业废气治理设施运行费用　指报告期内维持废气治理设施运行所发生的费用。包括能源消耗、设备折旧、设备维修、人员工资、管理费、药剂费及与设施运行有关的其他费用等。

五、固体废物

一般工业固体废物产生量　系指未被列入《国家危险废物名录》或者根据国家规定的危险废物鉴别标准（GB5085）、固体废物浸出毒性浸出方法（GB5086）及固体废物浸出毒性测定方法（GB／T 15555）鉴别方法判定不具有危险特性的工业固体废物。计算公式是：

一般工业固体废物产生量=（一般工业固体废物综合利用量-其中：综合利用往年贮存量）+一般工业固体废物贮存量+（一般工业固体废物处置量-其中：处置往年贮存量）+一般工业固体废物倾倒丢弃量

一般工业固体废物综合利用量　指报告期内企业通过回收、加工、循环、交换等方式，从固体废物中提取或者使其转化为可以利用的资源、能源和其他原材料的固体废物量（包括当年利用的往年工业固体废物累计贮存量）。如用作农业肥料、生产建筑材料、筑路等。综合利用量由原产生固体废物的单位统计。

一般工业固体废物处置量　指报告期内企业将工业固体废物焚烧和用其他改变工业固体废物的物理、化学、生物特性的方法，达到减少或者消除其危险成分的活动，或者将工业固体废物最终置于符合环境保护规定要求的填埋场的活动中，所消纳固体废物的量。

一般工业固体废物贮存量　指报告期内企业以综合利用或处置为目的，将固体废物暂时贮存或堆存在专设的贮存设施或专设的集中堆存场所内的量。专设的固体废物贮存场所或贮存设施必须有防扩散、防流失、防渗漏、防止污染大气、水体的措施。

一般工业固体废物倾倒丢弃量　指报告期内企业将所产生的固体废物倾倒或者丢弃到固体废物污染防治设施、场所以外的量。

危险废物产生量　指当年全年调查对象实际产生的危险废物的量。危险废物指列入国家危险废物名录或者根据国家规定的危险废物鉴别标准和鉴别方法认定的，具有爆炸性、易燃性、易氧化性、毒性、腐蚀性、易传染性疾病等危险特性之一的废物。按《国家危险废物名录》（环境保护部、国家发展和改革委员会 2008 部令第 1 号）填报。

危险废物综合利用量　指当年全年调查对象从危险废物中提取物质作为原材料或者燃料的活动中消纳危险废物的量。包括本单位利用或委托、提供给外单位利用的量。

危险废物处置量　指报告期内企业将危险废物焚烧和用其他改变工业固体废物的物理、化学、生物特性的方法，达到减少或者消除其危险成分的活动，或者将危险废物最终置于符合环境保护规定要求的填埋场的活动中，所消纳危险废物的量。处置量包括处置本单位或委托给外单位处置的量。危险废物的处置方式见下表：

危险废物贮存量   指将危险废物以一定包装方式暂时存放在专设的贮存设施内的量。专设的贮存设施指对危险废物的包装、选址、设计、安全防护、监测和关闭等符合《危险废物贮存污染控制标准》(GB18597-2001)等相关环保法律法规要求，具有防扩散、防流失、防渗漏、防止污染大气和水体措施的设施。

六、自然生态

自然保护区   指对有代表性的自然生态系统、珍稀濒危野生动植物物种的天然分布区、水源涵养区、有特殊意义的自然历史遗迹等保护对象所在的陆地、陆地水体或海域，依法划出一定面积进行特殊保护和管理的区域。以县及县以上各级人民政府正式批准建立的自然保护区为准。风景名胜区、文物保护区不计在内。

湿地   指天然或人工、长久或暂时性的沼泽地、泥炭地或水域地带，包括静止或流动、淡水、半咸水、咸水体，低潮时水深不超过 6 米的水域以及海岸地带地区的珊瑚滩和海草床、滩涂、红树林、河口、河流、淡水沼泽、沼泽森林、湖泊、盐沼及盐湖。

七、土地利用

土地调查面积   指行政区域内的土地调查总面积，包括农用地、建设用地和未利用地。

耕地面积   指经过开垦用以种植农作物并经常进行耕耘的土地面积。包括种有作物的土地面积、休闲地、新开荒地和抛荒未满三年的土地面积。

林业用地面积   指用来发展林业的土地，包括郁闭度 0.20 以上的乔木林地以及竹林地、灌木林地、疏林地、采伐迹地、火烧迹地、未成林造林地、苗圃地和县级以上人民政府规划的宜林地面积。

草地面积   指牧区和农区用于放牧牲畜或割草，植被盖度在 5%以上的草原、草坡、草山等面积。包括天然的和人工种植或改良的草地面积。

八、林业

森林面积   包括郁闭度 0.2 以上的乔木林地面积和竹林面积，国家特别规定的灌木林地面积、农田林网以及村旁、路旁、水旁、宅旁林木的覆盖面积。

人工林面积   指由人工播种、植苗或扦插造林形成的生长稳定，(一般造林 3-5 年后或飞机播种 5-7 年后)每公顷保存株数大于或等于造林设计植树株数 80%或郁闭度 0.20 以上(含 02.0)的林分面积。

森林覆盖率   指以行政区域为单位森林面积占区域土地总面积的百分比。计算公式：

$$森林覆盖率 = \frac{森林面积}{土地总面积} \times 100\%$$

活立木总蓄积量   指一定范围土地上全部树木蓄积的总量，包括森林蓄积、疏林蓄积、散生木蓄积和四旁树蓄积。

森林蓄积量   指一定森林面积上存在着的林木树干部分的总材积，以立方米为计算单位。它是反映一个国家或地区森林资源总规模和水平的基本指标之一。它说明一个国家或地区林业生产发展情况，反映森林资源的丰富程度，也是衡量森林生态环境优劣的重要依据。

造林面积   指在宜林荒山荒地、宜林沙荒地、无立木林地、疏林地和退耕地等其它宜林地上通过人工措施形成或恢复森林、林木、灌木林的过程。

人工造林 指在宜林荒山荒地、宜林沙荒地、无立木林地、疏林地和退耕地等其它宜林地上通过播种、植苗和分植来提高森林植被覆被率的技术措施。

飞播造林 通过飞机播种，为宜林荒山荒地、宜林沙荒地、其它宜林地、疏林地补充适量的种源，并辅以适当的人工措施，在自然力的作用下使其形成森林或灌草植被，提高森林植被覆被率的技术措施。

无林地和疏林地新封山育林 对宜林地、无立木林地、疏林地实施封禁并辅以人工促进手段，使其形成森林或灌草植被的一项技术措施。

用材林 指以生产木材为主要目的的森林和林木，包括以生产竹材为主要目的的竹林。

经济林 指以生产果品，食用油料、饮料、调料，工业原料和药材为主要目的的林木。经济林是人们为了取得林木的果实、叶片、皮层、胶液等产品作为工业原料或者供食用所营造的林木，如油茶、油桐、核桃、樟树、花椒、茶、桑、果等。

防护林 指以防护为主要目的的森林、林木和灌木丛。包括水源涵养林，水土保持林，防风固沙林，农田、牧场防护林，护岸林，护路林等。

薪炭林 指以生产燃料为主要目的的林木。

特种用途林 指以国防、环境保护、科学实验等为主要目的的森林和林木。包括国防林、实验林、母树林、环境保护林、风景林，名胜古迹和革命纪念地的林木，自然保护区的森林。

天然林保护工程 是我国林业的"天"字号工程、一号工程，也是投资最大的生态工程。具体包括三个层次：全面停止长江上游、黄河上中游地区天然林采伐；大幅度调减东北、内蒙古等重点国有林区的木材产量；同时保护好其他地区的天然林资源。主要解决这些区域天然林资源的休养生息和恢复发展问题。

退耕还林还草工程 是我国林业建设上涉及面最广、政策性最强、工序最复杂、群众参与度最高的生态建设工程。主要解决重点地区的水土流失问题。

三北和长江流域等重点防护林体系建设工程 三北和长江中下游地区等重点防护林体系建设工程，是我国涵盖面最大、内容最丰富的防护林体系建设工程。具体包括三北防护林四期工程、长江中下游及淮河太湖流域防护林二期工程、沿海防护林二期工程、珠江防护林二期工程、太行山绿化二期工程和平原绿化二期工程。主要解决三北地区的防沙治沙问题和其他区域各不相同的生态问题。

京津风沙源治理工程 环北京地区防沙治沙工程，是首都乃至中国的"形象工程"，也是环京津生态圈建设的主体工程。虽然规模不大，但是意义特殊。主要解决首都周围地区的风沙危害问题。

野生动植物保护及自然保护区建设工程 野生动植物保护及自然保护区建设工程，是一个面向未来，着眼长远，具有多项战略意义的生态保护工程，也是呼应国际大气候、树立中国良好国际形象的"外交工程"。主要解决基因保存、生物多样性保护、自然保护、湿地保护等问题。

九、自然灾害及突发事件

滑坡 指斜坡上不稳定的岩土体在重力作用下沿一定软面(或滑动带)整体向下滑动的物理地质现象。地表水和地下水的作用以及人为的不合理工程活动对斜坡岩、土体稳定性的破坏，经常是促使滑坡发生的主要因素。在露天采矿、水利、铁路、公路等工程中，滑坡往往造成严重危害。

崩塌 指陡坡上大块的岩土体在重力作用下突然脱离母体崩落的物理地质现象。它可因多裂隙的岩体经强烈的物理风化、雨水渗入或地震而造成，往往毁坏建筑物，堵塞河道或交通路线。

泥石流 指山地突然爆发的包含大量泥沙、石块的特殊洪流称为泥石流，多见于半干旱山地高原地区。其形成条件是地形陡峻，松散堆积物丰富，有特大暴雨或大量冰融水的流出。

地面塌陷 指地表岩、土体在自然或人为因素作用下向下陷落，并在地面形成塌陷坑(洞)的一种动力地质现象。由于其发育的地质条件和作用因素的不同，地面塌陷可分为：岩溶塌陷、非岩溶塌陷。

突发环境事件 指突然发生，造成或可能造成重大人员伤亡、重大财产损失和对全国或者某一地区的经济社会稳定、政治安定构成重大威胁和损害，有重大社会影响的涉及公共安全的环境事件。

十、环境投资

环境污染治理投资 指在工业污染源治理和城镇环境基础设施建设的资金投入中，用于形成固定资产的资金。包括工业新老污染源治理工程投资、当年完成环保验收项目环保投资，以及城镇环境基础设施建设所投入的资金。

十一、城市环境

年末道路长度 指年末道路长度和与道路相通的广场、桥梁、隧道的长度，按车行道中心线计算。在统计时只统计路面宽度在3.5米(含3.5米)以上的各种铺装道路，包括开放型工业区和住宅区道路在内。

城市桥梁 指为跨越天然或人工障碍物而修建的构筑物。包括跨河桥、立交桥、人行天桥以及人行地下通道等。包括永久性桥和半永久性桥。

城市排水管道长度 指所有排水总管、干管、支管、检查井及连接井进出口等长度之和。

全年供水总量 指报告期供水企业(单位)供出的全部水量。包括有效供水量和漏损水量。

用水普及率 指城市用水人口数与城市人口总数的比率。计算公式：

用水普及率=城市用水人口数/城市人口总数×100%

城市污水日处理能力 指污水处理厂(或处理装置)每昼夜处理污水量的设计能力。

供气管道长度 指报告期末从气源厂压缩机的出口或门站出口至各类用户引入管之间的全部已经通气投入使用的管道长度。不包括煤气生产厂、输配站、液化气储存站、灌瓶站、储配站、气化站、混气站、供应站等厂(站)内的管道。

全年供气总量 指全年燃气企业(单位)向用户供应的燃气数量。包括销售量和损失量。

燃气普及率 指报告期末使用燃气的城市人口数与城市人口总数的比率。计算公式为：

燃气普及率=城市用气人口数/城市人口总数×100%

城市供热能力 指供热企业(单位)向城市热用户输送热能的设计能力。

城市供热总量 指在报告期供热企业(单位)向城市热用户输送全部蒸汽和热水的总热量。

城市供热管道长度 指从各类热源到热用户建筑物接入口之间的全部蒸汽和热水的管道长度。不包括各类热源厂内部的管道长度。

生活垃圾清运量 指报告期内收集和运送到垃圾处理厂(场)的生活垃圾数量。生活垃圾指城市日常生活或为城市日常生活提供服务的活动中产生的固体废物以及法律行政规定的视为城市生活垃圾的固体废物。包括：居民生活垃圾、商业垃圾、集市贸易市场垃圾、街道清扫垃圾、公共场所垃圾和机关、学校、厂矿等单位的生活垃圾。

生活垃圾无害化处理率　指报告期生活垃圾无害化处理量与生活垃圾产生量比率。在统计上，由于生活垃圾产生量不易取得，可用清运量代替。计算公式为：

$$生活垃圾无害化处理率=\frac{生活垃圾无害化处理量}{生活垃圾产生量}\times100\%$$

年末运营车数　指年末公交企业(单位)用于运营业务的全部车辆数。以企业(单位)固定资产台账中已投入运营的车辆数为准。

城市绿地面积　指报告期末用作园林和绿化的各种绿地面积。包括公园绿地、防护绿地、生产绿地、附属绿地和其他绿地面积。

公园绿地　指向公众开放的,以游憩为主要功能,有一定的游憩设施和服务设施,同时兼有健全生态,美化景观,防灾减灾等综合作用的绿化用地。

十二、农村环境

农村人口　指居住和生活在县城(不含)以下的乡镇、村的人口。

累计已改水受益人口　指各种改水形式的受益人口。

卫生厕所　指有完整下水道系统的水冲式、三格化粪池式、净化沼气池式、多翁漏斗式公厕以及粪便及时清理并进行高温堆肥无害化处理的非水冲式公厕。

累计使用卫生公厕户数　指农民因某种原因没有兴建自己的卫生厕所，而使用村内卫生公厕户数。

Explanatory Notes on Main Statistical Indicators

I. Natural Conditions

Average Temperature Temperature refers to the air temperature, generally expressed in centigrade in China. Thermometers used for meteorological observation are placed in sun-blinded boxes 1.5 meters above the ground with good ventilation. Therefore, temperatures cited in general are the temperatures in sun-blinded boxes 1.5 meters above the ground. The monthly average temperature is obtained by the sum of daily temperatures of the month, then divided by the number of days in the months, and the sum of the monthly average temperatures of the 12 months in the year divided by 12 represents the annual average temperature.

Annual Average Relative Humidity Humidity is the ratio between the actual hydrosphere pressure in the air and the saturated hydrosphere pressure at the present temperature, usually expressed in percentage terms. The average humidity is calculated in the same way as the average temperature.

Annual Sunshine Hours Sunshine refer to the duration when the sunshine falls on earth, usually expressed in hours. It is calculated with the same approach as the calculation of precipitation.

Annual Precipitation Precipitation refers to the volume of water, in liquid or solid (then melted) form, falling from the sky onto earth, without being evaporated, leaked or eroded, express normally in millimeters. The monthly precipitation is obtained by the sum of daily precipitation of the month, and the annual precipitation is the sum of monthly precipitation of the 12 months of the year.

II. Freshwater Environment

Total Water Resources refers to total volume of water resources measured as run-off for surface water from rainfall and recharge for groundwater in a given area, excluding transit water.

Surface Water Resources refers to total renewable resources which exist in rivers, lakes, glaciers and other collectors from rainfall and are measured as run-off of rivers.

Groundwater Resources refers to replenishment of aquifers with rainfall and surface water.

Duplicated Measurement of Surface Water and Groundwater refers to mutual exchange between surface water and groundwater, i.e. run-off of rivers includes some depletion with groundwater while groundwater includes some replenishment with surface water.

Water Supply refers to gross water supply by supply systems from sources to consumers, including losses during distribution.

Surface Water Supply refers to withdrawals by surface water supply system, broken down with storage, flow, pumping and transfer. Supply from storage projects includes withdrawals from reservoirs; supply from flow includes withdrawals from rivers and lakes with natural flows no matter if there are locks or not; supply from pumping projects includes withdrawals from rivers or lakes with pumping stations; and supply from transfer refers to water supplies transferred from first-level regions of water resources or independent river drainage areas to others, and should not be covered under supplies of storage, flow and pumping.

Groundwater Supply refers to withdrawals from supplying wells, broken down with shallow layer freshwater, deep layer freshwater and slightly brackish water. Groundwater supply for urban areas includes water mining by both waterworks and own wells of enterprises.

Other Water Supply includes supplies by waste-water treatment, rain collection, seawater desalinization and other water projects.

Total Water Use refers to water use by all kinds of user, including water loss during transportation. including water loss during transportation.

Water Use by Agriculture including water use for irrigation of farming fields, forestry fields, grassland, replenishment of fishing pools, and livestock & poultry.

Water Use by Industry refers to water use by industrial and mining enterprises in the production process of manufacturing, processing, cooling, air conditioning, cleansing, washing and so on. Only including new withdrawals of water, excluding reuse of water within enterprise.

Water Use by Households and Service including water use for living consumption in both urban and rural areas. Urban water use by living consumption is composed of household use and public use (including service sector and construction). Rural water use by living consumption refers to households.

Water Use by Biological Protection Only including the replenishment of some rivers and lakes and use for urban environment, excluding the natural precipitation and runoff meet.

Water Use refers to gross water use distributed to users, including loss during transportation, broken down with use by agriculture, industry, living consumption and biological protection.

Water Use by Agriculture includes uses of water by irrigation of farming fields and by forestry, animal husbandry and fishing. Water use by forestry, animal husbandry and fishing includes irrigation of forestry and orchards, irrigation of grassland and replenishment of fishing pools.

Water Use by Industry refers to new withdrawals of water, excluding reuse of water within enterprises.

Water Use by Households and Service includes use of water for living consumption in both urban and rural areas. Urban water use by living consumption is composed of household use and public use (including services, commerce, restaurants, cargo transportation, posts, telecommunication and construction). Rural water use by living consumption includes both households and animals.

Water Use by Biological Protection includes replenishment of rivers and lakes and use for urban environment.

Waste Water Discharged by Industry refers to the volume of waste water discharged by industrial enterprises through all their outlets, including waste water from production process, directly cooled water, groundwater from mining wells which does not meet discharge standards and sewage from households mixed with waste water produced by industrial activities, but excluding indirectly cooled water discharged (It should be included if the discharge is not separated with waste water).

Chemical Oxygen Demand (COD) refers to index of water pollution measuring the mass concentration of oxygen consumed by the chemical breakdown of organic and inorganic matter.

Number of Industrial Wastewater Treatment Facilities refers to the number of existing facilities (including constructions) for the prevention and control of water pollution and the comprehensive utilization of treated water resources in enterprises in the reporting period, a wastewater treatment system as a unit. The subsidiary water treatment equipments and ancillary equipments are not calculated separately. It excludes scrapped facilities.

Treatment Capacity of Industrial Wastewater Treatment Facilities refers to the actual capacity of the wastewater treatment of internal wastewater treatment facilities in enterprises in the reporting period.

Expenditure of Industrial Wastewater Treatment Facilities refers to the costs of maintaining wastewater treatment facilities in enterprises in the reporting period. It includes energy consumption, equipment maintenance, staff wages, management fees, pharmacy fees and other expenses associated with the operation of the facility.

III. Marine Environment

Sea Area with Water Quality at Grade II refers to marine area meeting the national quality standards for Grade II marine water, suitable for marine cultivation, bathing, marine sport or recreation activities involving direct human touch of marine water, and for sources of industrial use of water related to human consumption.

Sea Area with Water Quality at Grade III refers to marine area meeting the national quality standards for Grade III marine water, suitable for water sources of general industrial use.

Sea Area with Water Quality at Grade IV refers to marine area meeting the national quality standards for Grade IV marine water, only suitable for harbors and ocean development activities.

Sea Area with Water Quality below Grade IV refers to marine area where the quality of water is worse than the national quality standards for Grade IV marine water.

IV. Atmospheric Environment

Industrial Sulphur Dioxide Emission refers to the total volume of sulphur dioxide emitted into the atmosphere in the fuel combustion and production processes of enterprises in the reporting period. Industrial sulfur dioxide comes mainly from the combustion of fossil fuels (coal, oil, etc.), but also includes industrial emissions in sulphide of smelting and in sulfate or phosphate fertilizer producing.

Industrial Nitrogen Oxide Emission refers to the total volume of nitrogen oxide emitted into the atmosphere in the fuel combustion and production processes of enterprises in the reporting period.

Industrial Soot (Dust) Emission refers to the total volume of soot and industrial dust emitted into the atmosphere in the fuel combustion and production processes of enterprises in the reporting period.

Industrial Waste Gas Emission refers to the total volume of pollutant-containing gas emitted into the atmosphere in the fuel combustion and production processes within the area of the factory in the reporting period in standard conditions (273K, 101325Pa).

Number of Industrial Waste Gas Treatment Facilities refers to the total number of waste gas treatment facilities for reducing or recycling pollutants of the fuel combustion and production process in enterprises in the reporting period, a waste gas treatment system as a unit. The subsidiary water treatment equipments and ancillary equipments are not calculated separately. It includes flue gas treatment facilities of dust removal, desulfurization, denitration and other pollutants. It excludes scrapped facilities. Dust removal device in boiler should be included as a "three simultaneities" equipment.

Treatment Capacity of Industrial Waste Gas Treatment Facilities refers to actual waste gas processing capacity of emission control facilities at the end of the reporting period.

Expenditure of Industrial Waste Gas Treatment Facilities refers to the running costs of the waste gas treatment facilities to maintain in the reporting period. Including energy consumption, equipment depreciation, equipment maintenance, staff wages, management fees, pharmacy fees associated with the operation of the facility other expenses.

V. Solid Waste

Common Industrial Solid Wastes Generated refer to the industrial solid wastes that are not listed in the *National Catalogue of Hazardous Wastes*, or not regarded as hazardous according to the national hazardous waste identification standards (GB5085) , solid waste-Extraction procedure for leaching toxicity (GB5086) and solid waste-Extraction procedure for leaching toxicity (GB/T 15555). The calculation formula is as followed:

Common Industrial Solid Wastes Produced = (common industrial solid wastes utilized – the proportion of utilized stock of previous years) + common industrial solid waste stock + (common industrial solid wastes disposed – the proportion of disposed stock of previous years) + common industrial solid wastes discharged

Common Industrial Solid Wastes Comprehensively Utilized refer to volume of solid wastes from which useful materials can be extracted or which can be converted into usable resources, energy or other materials by means of reclamation, processing, recycling and exchange (including utilizing in the year the stocks of industrial solid wastes of the previous year) during the report period, e.g. being used as agricultural fertilizers, building materials or as material for paving road. Examples of such utilizations include fertilizers, building materials and road material. The information shall be collected by the producing units of the wastes.

Common Industrial Solid Wastes Disposed refers to the quantity of industrial solid wastes which are burnt or specially disposed using other methods to alter the physical, chemical and biological properties and thus to reduce or eliminate the hazard, or placed ultimately in the sites meeting the requirements for environmental protection during the report period.

Stock of Common Industrial Solid Wastes refers to the volume of solid wastes placed in special facilities or special sites by enterprises for purposes of utilization or disposal during the report period. The sites or facilities should take measures against dispersion, loss, seepage, and air and water contamination.

Common Industrial Solid Wastes Discharged refers to the volume of industrial solid wastes dumped or discharged by producing enterprises to disposal facilities or to other sites.

Hazardous Wastes Generated refers to the volume of actual hazardous wastes produced by surveyed samples throughout the year of the survey. Hazardous waste refers to those included in the national hazardous wastes catalogue or specified as any one of the following properties in light of the national hazardous wastes identification standards and methods: explosive, ignitable, oxidizable, toxic, corrosive or liable to cause infectious diseases or lead to other dangers. The report of this indicator should follow the *National Catalogue of Hazardous Wastes* (the NO.1 Ministry Order in 2008 by the Ministry of Environment Protection and National Development and Reform Commission).

Hazardous Wastes Utilized refers to the volume of hazardous wastes that are used to extract materials for raw materials or fuel throughout the year of the survey, including those utilized by the producing enterprise and those provided to other enterprises for utilization.

Hazardous Wastes Disposed refers to the quantity of hazardous wastes which are burnt or specially disposed using other methods to alter the physical, chemical and biological properties and thus to reduce or eliminate the hazard, or placed ultimately in the sites meeting the requirements for environmental protection during the report period.

Stock of Hazardous Wastes refers to the volume of hazardous wastes specially packaged and placed in special facilities or special sites by enterprises. The special stock facilities should meet the requirements set in relevant environment protection laws and regulations such as "Pollution Control Standards for Hazardous Waste Stock"(GB18597-2001) in regard to package of hazardous waste, location, design, safety, monitoring and shutdown, and take measures against dispersion, loss, seepage, and air and water contamination.

VI. Natural Ecology

Nature Reserves refers to the areas with special protection and management according to law, including representative natural ecosystems, natural areas the endangered wildlife live in, water conservation areas, land, ground water or sea with the protective objects like natural or historical remains those have special significance. It must be established by the county government or above levels. It doesn't include the scenic areas and cultural relic protective areas.

Wetlands refer to marshland and peat bog, whether natural or man-made, permanent or temporary; water covered areas, whether stagnant or flowing, with fresh or semi-fresh or salty water that is less than 6 meters deep at low tide; as well as coral beach, weed beach, mud beach, mangrove, river outlet, rivers, fresh-water marshland, marshland forests, lakes, salty bog and salt lakes along the coastal areas.

VII. Land Use

Area under Land Survey refers to the total area of land, under the land survey, including land for agriculture use, land for construction and unused land.

Area of Cultivated Land refers to area of land reclaimed for the regular cultivation of various farm crops, including crop-cover land, fallow, newly reclaimed land and land laid idle for less than 3 years.

Area of Afforested Land refers to area for afforestation development, including arbor forest lands with a canopy density of 0.2 degrees or more as well as bamboo forest lands, bush shrub forest lands, sparse forest lands, stump lands, burned areas, non-mature forestation lands, nursery land, and land appropriate to the forestation planned by the people's government at or above the county level.

Area of Grassland refers to area of grassland, grass-slopes and grass-covered hills with a vegetation-covering rate of over 5% that are used for animal husbandry or harvesting of grass. It includes natural, cultivated and improved grassland areas.

VIII. Forestry

Forest Area refers to the area of trees and bamboos grow with canopy density above 0.2, the area of shrubby tree according to regulations of the government, the area of forest land inside farm land and the area of trees planted by the side of villages, farm houses and along roads and rivers.

Area of Artifical Forests refer to the area of stable growing forests, planted manually or by airplanes, with a survival rate of 80% or higher of the designed number of trees per hectare, or with a canopy density of or above 0.20 after 3-5 years of manual planting or 5-7 years of airplane planting.

Forest Coverage Rate refers to the ratio of area of forested land to area of total land by administrative areas. Its calculation formula is:

Forest Coverage Rate = area of forested land / area of total land×100%

Total Standing Stock Volume refers to the total stock volume of trees growing in land, including trees in forest, tress in sparse forest, scattered trees and trees planted by the side of villages, farm houses and along roads and rivers.

Stock Volume of Forest refers to total stock volume of wood growing in forest area, which shows the total size and level of forest resources of a country or a region. It is also an important indicator illustrating the richness of forest resource and the status of forest ecological environment.

Afforestation Area refers to use artificial measures to produce or restore forests, trees, shrubberies at barren hills, undeveloped land, desert, area with no or spare forests, cropland converted to forest and other land that adapt to afforestation.

Plantation Establishment refers to use artificial technique like seeding and planting to increase forest vegetation coverage rate at barren hills, undeveloped land, desert, area with no or spare forests, cropland converted to forest and other land that adapt to afforestation.

Aerial Seeding Afforestation refers to use airplane and other appropriate artificial measures to seed at barren hills, undeveloped land, desert, forest with spare woods, farmland or other land that adapt to afforestation, let them become forest or grassland vegetation naturally, to increase forest vegetation cover rate.

Seal Mountain to Foster Forests in Area Without Forest or Sparse Forest refers to close the area of no or spare with forest that adapt to afforestation and use other artificial measures to let it become forest or grassland vegetation.

Timber Forests refer to forests which are mainly for the production of timber, including bamboo groves planted to harvest bamboos.

By-product Forests refer to forests that mainly produce fruits, nuts, edible oil, beverages, indigents, raw materials and medicine materials. By-product forests are planted to harvest the fruits, leaves, bark or liquid of trees, and consume them as food or raw materials for the manufacturing industry, such as tea-oil trees, tung oil trees, walnut trees, camphor trees, tea bushes, mulberry trees, fruit trees, etc.

Protection Forests refer to forests, trees and bushes planted mainly for protection or preservation purpose, including water resource conservation forests, water and soil conservation forests, windbreak and dune-fixing forests, farmland and pasture protection forests, riverside protection forests, roadside protection forests, etc.

Fuel Forests refer to forests planted mainly for fuels.

Forests for Special Purpose refer to forests planted mainly for national defence, environment protection or scientific experiments, including national defence forests, experimental forests, mother-tree forests, environment protection forests, scenery forests, trees in historical or scenic spots, forests in natural reserves.

Project on Preservation of Natural Forests is the Number One ecological project in China's forest industry that involves the largest investment. It consists of 3 components: 1) Complete halt of all cutting and logging activities in the natural forests at the upper stream of Yangtze River and the upper and middle streams of the Yellow River. 2) Significant reduction of timber production of key state forest zones in northeast provinces and in Inner Mongolia. 3) Better protection of natural forests in other regions through rehabilitation programs.

Projects on Converting Cultivated Land to Forests and Grassland (Grain for Green Projects) aiming at preventing soil erosion in key regions, these projects are ecological construction projects in the development of forest industry that have the widest coverage and most sophisticated procedures, with strong policy implications and most active participation of the people.

Projects on Protection Forests in North China and Yangtze River Basin covering the widest areas in China with a rich variety of contents, these projects aim at solving the problem of sand and dust in northeastern China, northern China and northwestern China and the ecological issues in other areas. More specifically, they include phase IV of project on North China protection forests, phase II of project on protection forests at the middle and lower streams of Yangtze River and at the Huihe River and Taihu Lake valley, phase II of project on coastal protection forests, phase II of project on Pearl River protection forests, phase II project on greenery of Taihang Mountain and phase II projects on greenery of plains.

Projects on Harnessing Source of Sand and Dust in Beijing and Tianjin these Beijing-ring projects aim at harnessing the sand and dust weather around Beijing and its vicinities. As the key to the development of Beijing-Tianjin ecological zone, these projects are of particular importance as it concerns the image of China's capital city and the whole country.

Projects on Preserving Wild Animals and Plants and on Construction of Nature Reserves aiming at gene preservation and protection of bio-diversity, nature and wetlands, these projects look into the future with strategic perspective and are integrated with international trends.

IX. Natural Disasters & Environmental Accidents

Landslides refer to the geological phenomenon of unstable rocks and earth on slopes sliding down along certain soft surface as a result of gravitational force. Role of surface water and underground water, and destruction of the stability of slopes by irrational construction work are usually main factors triggering the landslides. Several damages are often caused by landslides in open mining, in water conservancy projects, and in the construction of railways and highways.

Collapse refers to the geological phenomenon of large mass of rocks or earth suddenly collapsing from the mountain or cliff as a result of gravitational force. Usually caused by weathering of rocks, penetration of rain or earthquakes, collapse often destructs buildings and blocks river course or transport routes.

Mud-rock Flow refers to the sudden rush of flood torrents containing large amount of mud and rocks in mountainous areas. It is found mostly in semi-arid hills or plateaus. High and precipitous topographic features, loose soil mass, heavy rains or melting water contribute to the mud-rock flow.

Land Subside refers to the geological phenomenon of surface rocks or earth subsiding into holes or pits as a result of natural or human factors. Land subside can be classified as karst subside and non-karst subside.

Environmental Accident refer to environmental events that suddenly, causing or maybe cause heavy casualties, major property losses, major threat and damage to the nation or a region's economic, social and political stability, and the events have a significant social impact and related to public safety.

X. Environmental Investment

Investment in Treatment of Environment Pollution refers to the fixed assets investment in the treatment of industrial pollution and in the construction of environment infrastructure facilities in cities and towns. It includes investment in treatment of industrial pollution, environment protection investment in environment protection acceptance project in this year, and investment in the construction of environment infrastructure facilities in cities and towns.

XI. Urban Environment

Length of Paved Roads at the Year-end   refers to the length of roads with paved surface including squares bridges and tunnels connected with roads by the end of the year.   Length of the roads is measured by the central lines for vehicles for paved roads with a width of 3.5 meters and over, including roads in open-ended factory compounds and residential quarters.

Urban Bridges   refer to bridges built to cross over natural or man-made barriers, including bridges over rivers, overpasses for traffic and for pedestrian, underpasses for pedestrian, etc. Both permanent and semi-permanent bridges are included.

Length of Urban Sewage Pipes   refers to the total length of general drainage, trunks. branch and inspection wells, connection wells, inlets and outlets, etc.

Annual Volume of Water Supply   refers to the total volume of water supplied by water-works (units) during the reference period, including both the effective water supply and loss during the water supply.

Percentage of Urban Population with Access to Tap Water   refers to the ratio of the urban population with access to tap water to the total urban population. The formula is:

Percentage of Population with Access to Tap Water= Urban Population with Access to Tap Water /Urban Population ×100%

Daily Disposal Capacity of Urban Sewage   refers to the designed 24-hour capacity of sewage disposal by the sewage treatment works or facilities.

Length of Gas Pipelines   refers to the total length of pipelines in use between the outlet of the compressor of gas-work or outlet of gas stations and the leading pipe of users, excluding pipelines within gasworks, delivery stations, LPG storage stations, refilling stations, gas-mixing stations and supply stations.

Volume of Gas Supply   refers to the total volume of gas provided to users by gas-producing enterprises (units) in a year, including the volume sold and the volume lost.

Percentage of Urban Population with Access to Gas   refers to the ratio of the urban population with access to gas to the total urban population at the end of the reference period. The formula is:

Percentage of Population with Access to Gas = (Urban Population with Access to Gas / Urban Population) × 100%

Heating Capacity in Urban Area   refers to the designed capacity of heating enterprises (units) in supplying heating energy to urban users during the reference period.

Quantity of Heat Supplied in Urban Area   refers to the total quantity of heat from steam and hot water supplied to urban users by heating enterprises (units) during the reference period.

Length of Heating Pipelines   refers to the total length of steam or hot water pipelines for sources of heat to the leading pipelines of the buildings of the users, excluding internal pipelines in heat generating enterprises.

Consumption Wastes Transported   refers to volume of consumption wastes collected and transported to disposal factories or sites. Consumption wastes are solid wastes produced from urban households or from service activities for urban households, and solid wastes regarded by laws and regulations as urban consumption wastes, including those from households, commercial activities, markets, cleaning of streets, public sites, offices, schools, factories, mining units and other sources.

Ratio of Consumption Wastes Treated   refers to consumption wastes treated over that produced. In practical statistics, as it is difficult to estimate, the volume of consumption wastes produced is replaced with that transported. Its calculation formulae is:

Ratio= Consumption Wastes Treated / Consumption Wastes Produced×100%

Number of Vehicles under Operation at the Year-end refers to the total number of vehicles under operation by public transport enterprises (units) at the end of the year, based on the records of operational vehicles by the enterprises (units).

Area of Urban Green Areas refers to the total area occupied for green projects at the end of the reference period, including Park green land, protection green land, green land attached to institutions and other green land.

Park Green Land refers to the greening land, which having the main function of public visit and recreation, both having recreation facilities and service facilities, meanwhile having the comprehensive function of ecological improvement, landscaping disaster prevention and mitigation and other.

XII. Rural Environment

Rural Population refers to population living in towns and villages under the jurisdiction of counties.

Population Benefiting from Drinking Water Improvement Projects refer to population who have benefited from various forms of drinking water improvement projects.

Sanitary Lavatories refer to lavatories with complete flushing and sewage systems in different forms, and lavatories without flushing and sewage system where ordure is properly disposed of through high-temperature deposit process for making organic manure.

Households Using Public Lavatories refer to the number of households using public sanitary lavatories in the village without building their private sanitary lavatories.